权威 · 前沿 · 原创

皮书系列为

“十二五”“十三五”国家重点图书出版规划项目

西宁绿色发展样板城市建设报告（2019）

ANNUAL REPORT ON GREEN DEVELOPMENT TEMPLATE CITY CONSTRUCTION IN XINING (2019)

中共西宁市委绿色发展委员会
青 海 省 社 会 科 学 院 ／编
主　编／孙发平　县永平

社会科学文献出版社
SOCIAL SCIENCES ACADEMIC PRESS (CHINA)

图书在版编目(CIP)数据

西宁绿色发展样板城市建设报告. 2019 / 孙发平，县永平主编. -- 北京：社会科学文献出版社，2019. 1
（西宁蓝皮书）
ISBN 978-7-5201-4196-3

Ⅰ. ①西… Ⅱ. ①孙… ②县… Ⅲ. ①生态城市-城市建设-研究报告-西宁-2019 Ⅳ. ①X321. 244. 1

中国版本图书馆 CIP 数据核字（2019）第 004608 号

西宁蓝皮书
西宁绿色发展样板城市建设报告（2019）

主　　编 / 孙发平　县永平

出 版 人 / 谢寿光
项目统筹 / 邓泳红　陈　颖
责任编辑 / 陈　颖　王　煦

出　　版 / 社会科学文献出版社 · 皮书出版分社（010）59367127
地址：北京市北三环中路甲 29 号院华龙大厦　邮编：100029
网址：www. ssap. com. cn
发　　行 / 市场营销中心（010）59367081　59367083
印　　装 / 三河市东方印刷有限公司

规　　格 / 开 本：787mm × 1092mm　1/16
印 张：22. 25　字 数：332 千字
版　　次 / 2019 年 1 月第 1 版　2019 年 1 月第 1 次印刷
书　　号 / ISBN 978-7-5201-4196-3
定　　价 / 128. 00 元

《西宁绿色发展样板城市建设报告（2019）》编委会

主要编撰者简介

孙发平　青海省社会科学院副院长、研究员、教授，享受国务院特殊津贴专家，青海省“高端创新人才千人计划”杰出人才。

1983～1986年，在甘肃省甘南州委党校任教；1986～2006年，在青海省委党校经济学教研部任教，先后任教研部副主任、主任、经济学研究生导师组组长；2006年4月至今，任青海省社会科学院副院长、青海丝路研究中心主任、首席专家。兼任中国城市经济学会常务理事、青海省旅游绿色发展工作咨询委员会主任委员、青海省人口与计生委专家委员会副主任委员；被聘任为青海省社会科学界联合会特邀研究员、中共青海省委讲师团特邀教授、中共青海省委党校特邀教授、青海省发改委“十二五”“十三五”规划咨询委员会委员、青海省丝绸之路经济带研究院学术委员会委员、青海省委党校新型高端智库专家委员会委员。

长期从事经济发展战略、区域经济学和青海经济问题的研究与教学工作，先后独立、合作、主编书籍10余部，发表论文100余篇，主持和参与完成国家社科基金项目2项，主持完成青海省社科规划办重大招标项目2项、重点项目3项、一般项目2项，主持完成各类委托课题40多项。主要代表作有《中国三江源区生态价值与补偿机制研究》《青海建设国家循环经济发展先行区读本》《“四个发展”：青海省科学发展模式创新》《青海转变经济发展方式研究》等。其中，获青海省哲学社会科学优秀成果一等奖4项，二等奖2项，三等奖5项；获青海省优秀调研报告一等奖4项，二等奖4项，三等奖2项；获水利部黄委会技术进步二等奖1项。

县永平　现任西宁市绿色发展研究院院长、中共西宁市委绿色发展委员会副主任，兼市委财经领导小组办公室副主任，工学博士，上海财经大学高级工商管理硕士，高级工程师，西宁市十四届政协常委、经济委员会副主任，西宁市政协智库专家，西宁市委党校客座教授。曾任西宁市经济和信息化委员会（市政府国有资产监督委员会）党委委员、总经济师，西宁市发展和改革委员会党组成员、副主任，定西市经济开发区投资服务局局长等，先后担任过多家企业的高级管理人员，组织审查西宁市“十三五”专项规划和重大研究50余项。主要研究方向：环境工程与循环经济、绿色发展和区域经济。有30多篇论文在省级以上刊物发表。主要成果有《西宁市国民经济和社会发展“十三五”规划汇编》（副主编）、《西宁市国民经济和社会发展“十三五”重大研究汇编》（副主编）、《建设项目绿色评价的理论模型构建与指标体系研究》、《甘肃黄土高原农工复合循环经济模式关键技术集成研究》、*Water-saving Agricultural and Industrial Complex of Circular Economy* “*Dingxi model*”（EI检索）、《丙酮丁醇梭菌固定化技术用于丙酮丁醇发酵的研究》、《网状生物转盘反应器处理含马铃薯加工淀粉的城镇污水》、《陇西城市经营研究》等，获省级科学技术进步奖二等奖1项、科技成果1项，拥有专利1项，主持完成国家发改委“国家地方创新创业联合研究课题”1项，获《中国环境报社—习近平生态文明思想传播之我见》征文特别奖，青海省优秀调研报告二等奖1项，先后被兰州大学、青海大学、青海省委党校、西宁市委党校等单位邀请参加论坛讲学。

摘　要

《西宁绿色发展样板城市建设报告（2019）》一书，全面、系统、客观地梳理了西宁市绿色发展样板城市建设目标确立两年以来全市绿色发展的总体进展状况和简要历程，以绿色发展为主线，以青山、碧水、蓝天、净土、绿色产业、绿色城市、绿色制度等为主要内容，以打造全国绿色发展样板城市为目标，对西宁市绿色发展的动态趋势进行了认真总结和提炼概括，做出了综合分析和科学判断，真实反映了西宁市绿色发展样板城市建设的实践经验。本书作为一部具有综合性、原创性和前瞻性的研究报告，由中共西宁市委绿色发展委员会、青海省社会科学院组织长期从事生态文明和绿色发展研究方面的专家学者、实际工作者、基层干部共同撰写，力求为青海省和西宁市党委政府科学决策提供高品质的智库服务，为制定相关政策提供理论支撑，同时为各级党政部门、科研机构和高校、企事业单位和社会公众提供资讯参考。

本书包括总报告、分报告、绿色产业篇、指标体系篇、理论政策篇、专题篇、案例篇等七个篇目。其中，总报告全面总结了西宁市打造绿色发展样板城市两年以来取得的成绩以及不足，分析了新时代面临的机遇和挑战，就如何抓住新机遇、应对新挑战、成就新作为，加快打造绿色发展样板城市，建设新时代幸福西宁进行了前景展望，提出了对策建议。分报告立足西宁市生态建设与保护，总结了“高原绿”“河湖清”“西宁蓝”等方面的建设成效，客观分析了存在的问题，提出了新时期山绿、水清、天蓝等方面专项治理的对策建议。绿色产业篇围绕重点行业和关键领域，对西宁市工业绿色、工业生态化、园区循环经济等发展成效及路径进行了研究，对绿色金融、新能源、新材料、生物医药产业、高原生态旅游业以及高原生态文化进行了重点分析，并提出了加快发展的措施办法。指标体系篇紧密结合西宁绿色发展现状、差距和不足，分析了西宁绿色发展在青海省的排位状况，阐述了西宁市绿色发展中取得的主要成效和存在的短板，结合西宁实际提出了推动建设绿色发展样板城市的对策和建议，同时对建立具有西宁自身特色的绿色发展指标体系及评价方法进行了探索，对制定的绿色发展符合性评价制度进行了系统介绍。理论政策篇坚持改革创新，对构建生态脆弱区绿色发展的理论模型进行了研究，对绿色发展制度建设的现状进行探讨研究，对西宁市现有绿色发展政策实效进行了分析评价。专题篇针对西宁实际，重点就绿色发展组织保障、西宁全域绿道建设、环城国家生态公园建设、光伏能源类生活设施建设以及铬污染治理等问题进行了比较深入的介绍，既分析了存在的问题，也提出了未来发展的对策建议。案例篇主要通过介绍西宁市汇丰景园现代农业产业园和湟中县卡阳村乡村旅游发展的典型成功事例，为在生态脆弱区、欠发达地区探索走出一条绿色发展之路提供了实践经验和示范样本。

关键词： 绿色发展　样板城市　西宁市

Abstract

The book "Annual Report on Green Development Template City Construction in Xining (2019)" comprehensively, systematically and objectively summarized the overall progress and brief course of Xining city's green development since the establishment of the green development template city construction target two years ago. With green development as the main line and green mountains, clear water, blue sky, pure land, green industry, green city and green system as the main content. With the aim of building a national green development template city, this book summarized and refined the dynamic trend of green development in Xining City carefully. The comprehensive analysis and scientific judgment were made, which truly reflect the practical experience of Xining green development template city construction. As a comprehensive, original and forward-looking research report, organized by green development committee of Xining municipal committee of the communist party of China and Qinghai academy of social sciences, it was jointly written by experts, scholars, practical workers and grass-roots cadres who have long been engaged in ecological civilization and green development research. We will strive to provide high-quality think tank services for the scientific decision-making of Party committees and governments in Qinghai Province and Xining City. It provided theoretical support for the formulation of relevant policies, and information reference for party and government departments at all levels, scientific research institutions, universities, enterprises, institutions, and the public.

This book includes seven chapters: general report, sub-reports, green industry reports, indicator system reports, theoretical policy reports, thematic reports and case reports. Among them, general report comprehensively summarized the achievements and deficiencies of Xining in building a green development template city in the past two years. Analyzed the opportunities and challenges faced the new era. We have made prospects on how to seize new opportunities, meet new challenges and achieve new actions, accelerate the building of a green development model city, and build a happy xining in the new era. Then countermeasures and Suggestions were put forward. Based on the ecological construction and protection of Xining City, the sub-report summarized the results of the construction of "plateau green", "river and lake clear" and "Xining blue" . The sub-reports objectively analyzed the existing problems, put forward some countermeasures and suggestions on special management of mountain green, water clear, sky blue and so on in the new period. Focused on key industries and key fields, the green industry reports studied the development effects and paths of Xining City in terms of industrial green, industrial ecology, and circular economy in the park. The green industry report focused on the analysis of green finance, new energy, new materials, biological medicine industry, plateau ecological tourism and plateau ecological culture, and put forward measures and methods to accelerate the development. The indicator system reports closely combined the status quo, gap and shortage of Xining's green development, and analyzed the ranking status of Xining's green development in Qinghai province. This report expounded the main achievements and shortcomings of Xining green development. Based on the actual situation of Xining, countermeasures and suggestions were put forward to promote the construction of green development template city. At the same time, we explored the establishment of green development indicator system and evaluation method with Xining's own characteristics. It systematically introduced the establishment of conformity evaluation system for green development. Adhering to the reform and innovation, the theoretical policy reports studied the theoretical model of building green development in ecologically fragile areas. To explored the current situation of green development organization innovation. The actual effect of Xining green development policy was analyzed and evaluated. In view of Xining's reality, the thematic reports focused on green development organization guarantee emphasisly, the construction of greenway throughout Xining, the ring city national ecological park, the construction of photovoltaic energy living facilities and the treatment of chromium pollution. It not only analyzed the existing problems, but also put forward the countermeasures and suggestions for the future development. The case reports mainly introduced the typical achievements of

Xining HSBC Garden modern agricultural industrial park and the development of rural tourism in huangzhong county through the introduction of typical examples. It provided practical experience and demonstration samples for exploring a holistic green development path in ecologically fragile and underdeveloped areas.

Keywords: Green Development; Template City; Xining City

目　录

Ⅰ　总报告

Ⅱ　分报告

Ⅲ 绿色产业篇

Ⅳ 指标体系篇

Ⅴ 理论政策篇

Ⅵ 专题篇

Ⅶ 案例篇

CONTENTS

I General Report

II Sub-reports

Ⅲ Green Industry Reports

Ⅳ Indicator System Reports

Ⅴ Theoretical Policy Reports

Ⅵ Thematic Reports

Ⅶ Case Reports

总 报 告

General Report

B.1 西宁市绿色发展样板城市建设总体进展与前景展望

县永平　孙发平*

摘　要： 2016年8月，为贯彻落实习近平总书记视察青海时提出的“四个扎扎实实”的重大要求，西宁市委创造性提出了打造“绿色发展样板城市”的战略举措。本报告在总结两年来绿色发展样板城市建设中取得成效的基础上，剖析了存在的问题与困难，分析了未来西宁市打造绿色发展样板城市面临的机遇与挑战，并从强化政治定力、战略定力和改革定力三个方面就西宁市打造绿色发展样板城市前景进行了展望。

* 县永平，西宁市绿色发展研究院院长、西宁市委绿色发展委员会副主任，博士，研究方向：区域经济学；孙发平，青海省社会科学院副院长、研究员，研究方向：区域经济学。

关键词： 绿色发展　样板城市　西宁市

2016年8月，习近平总书记视察青海时提出了"四个扎扎实实"[①] 的重大要求，中共西宁市委为了全面贯彻落实习总书记的重大要求，根据西宁实际，明确提出了"打造绿色发展样板城市"的重大战略举措，以此把总书记重要讲话转化为具有西宁特色的具体实践。

一　西宁市绿色发展样板城市建设的时代背景与现实意义

绿色发展是衡量一个城市文明程度和现代化水平的重要标志。西宁市作为青海省的省会城市，在生态文明建设中起着重要的带头、辐射作用，不仅是青海省生态文明建设的重要窗口和展示区，更是全省生态文明建设的带动者和引领者。2016年8月30日，在西宁市委十三届十三次全体会议上，创造性地提出了"打造绿色发展样板城市"的重要抉择。这是西宁市贯彻落实习近平总书记"四个扎扎实实"重大要求和十九大精神的生动实践，也是西宁市不断总结国内外城市发展规律、顺应城市发展潮流而采取的重要举措，具有重要的现实意义和示范效应。

（一）打造绿色发展样板城市是西宁市践行习近平总书记"四个扎扎实实"重大要求落地生根的具体实践

2016年8月，习近平总书记视察青海时指出："青海自古就是国家安全的战略要地，今天的青海，在党和国家工作全局中占有重要地位，对国家生态安全的重要性尤其突出。"他特别强调指出，"青海要扎扎实实推进生态

① 2016年8月22～24日，习近平总书记在青海考察时向青海各级党政干部提出了："扎扎实实推进经济持续健康发展，扎扎实实推进生态环境保护，扎扎实实保障和改善民生，扎扎实实加强规范党内政治生活"的重大要求，简称"四个扎扎实实"。

环境保护，树立大局观、长远观、整体观，推动形成绿色发展方式和生活方式”。总书记的这些重要论述，为青海坚持生态保护优先厘清了思路，指明了方向。青海是“三江之源”，是世界上高海拔地区生物、物种、基因、遗传多样性最集中的地区。西宁地处河湟谷地，是青藏高原上人类活动最密集的地区，也是黄河流域人类活动较早的地区之一，生态环境约束尤为突出。打造绿色发展样板城市，在生态敏感地区实现可持续发展，就是按照总书记提出的重大要求，履行好青海责任的重要举措，也是西宁市委勇于创新、甘于担当的务实之举，有利于筑牢国家生态安全屏障，推进西宁市生态文明建设向纵深发展，确保“一江清水向东流”。

（二）打造绿色发展样板城市是西宁市深入贯彻落实党的十九大精神的现实行动

“十三五”时期是全面建成小康社会的关键期，小康全面不全面，生态环境质量是关键。习近平总书记在十九大报告中指出，必须树立和践行绿水青山就是金山银山的理念，坚定走生产发展、生活富裕、生态良好的文明发展道路，建设美丽中国。绿色发展是当今社会促进可持续发展的新型发展模式。近年来，西宁市生态文明建设虽然取得了较大成效，但环境承载力仍然相对薄弱，生态环境与经济社会的矛盾依然比较突出。面对资源环境不断约束的严峻挑战，西宁市委深刻总结经验教训，以对子孙后代高度负责的责任担当，通过打造绿色发展样板城市，把绿色发展融入西宁市经济社会发展全过程，促进发展模式向绿色发展转变，使绿色发展成为西宁市的自觉行动，努力把西宁打造成为人与自然和谐共生的美丽城市。

（三）打造绿色发展样板城市是西宁市加快推进“一优两高”战略部署、发挥引领示范作用的生动体现

2018 年 7 月，青海省委十三届四次全会做出了“坚持生态保护优先、推动高质量发展、创造高品质生活”（以下简称“一优两高”）的战略部署。这是青海省委全面贯彻习近平新时代中国特色社会主义思想，彰显青海生态

优势、积极回应群众期盼、决胜全面建成小康社会做出的重大发展战略，对建设富裕文明和谐美丽新青海具有十分深远的重大意义。西宁作为省会城市和青海省首位度最高的城市，在全省“一优两高”战略部署中充当排头兵，严格划定生态红线，统筹城市空间布局，将生态保护优先贯穿在规划编制、产业布局、项目审批、工程建设、群众生活和政府监管各个方面，全方位转变经济增长方式，必将在全省深入推进“一优两高”战略中起到领头雁的特殊作用。

（四）打造绿色发展样板城市是西宁市进一步推进供给侧结构性改革、推动经济转型升级的客观要求

以低碳、环保、低能耗、高效益为主要特征的绿色经济，是城市未来发展的主基调。绿色经济追求人与自然和谐，追求具有可持续发展和综合竞争力的跨越式提升。而供给侧改革正是实现绿色发展、推进西宁经济转型升级、实现经济持续健康发展的必由之路。打造绿色发展样板城市，就是在推进新型工业化、新型城镇化过程中，从调整西宁市产业结构入手，通过改造升级传统产业，发展壮大新兴产业，打造现代服务业、高新技术产业、特色优势产业集群等多个经济增长点，进一步提高青藏高原“超净区”的资源、品牌优势，构建高端、低碳、生态的绿色产业体系，逐步从资源型城市的传统发展轨道转向可持续发展轨道，实现资源高效利用、产业融合发展，优化提升产业布局、产业结构和产业效益，持续创造绿色财富。

（五）打造绿色发展样板城市是西宁市适应新时代社会主要矛盾发展变化、建设幸福西宁的责任担当

十九大报告指出，我们要建设的现代化是人与自然和谐共生的现代化，要提供更多优质生态产品以满足人民日益增长的优美生态环境需要。绿色是生命的颜色，也是城市的底色。当前，在生活水平普遍提高的情况下，生态环境在人民群众生活中的敏感度和需求度大大提升，甚至成为影响幸福感的核心因素。打造绿色发展样板城市，就是坚持以人民为中心的发展思想，在

发展观念、城市运营、文化价值等各方面与自然环境有机融合，在经济发展的基础上树立环境就是民生、青山就是美丽、蓝天也是幸福的价值取向，为全省各族人民提供更好的宜居环境，努力实现生态美好、经济发展、百姓幸福的有机统一。因此，建设绿色发展样板城市，不仅积极回应了全省各族人民对清新空气、清澈水质和清洁环境等生态产品的殷切期待，而且可以极大提升各族人民群众的幸福感，为建设幸福西宁产生深远而重大的影响。

二　西宁市绿色发展样板城市建设取得的主要成效

西宁市提出打造绿色发展样板城市两年以来，全市上下深入贯彻落实习近平新时代中国特色社会主义思想特别是习近平生态文明思想，发扬“干在实处、走在前列”的精神，围绕“四大任务”和“六大行动”，取得了一系列突破性进展。

（一）生态优先、绿色发展理念深入人心

两年来，西宁市努力提高政治站位，坚持“两个生态”一起抓、“两个责任”一起扛，把“生态优先、绿色发展”理念转化为全社会的行动自觉，全方位全领域推进绿色发展样板城市建设。

1. 政治自觉成为根本保证

加快生态文明建设，打造绿色发展样板城市，西宁市始终坚持把党的领导贯穿在全方位全领域全过程，把马克思主义逻辑、社会主义性质、党和人民意志体现到生态文明建设的各个方面，自觉从政治视野、政治高度认识理解绿色发展，把坚持生态优先、绿色发展作为“两个绝对”[①] 的现实检验，把建设良好生态环境作为提供普惠型公共产品、满足人民美好生活需求、体现社会公平正义的具体举措，形成了鲜明的政治导向，为打造绿色发展样板

① 2017 年 2 月 9 日，西宁市委十四届三次全会通过的《关于“始终对党绝对忠诚，坚决与以习近平同志为核心的党中央保持绝对一致”的决定》（简称“两个绝对”）。

城市提供了坚强的政治保证。

2. 行动自觉成为重要基础

全市各地区、各部门坚持把“生态优先、绿色发展”作为全面贯彻执行党中央和省委、市委决策部署的重要任务，结合各自实际强化绿色发展定位，出台系列实施方案和行动清单。比如，大通县定位“争当绿色发展样板城市排头兵”，城中区定位“打造绿色发展样板城市先导区”，城北区定位“建设绿色发展样板城市示范区”。市发改委、经信委、规建局等市直综合部门和湟投、南管委等园区管委会围绕职能定位，建立协同推动机制，实施了一批重大项目工程，形成了绿色发展工作齐抓共管的生动局面，进一步夯实了打造绿色发展样板城市的行动基础。

3. 思想自觉成为普遍共识

两年来，西宁市委、市政府不忘初心，牢记使命，把“生态优先、绿色发展”的根基扎深扎牢，不断满足人民群众对良好生态产品的需求，持续积累绿色财富，成功荣膺“国家森林城市、全国文明城市、国家园林城市、全国水生态文明城市、全国民族团结进步示范市”等称号，中国十大幸福城市排名第2位，人民群众的幸福感明显增强。立足产业绿色发展，多次成功举办丝绸之路沿线国际友城峰会、铝镁合金高新材料产业发展论坛、青藏高原（超净区）生物医药产业发展论坛。获得中国生态环保大会会址西宁永久举办权。组建了万名志愿者参加的“尕布龙绿色志愿服务队”，通过全方位多形式多角度多领域高频度立体式宣传，形成齐抓共管的生动场面，全社会对绿色发展的价值取向趋于统一和巩固，形成崇尚绿色发展的浓厚社会氛围。绿色发展理念深入人心，成为西宁全社会的共识，进一步夯实了打造绿色发展样板城市的思想自觉。

（二）拓展绿色空间“六大行动”效果显著

两年来，西宁市以打造“绿色发展样板城市，建设新时代幸福西宁”为目标，全面推进“六大行动”建设，不断提升治理水平，绿色生产、生态、生活空间逐步拓展，成效明显。

1. 生产空间持续扩张

两年来，扎实推进绿色产业建设行动，准确把握绿色发展正在从静态保护升级为动态保护的趋势，坚持创新驱动推进产业转型升级，形成循环型工业、农业、服务业体系，产业发展逐步迈向价值链中高端，绿色发展的动力体系基本建立。积极打造三条千亿元特色优势产业经济增长带，促进区域间的经济联系和产业协同，2017 年三条经济增长带实现工业总产值 1214.83 亿元，占全市工业总产值的 74%。坚持科技领先，多晶硅（电子级）、锂电正极等部分高端新材料技术达到国内或世界领先水平。围绕“三去一降一补”重点任务，坚决关闭淘汰煤矿、水泥等落后产能。抓好循环产业发展，新能源与新材料产业的无缝对接与循环利用被列为国家循环经济示范试点项目。充分利用地处青藏高原“超净区”的优势，西宁已成为全省规模最大、科技水平最高的中藏药生产、高原特色动植物资源精深加工基地。中国西部自驾游联盟年会和西部自驾游产业发展论坛连续举办，入选国家电子商务示范城市，服务业对经济增长的贡献率达到 44.2%。多种形式的现代农业产业蓬勃兴起，大通县、湟中县和湟源县成为农业部和国家旅游局认定的全国休闲农业与乡村旅游示范县。生态经济化路径逐渐明晰，西宁经济增速连续三年位居全国省会城市前列，在全省经济总量中占比超过 50%，对全省经济增长贡献率达到 66.2%。加快构建绿色现代产业体系，培育新业态、新模式、新动能，经济发展活力不断释放，生动诠释了习近平总书记“绿色发展是构建高质量现代化经济体系的必然要求，是解决污染问题的根本之策”的科学论断，“绿水青山就是金山银山”在西宁得到生动实践。

2. 生态空间不断拓展

两年来，西宁市坚持“山水林田湖草是一个生命共同体”的理念，按照“一芯双城、环状组团发展”的生态山水城市格局，统筹治理、全面推进，优化国土空间开发，针对群众对优美生态环境需要，着力拓展绿色生态空间。扎实推进“高原绿”建设行动。坚持绿色涵养生态本底，坚决将甘河工业园区原 6540 亩工业用地用于建设“园博园”，相当于每年损失数百亿元产值，获得“国家森林城市”称号。西北地区最大的城市山地森林公

园——217 平方公里西堡生态森林公园和湟水流域国家百万亩规模化林场等生态工程正加紧建设。南北山森林覆盖率达到 79%，全市城区绿化覆盖率保持在 40.5%，森林覆盖率达到 33%。由南山生态运动休闲区等组成的“一园多区”环城国家生态公园建设正在加快推进。400 公里城市三级绿道建成使用，城市绿量不断增加，绿化品质不断提升。扎实推进“西宁蓝”建设行动。全力打赢污染防治攻坚战，制订了蓝天保卫战三年行动计划，持续打好“抑尘、减煤、控车、治企、整渣”组合拳，淘汰黄标车 9578 辆，“扬尘防控工作实现十个 100%”。加大“煤改气”治理，重新划定禁煤区，将禁煤范围扩大至 166 平方公里，开展禁煤区管网覆盖范围内燃煤锅炉清零行动，完成 3000 余蒸吨燃煤锅炉的改造，主城区煤改气在北方城市率先清零。构建由数千个网格、数千名网格员组成的网格化环境监管体系。完成水泥、火电等行业脱硫脱硝等一批大气重点减排工程，协同控制氮氧化物、有机挥发性气体，重污染天气明显减少。2017 年西宁的优良天气数、空气质量综合指数均位居西北五省区省会城市第一，空气质量改善程度排名全国第三，稳步提升城市空气质量优良天数。扎实推进“河湖清”建设行动。深化水资源管理体制改革，出台南川河流域水生态补偿管理暂行办法，建立完善河（湖）长制，将全市大中型水库、万亩灌区、全国重要饮用水水源地、重要湿地一并纳入河长制管理范围，通过综合施策，全国重要水功能区水质达标率从 2015 年的 40% 提升到 2017 年的 60%。湟水河城区段基本实现“清水入城”，河岸绿化率达到 83%，基本实现了“水清、流畅、岸绿、景美”的景观提升治理目标。成功入选国家第一批流域水环境综合治理与可持续发展试点。2018 年 3 月西宁荣膺全国水生态文明城市。扎实推进治理能力建设行动。加快建设地下综合管廊，推进“城市双修”，入选国家第二批“城市双修”试点城市和海绵城市试点，建成综合管廊 26 公里。落实主体功能区空间管制措施，“多规合一”空间规划和新一轮城市总体规划正在修编。推进公交都市和“畅通西宁”建设，首条公交专用道投入运营，公共交通实现了新能源化全替代。昆仑桥、湟水路高架、凤凰山路等工程建成通车，新开工道路 101 条，人均城市道路面积由 8.3 平方米提高到 9.5 平方米。实行生活垃圾分类试点415个。启动4条乡村旅游示范带，建成美丽乡村77个，完成100个村环境整治试点项目。广大市民绿色生态福利空间显著增加，绿色获得感明显提升，充分彰显了习近平总书记“环境就是民生，青山就是美丽，蓝天也是幸福”思想的本质性意义。

3. 生活绿色空间质量提升

两年来，我们顺应人民群众对清新空气、清澈水质、清洁环境等生态产品的期待，扎实推进“绿色人文建设行动”，将打造绿色发展样板城市与环保大督查和环境综合整治等有机结合，形成工作组合拳，全力整治“散、乱、污”等影响群众生产生活环境质量、危及生态安全的问题，关停取缔燃煤锅炉等一大批危害生态环境设施装置。深入培育和践行社会主义核心价值观，加强群众性精神文明建设，大力倡导社会文明新风尚，持续开展文明交通、文明旅游、文明餐桌和网络文明行动。充分发挥全媒体、多平台优势，反映西宁市民群众共建共享绿色家园的热情。自2017年11月起，以“高原明珠、绿色西宁”等为主题，每天在央视全景式展现打造绿色发展样板城市、建设新时代幸福西宁的鲜活场景。将绿色理念融入文化建设，成功创建国家公共文化服务体系示范区，大型秦腔民族现代戏《尕布龙》和大型交响音画《追梦三江源》等优秀文艺作品脱颖而出，《尕布龙》已在全国巡演30场。积极引导市民群众树立节约低碳、绿色环保的价值理念。成功创建“绿色学校”16所，在大型商超开展限塑宣传工作，西宁万达广场等被国家商务部评为绿色商场单位。积极倡导市民群众绿色低碳出行，组织64支“尕布龙绿色志愿服务队”和71支“农民工青年志愿服务队”开展植绿护绿、环保宣传志愿服务活动。落实政府采购节能环保政策，政府绿色采购比例达到90%以上。充分体现了习近平总书记“良好生态环境是最公平的公共产品，是最普惠的民生福祉”重要思想的科学真理魅力。

（三）体制改革、制度创新的效应持续显现

两年来，西宁市在打造绿色发展样板城市的过程中，不仅注重解决面临的突出现实问题，而且注重体制机制的改革创新，力求久久为功，标本兼治。

1. 建立体制机制

自2016年8月提出打造绿色发展样板城市，市委立即成立绿色发展样板城市建设领导小组，市委书记亲自担任组长，坚决高位推动，注重顶层设计，强化职责担当，建立了一整套体制机制。先后印发《关于建设绿色发展样板城市的实施意见》和全市各部门工作任务和责任清单；单独成立市委绿色发展委员会和绿色发展研究院，明确了西宁市委绿发委是党委专门负责统筹协调推动全市绿色发展的工作部门，其职能定位是“研究所”“召集人”“护绿员”“督战队”，是全市绿色发展的“看门人”，建立了与市发改、经信、规建和环保等部门副主任在绿发委兼职的协同工作机制。同时，建立西宁市绿色发展的“三会”工作制度，即绿发委每周开一次主任办公会，市委分管领导每月开一次专题会，市委书记每半年开一次绿色发展领导小组会，“三会”制度围绕推进绿色发展关键问题和重要事项开展研究，专门解决全市绿色发展的一系列问题，提出政策建议。按照小切入大纵深模式，率先在政府投资项目和规划建设项目立项环节试行绿色发展符合性评价机制，强化绿色决策的“最先一纳米”。加大绿色发展工作考核分值，形成多米诺骨牌效应，探索试行了市人大对绿色发展样板城市建设政策落实的问询制度和市政协协商制度。这些体制机制的创新无疑成为加快西宁绿色发展样板城市建设的“催化剂”和“加速器”。

2. 健全政策标准体系

按照“立法、标准、体制”三位一体的发展路径，市人大、市政府研究制定了《西宁市建设绿色发展样板城市促进条例》，同时出台了《西宁市大气污染防治条例》《西宁市饮用水水源地保护办法》《西宁市绿道管理办法》等系列地方性法规和规章，初步形成了打造绿色发展样板城市“1+N”的立法体系。制定出台《西宁市绿色发展指标体系》《西宁市生态文明建设目标评价考核办法（试行）》，作为全市各地区绿色发展和生态文明建设年度考核评价依据。研究制定了《西宁市基础设施项目绿色发展符合性评价标准》和《西宁市工业项目绿色发展符合性评价标准》，后续市级绿色学校、绿色工厂、绿色园区、绿色社区等标准体系正在研究制定中，同时出台南川河流域水生态补偿办法等一系列财政奖补政策，绿色发展样板城市建设的政策标准体系正逐步健全完善。

三　西宁市绿色发展样板城市建设中存在的主要问题

两年来，虽然西宁市在打造绿色发展样板城市中取得了丰硕的成果，但受多种因素影响，还存在着较多的困难和问题，主要表现在以下几方面。

（一）发展理念方面

个别领导干部绿色发展意识不强，抓生态环境保护的主动性、创造性不够；个别地区和部门“生态优先，绿色发展”的理念还没有完全树立起来，对经济社会发展方式绿色转型的紧迫性、艰巨性认识不足，在处理当前增长与可持续发展问题上重眼前、轻长远，常常把调整优化产业结构、实现绿色低碳发展与日常业务工作混为一谈，思想认识存在浅层化、标签化问题，职能泛化、摊大饼、铺摊子的情况还存在，缺乏本地区、本行业立足绿色发展的深层次研究，工作合力不够，推进力度不强，措施手段不完善、创新精神不够。在社会层面，“生态优先，绿色发展”发展理念还没有完全成为主流意识和自觉行动。一些企业环保法制观念不强，重利益、轻环保，生态责任意识欠缺，环保问题时有发生；少数社会公众生态意识不强，铺张浪费、损害公共环境的现象依然存在。

（二）产业调整方面

当前西宁市正处于产业结构加快调整、新旧动能转换的换挡期，但经济体量小、质量不高、产业支撑不足依然是发展的最大现实困境，2017 年，西宁市实现 GDP 1284.91 亿元，在全国省会城市中仅略高于拉萨；在拉动经济增长的动力中，过度依赖投资是最主要特点。从具体的产业方面看，全市产业结构偏重偏粗偏短的格局尚未根本扭转，缺乏全产业链重大项目的带动支撑，高新技术和战略性新兴产业比重小，技术创新对绿色发展的引领带动作用不强。循环化发展系统性不强，工业能耗居高不下，从2011年的1468.46万吨标煤增加到2017年的1519.04万吨标煤。与此同时，服务业中的龙头旅游产业，发展规模在全国省会城市中处于末端，旅游总人数仅为全国同类指标的0.4%；现代金融、信息服务、现代物流、电子商务等新产业、新业态发展不足，水平不高。现代农业发展刚刚处于起步阶段，特色产业规模小、效益低。

（三）城市风貌方面

作为青藏高原唯一人口超百万的中心城市，西宁市以1%的地理空间承载着全省50%的人口，是黄河流域最上游和青藏高原上人类活动强度最大的地区；生态环境本底脆弱，土地资源、水资源紧缺，人均水资源只有全国平均水平的1/4，资源环境承载潜力仅为0.02，远低于全国平均水平，生态文明建设存在较多短板和问题。城市大气污染治理难度依然较大，湟水河及其支流流域水环境污染治理成效有待提高，个别地块土壤重金属污染问题亟待解决，地质灾害隐患较为突出，优质生态产品供给能力总体不足；城市发展空间狭小，城镇体系不完善，聚集过度、辐射带动不足，生态承载能力弱，生态环境回旋空间小。在2018年4月发布的《2016年青海省各市（州）绿色发展年度评价结果公报》中，西宁市绿色发展指数在全省排名第3名，其中环境质量指数在全省排名第8名，生态保护指数在全省排名第5名，这说明，在全省范围内，西宁市在生态建设保护上还有很多的不足和差距。由北京师范大学、国家统计局经济景气监测中心共同编著的《2016中国绿色发展指数报告》中，西宁市在全国100个大中城市中绿色发展有关指数也均处于末端。

（四）制度建设方面

虽然西宁市在绿色发展的地方立法上有所突破，但从源头严防、过程严管、后果严惩等关键环节上所制定的法规制度及相应的激励政策还不够完善，立法、标准、体制“三位一体”的生态文明制度体系还未全面形成。绿色发展与经济、社会的协调作用还不明显，绿色发展领域的责任划分与政府监管需要进一步加强和明确。围绕全面推进绿色发展，还没有形成完整、系统的工作制度、研究制度、项目生成制度。作为协调生态保护与经济发展关系的一种有效制度安排，探索建立符合西宁实际的生态补偿机制仍然需要深入研究。

四　新形势下西宁市绿色发展样板城市建设的环境分析

目前，西宁打造绿色发展样板城市正处在重要攻坚期，既面临着前所未有的发展机遇，也面临着较大的困难和压力。

（一）发展机遇

放眼世界、环顾全国，绿色发展已成为新趋势和新机遇。当前，世界和中国都处在一个大发展大变革大调整的关键期。从世界看，发展格局正处于深度调整之中，资源要素配置矛盾和产业结构矛盾更加突出，但新一轮科技革命和绿色产业变革孕育兴起，绿色发展正成为主流。从国内看，进入新时代，我国经济发展已由高速增长阶段转向高质量发展阶段，虽然面临着发展不平衡不充分等突出问题，但生态优先、绿色发展已成为社会的普遍共识和共同追求。从全省看，绿色发展已成为青海最宝贵的资源、最明显的优势、最亮丽的名片，也是后发赶超的最大潜力。省委十三届四次全会提出“一优两高”战略部署，强调要以“生态文明理念统领经济社会发展全局”，为我们进一步推进绿色发展明确了方向、提供了政策和理论支持。从全市看，习近平新时代中国特色社会主义思想特别是习近平生态文明思想已经成为西宁建设绿色发展样板城市的思想指引和精神动力；社会主义生态文明新时代的到来，迎来了绿色发展的黄金期，建设绿色发展样板城市的前景必将十分光明；随着打造绿色发展样板城市的不断深入，取得了一批标志性的成果，为建设绿色发展样板城市提供了丰富的经验、奠定了坚实基础；西宁市无论从发展趋势来看，还是从比较优势来看，都是提高全省绿色发展和区域竞争力的关键重点和强力支撑。总之，随着习近平新时代中国特色社会主义思想和党的十九大精神的深入贯彻落实，随着国际国内和全省绿色发展的大势所趋，随着“一带一路”和“兰西城市群”建设的深入推进，随着“一优两高”战略部署和“打造宜居宜业大西宁”的进一步落实，建设绿色发展样板城市将迎来更多的机遇，也将迎来更大的发展，实现建成绿色发展样板城市的目标将指日可待。

（二）面临的挑战

从全球范围看，当前世界经济复苏乏力，一些国家贸易保护主义抬头，逆全球化思潮暗流涌动，中国作为第一出口大国，同时也是国际贸易保护主义的首要目标国，部分国家频繁通过限制核心技术出口和中国产品进口为本国产业提供保护，导致以制造业为主的实体经济困难不断增加，产业转型升级困难加重。从全国范围看，当前国内经济发展形势复杂严峻，在防范政府债务风险、加强金融监管、内需呈现疲软、贸易摩擦加剧等宏观大背景下，稳定经济增长的压力不断加大，不稳定和不确定性因素持续增多，同时在推动经济高质量发展的背景下，各省市不断加大对绿色产业、战略性新兴产业的培育和发展，使得各地区产业发展不断趋同，导致在项目引进过程中的竞争不断加剧。同时，临近省会城市依托自身优势，在绿色发展上也实现了差别化、超越式发展，西宁市如果不奋起直追，差距将会越拉越大。从省内情况看，各兄弟州（市）绿色发展你争我赶的竞争态势日趋激烈，随着三江源国家公园体制试点的不断深入，玉树、果洛等地区生态环境持续向好，青海省委十三届四次全会立足于生态保护优先，结合省情提出要打好“盐湖资源利用、清洁能源、特色农牧业、文化旅游产业”四张牌，进一步明确了各州（市）的发展方向定位，综合分析这些方面，西宁市虽然有一定的优势，但优势并不明显，短板却显而易见。如果不能正视这些挑战和差距，在空前激烈的绿色发展竞争中立足资源禀赋，激发内生动力，形成比较优势，努力走出一条生态脆弱、欠发达地区整体实现绿色发展的新路，就会被固化在发展的低端，逐渐被“边缘化”。

总体看，在今后的发展中，西宁打造绿色发展样板城市机遇与挑战并存，潜力与压力共生，只有紧紧把握机遇，积极应对挑战，继续坚持生态优先、绿色发展，在埋头苦干中积聚实力，在积极进取中开拓局面，在改革创新中挖掘潜能，坚决摒弃粗放式发展方式，积极推进经济生态化和生态经济化，西宁在绿色发展样板城市建设方面就会取得更多突破性进展和标志性成果，更好履行省会城市的使命、责任、担当，必将使良好生态环境成为各族群众生活改善的支撑点、经济社会发展的增长点、展现西宁城市幸福美好形象的闪亮点，新时期全市绿色发展必将能够乘风破浪，行稳致远，打造绿色发展样板城市、建设新时代幸福西宁的美好愿景终将实现。

五　西宁市绿色发展样板城市建设前景展望

进入新时代，面对新机遇与新挑战，西宁市打造绿色发展样板城市、建设新时代幸福，要进一步深入贯彻落实习近平新时代中国特色社会主义思想特别是习近平生态文明思想，牢固树立“四个意识”，坚决做到“两个维护”，坚持以“两个绝对”为标准，以推进“两个绝对”具体化为载体，全面落实“四个扎扎实实”重大要求，深入实施“五四战略”，奋力推进“一优两高”战略部署，加快“六大行动”建设，大力提升绿色发展的能力和水平，加快形成与生态文明新时代相适应的体制机制、产业结构、空间格局和生产生活方式。

（一）进一步强化政治定力，让理念扎根，始终铸牢绿色发展的思想根基

进入新时代，“生态优先，绿色发展”已经上升到国家战略层面。从社会发展趋势来看，绿色发展不仅是发展问题和民生问题，更是经济社会问题，关系上层建筑的构建和稳固。这就要求我们必须认识全面加强党对生态

文明建设领导的历史必然与逻辑使然，深刻把握党对绿色发展领导的属性内涵与本质特征，坚持以习近平新时代中国特色社会主义思想为指引，进一步强化党对生态文明建设的领导，确保打造绿色发展样板城市的思想牢固、根基坚实、方向正确。

1. 把绿色发展理念作为推进“两个绝对”具体化的根本遵循

“两个绝对”是西宁建设绿色发展样板城市和新时代幸福西宁的最根本要求、最突出主线、最鲜明特色，也是坚强的保障和实践载体。建设绿色发展样板城市，要深入学习贯彻习近平新时代中国特色社会主义思想特别是习近平生态文明思想，坚持把加强党的政治建设放在首位，进一步提高政治站位，按照“四个扎扎实实”重大要求，扎实推进“两个绝对”具体化，健全绿色发展保障制度。围绕问题导向，站在社会发展稳定可持续的大势上考虑人民群众对绿色发展和优美生态环境的需求与供给。要全面加强党对绿色发展的领导，认真落实党政主体责任、严格责任追究，营造狠抓生态环境保护、全力治污攻坚的政治氛围和制度约束，形成“党委领导、政府主导、企业主体、公众参与”的绿色发展格局，把绿色发展转变为全市各级干部特别是领导干部的政治自觉、思想自觉和行动自觉。

2. 把绿色发展理念体现在城市建设的方方面面

当前，新型城镇化建设已成为现代化建设的重要引擎。城镇化快速推进中的一个突出矛盾和问题是资源环境承载力趋于饱和，环境污染等“城市病”亟待治理。习近平总书记深刻指出：“你善待环境，环境是友好的；你污染环境，环境总有一天会翻脸，会毫不留情地报复你。这是自然界的规律，不以人的意志为转移。”推进绿色发展，是经济发展进入新常态、城镇化进入新阶段的必然选择。因此，围绕建设绿色发展样板城市，以强烈的忧患意识和责任担当深刻认识绿色发展的时代意义和现实需求，使之贯穿于经济发展、城市建设、社会治理等方方面面，真正实现青山绿水、蓝天白云的城市愿景。

3. 把绿色发展理念贯彻在城市建设发展的客观规律之中

习近平总书记指出，“生态兴则文明兴，生态衰则文明衰”，“保护生态环境就是保护生产力”，“绿水青山就是金山银山”，“让城市融入大自然，让居民望得见山、看得见水、记得住乡愁”。这充分体现了马克思主义生态观和自然生产力理论的与时俱进，体现了对城市发展规律的深刻认识，遵循了城市规模同资源环境承载能力相适应的客观要求。因此，在城市发展上，必须深入贯彻落实习近平新时代中国特色社会主义思想，尊重城市发展规律，坚持以自然为美、以生态为基、以绿色发展理念为引领，把打造绿色发展样板城市、建设新时代幸福西宁不断引向深入。

4. 把绿色发展理念转变为满足人民群众对美好生活期盼的具体行动

习近平总书记指出，“良好生态环境是最公平的公共产品，是最普惠的民生福祉”、“人民对美好生活的向往就是我们的奋斗目标”。城市作为人类文明的结晶，理应尊重自然、回归自然，成为市民享有良好生态环境的“诗意栖居地”。因此，在西宁城市发展中，必须始终秉承绿色理念，为市民提供干净的水、清新的空气、安全的食品、优美的环境，满足最广大市民群众的基本诉求。要始终以对人民、对子孙后代负责的精神，牢固树立保护生态环境就是保护民生、改善生态环境就是改善民生的理念，在城市规划、建设、管理等各个环节坚持“两型”引领、生态优先，始终践行绿色惠民的庄严承诺。

（二）将进一步强化战略定力，让行动落实，不断探索绿色发展的实践路径

习近平总书记视察青海时的重要讲话，科学确定了青海在全局中的功能定位。西宁作为青藏高原的生态脆弱区，发展制约条件多；作为全省人口、资源聚集的重点发展区，发展标准要求高。因此，要进一步强化战略定力，将打造绿色发展样板城市作为加快生态文明建设、践行新发展理念的重大要求，通过坚持生态保护优先，推动高质量发展，创造高品质生活，把习近平总书记重要讲话要求转化为西宁的具体实践，在西宁落地生根、开花结果。

1. 以绿色发展引领产业转型升级

习近平总书记视察青海时提出：“坚持以经济建设为中心，保持经济持

续健康发展，是全党必须抓紧抓好的重大任务”。当前，发展不足仍然是西宁的主要矛盾，发展仍然是我们的第一要务。针对这一实际，需要正确处理好保护与发展的关系，积极探索“经济生态化、生态经济化”路径，以“打造绿色发展样板城市”为载体，全面落实好省委“一优两高”战略部署，全力打好“盐湖资源综合开发利用、清洁能源发展、特色农牧业发展、文化旅游产业发展”四张牌，为实现推动高质量发展夯实产业基础。

一是突出产业改造提升“减量化”。传统制造业依然是实体经济的主体，是经济发展之基、富民之源。要强力推进供给侧结构性改革，把实体经济作为产业发展的着力点，发挥传统产业主力军作用，大力推进产业生态化，加快产业转型升级，进一步提升企业工艺、装备、能效水平，坚决淘汰出清落后产能，在推动节能降耗上做“减法”，为新动能发展提供条件，创造空间。扎实推进西宁国家低碳城市试点建设进程，健全绿色低碳循环经济体系，积极推进西宁经济开发区甘河、东川、南川工业园区循环化改造，力争甘河工业园区低碳工业园区试点取得实效。要积极推动智能制造、绿色制造等重大工程，抓好经济开发区“两化融合”，深入开展“互联网+”“机器换人”等行动，加快新旧动能接续转换。

二是突出产业发展“绿色化”。大力培育发展新产业、新业态、新模式，依托光伏、锂电产业，大力发展新材料和环保产业、清洁节能产业、绿色能源产业，加快光伏制造中心和千亿锂电、生物医药、铝镁合金产业基地建设，加快推进以“大数据”“云计算”为代表的信息产业及两化融合发展，打造西宁数字绿谷，不断在“新”上做文章，在“绿”上下功夫，促进产业不断向产业链、价值链中高端攀升，抢占未来产业发展先机。抓好青藏高原原产地特色产品聚集园建设，打造高原绿色有机品牌高地。积极推进“农村+旅游”“农业+电商”发展模式，大力发展绿色经济，努力实现生态经济化。

三是突出产业引进“优质化”。将新兴产业作为培育新动能、推动经济“高质量发展”的基础支撑和强大引擎，在项目引进上要出新招出实招，要画好产业地图，抓好产业招商，设置“绿色门槛”。在项目引进上，把招商引资的重点放在战略性新兴产业上，放在有利于产业结构调整的龙头型、功能型项目上，特别是放在光伏、锂电、大数据、健康医药等具有资源禀赋和比较优势的优质产业项目上。在项目布局上，严守生态、耕地保护、城市开发边界三条红线，实施空间、总量、项目三位一体的准入制度。在项目把关上，着力发挥好绿色发展符合性评价机制作用，从源头控制污染物排放和资源消耗。

四是推动科技创新“常态化”。大力实施创新驱动战略，不断增加原创性科技成果供给，大力促进创新成果转化，为产业绿色发展插上科技的翅膀、提供源源不断的能量。要以创新驱动绿色发展，支持和鼓励光伏光热、锂电、铝镁合金、高原生物医药等行业企业建立国家和省级企业技术中心、工程研究中心、重点实验室、检验检测中心等创新孵化平台，着力突破一批关键核心技术并转化一批创新成果。要加快建成铝镁合金研发中心等 3 个重点产业技术创新平台，力争新增 2 ~ 3 家省级企业技术中心。

五是促进土地利用“集约化”。在全市经济技术开发区（园区）、产业集聚区、特色小镇等重点区域，探索推行企业对标竞价的“亩均效能”供地制度，强化土地集约利用，确保实现以市场化方式遴选引进高质量项目落地。在全市范围内开展低效用地情况调查清理工作，倒逼低效用地企业和“僵尸企业”退出市场，推进产业转型和高质量发展。

2. 将绿色发展贯穿城市建设

习近平总书记视察青海时提出：“青海生态地位重要而特殊，必须担负起保护三江源、保护‘中华水塔’的重大责任”。西宁市作为全省的生态屏障和生态建设保护服务基地，坚持“生态优先、绿色发展”更是具有义不容辞的重大责任和义务，来不得半点闪失。这就需要进一步厘清思路，不妄自菲薄、失去信心，而是要紧密结合西宁实际，清醒认知自身存量较小但分量不小、地理较偏但区位不偏、基础较弱但优势不弱的实际，不追求传统发展要素的由小变大、由弱变强，而是进一步贯彻新发展理念，突出抓重点、补短板、强弱项，促进经济社会发展格局、城乡空间布局、产业结构调整与资源环境承载能力相适应，带动全域绿色发展空间的构筑，为创造高品质生

活奠定坚实基础。

一是抓好绿色发展空间的统筹规划和战略布局。要统筹各类空间性规划，高质量完成空间规划“多规合一”工作，实现全市“一张蓝图干到底”。要突出宏观、中观、微观不同层次的规划指引和安排，抓好“风景屏”“生态廊”“活力轴”“风貌区”“幸福圈”“景观道”六大示范工程建设，为贯彻“一优两高”战略部署和推进全面系统地绿色发展奠定基础。要加强部门协调，把绿色发展的理念融入社会发展的各方面，把绿色样板城市建设的“四大任务”、“六大行动”具体任务和节能减排降耗工作措施贯穿于生产、生活和消费的全领域全过程。

二是拓展绿色发展新空间。要深刻把握新形势下以城市群为主体、大中小城市协同发展的城市发展规律，积极融入兰西城市群战略，做好规划衔接，主动承担核心城市职能，提升“一带一路”中的区域定位。围绕“一芯双城、环状组团发展”生态山水城市格局，推进新华联国际旅游城等标志性项目建设，加快西堡生态森林公园、园博园、熊猫馆、海洋馆等标志性生态工程进度，实施多巴湖、扎麻隆湿地等生态本底工程，打造“畅通西宁”绿色交通体系升级版。

三是抓好城乡环境统筹治理。坚持城乡环境治理并重，落实山水林田湖草一体化系统治理，推动“高原绿”“西宁蓝”“河湖清”建设取得突破。实施国土绿化三年提速工程，实施城区园林绿化提质工程。开展重点行业污染治理专项行动，空气质量综合指数和排名继续走在西北省会城市前列。加强湟水流域主要干、支流水生态综合治理，推动城市由沿河发展向拥河发展转变，全面打造“湟水河生态活力轴”。

四是打好“青山、蓝天、碧水、净土”四场保卫战。要认真落实好全国和全省生态环境保护大会的精神，坚决打好污染防治攻坚战，确保山青、天蓝、水碧、土净，不断增强人民群众从生态环境获得的民生福祉，增强幸福感。

3. 把绿色发展融入提升民生福祉

习近平总书记提出的“推动形成绿色发展方式和生活方式”，创造性地指出了具有中国特色的绿色发展之路，开启了绿色生产方式和绿色生活方式的新时代。生活方式历来是绿色发展最直接、最有影响的表现形式，生态低碳的绿色生活，也是中国传统文化中所追求的“天人合一、知行合一、情景合一”的文明梦想呈现。要加强生态文明宣传教育，大力倡导绿色价值观，强化公民环境意识，自觉转变生活方式和消费模式，形成全社会共同遵循的良好风尚。要加快制定出台西宁市推动生活方式绿色化实施方案和绿色生活行动指南，用更加明确、规范的制度约束与引导绿色生活方式的建立和完善。要深入挖掘河湟文化中的生态文化元素，精心打造具有明显地域特色的生态文化品牌。要广泛开展新时代绿色文化宣传教育，把绿色生态文明理念纳入国民教育和干部培训体系，将绿色发展理念纳入公序良俗、乡规民约，不断增强全民绿色文化意识和文化自信。积极引导和鼓励市民在绿色出行、绿色消费、垃圾分类等方面践行绿色生活方式，着力打造绿色低碳的“15 分钟幸福生活圈”和“10 分钟体育健身圈”，让绿色生活方式成为时代风尚。以“尕布龙志愿服务队”活动的常态化开展为契机，完善公众参与、监督等制度，充分发挥各类社会、民间组织和志愿者作用，深入开展节约型机关、绿色工厂、绿色家庭、绿色学校、绿色社区等创建活动，形成崇尚生态文明的社会新风。

（三）进一步强化改革定力，让机制护航，切实增强绿色发展的共建共享

推动西宁绿色发展样板城市建设由美好愿景不断走向现实，需要始终坚持以制度建设作为破解生态困境的关键措施，以技术创新铸就绿色发展的根本动力，不断提升绿色发展的能力和水平。

1. 完善绿色发展机制，加快“绿色立法”

充分用好地方立法权限，将建设绿色发展样板城市纳入法治化轨道，加快出台《西宁市建设绿色发展样板城市促进条例》《西宁西堡生态森林公园建设管理办法》等系列地方性法规和政府规章等，形成协同配合、良性互动的绿色发展政策保障体系，构建绿色发展的“法治屏障”。探索建立“绿

色标准”，要积极尝试建立健全治水治气、治城治乡、治土治山等绿色标准体系，完善产业准入能耗、物耗、水耗等标准。推广农产品标准化生产管理模式，推动农业标准化作业和可持续发展。健全完善“绿色指标”。突出质量、效益，兼顾宏观、微观，涵盖总量、结构，加快构建能够体现西宁特色的多维度绿色发展指标体系，同时适时将具备条件的指标纳入国民经济和社会发展中长期规划、年度计划，充分发挥绿色发展指标对各项工作的“指挥棒”“方向盘”作用。改革理顺“绿色体制”。要充分发挥全市建设绿色发展样板城市领导小组会、部门联席会、主任办公会总揽全局、部门协调、内部衔接的作用，通过兼职等方式，着力解决体制不顺畅、责任不明确、工作无重点、落实打折扣的问题，推动工作形成合力。各单位要成立绿色发展领导小组并设立办公室，各县（区）要设立党委统一领导的绿色发展委员会，切实解决好政策落实层层传导最后“一公里”的问题。市委绿发委要着力发挥好“研究所、召集人、督战队、护绿员”作用，发挥好参谋助手作用，建立会商督导机制，完善串并联工作机制，进一步健全统一监管、统筹推进的绿色发展管理体制。要强化人大、政协专题询问、专项视察、执法检查等督导促进作用，努力形成党委统一领导，人大、政府、政协协同配合，相关部门齐抓共管的绿色发展工作体制。

2. 健全绿色发展保障机制，形成工作合力

要将绿色发展理念融入“两个绝对”具体化的践行标准中，将绿色发展工作纳入“三张清单”中，将绿色发展成效纳入“两个绝对”具体化的督导、考评中，形成用“两个绝对”具体化的实践成果促进绿色发展的新局面。要积极探索实施市场化的促进和倒逼机制，加快资源环境价格、生态补偿等改革，形成差异化的产业、土地等政策，实现绿色发展导向与市场经济力量的有机融合。要逐步探索建立区域评价加承诺制的多评合一评价指标体系，为深入推进“放管服”改革提供支持。要建立健全符合绿色发展的社会信用评价机制，引导企业自觉守法，约束企业环境违法行为。探索建立符合西宁实际的生态补偿机制，积极推行南川河流域水环境生态补偿机制的试点工作，通过结合水质断面考核与流域范围，建立双向补偿机制。努力构

建干部管理使用的生态机制，要坚持高标准、严要求，用顶格的生态标准、严厉的管理举措强化建设绿色发展样板城市“党政同责、一岗双责”的制度落实；要围绕打造绿色发展样板城市的需要，加快构建领导干部绿色考核奖惩机制，一方面将绿色发展考核结果与干部选拔、评优创先相衔接，提拔使用干部优先向绿色发展方面实绩突出者倾斜，让扎实推进绿色发展的干部受重用、得表彰，形成领导干部紧抓绿色发展的导向和活力；另一方面，探索建立领导干部抓绿色发展不力问责机制，对推进绿色发展重视不够，决策、执行失误的干部约谈、警告，严重渎职的在评优和使用上实行“一票否决”。

3. 加大对外开放力度，构建绿色通道

青海省委第十三届四次全会指出，“青海最佳的路径是开放”。西宁作为丝绸之路经济带的重要节点城市、青藏高原中心城市，要紧紧抓住国家“一带一路”建设的历史机遇，自觉站在全球、全国以及全省的大局思考问题、谋划工作。要充分发挥对外开放的带动引领作用，以兰西城市群建设为契机，以对内开放为基础，向东开放为前提，向西开放为重点，加快构筑对外开放新格局。要坚持“走出去”与“引进来”相结合，统筹好国际国内两个市场，依托西宁国际航空口岸和陆路口岸建设，建立国际航空货运通道，拓展对外经贸合作空间。要充分利用“青洽会”“城洽会”“清食展”等展会，广泛邀请国内外客商，推动对外贸易投资合作，加快西宁市特色产业发展。同时，积极组织参加国内外具有较大知名度的展会，鼓励企业在境外建设产品展示中心与营销平台，扩大西宁市自产商品出口。加大西宁与国际友城间的经贸交流与人文合作，主动融入“一带一路”朋友圈。

参考文献

中共西宁市委西宁市人民政府：《西宁市关于建设绿色发展样板城市的实施意见》，《西宁晚报》2017 年 4 月 10 日，第 2 版。

王晓：《在西宁市生态环境保护大会上的讲话》，http：//www. qhnews. com/swld/

system/2018/06/22/012638539. shtml。

《党的十九大报告辅导读本》，人民出版社，2017。

县永平、钟经道：《打造绿色发展样板城市推进“十三五”规划实施——以青海省西宁市为例》，《中国经贸导刊（理论版）》2017 年第 20 期。

孙发平：《让“四个扎扎实实”在西宁大地落地生根开花结果意义重大使命光荣》，《西宁晚报》2016 年 12 月 26 日，第 2 版。

分 报 告

Sub-reports

B.2

西宁市推动“高原绿”建设行动的主要成效与前景展望

杨皓然　桑成英*

摘　要： 近年来，西宁市委、市政府以建设幸福西宁为总目标，积极推进“高原绿”建设行动，围绕构建“一芯二屏三廊道”城市新型生态格局，为打造绿色发展样板城市、建设幸福西宁提供坚实的绿色本底和生态保障。但是，也存在城市绿地系统尚不健全、林业产业发展迟缓和林业能力不足等问题。本文从林业重点工程、林业资源保护等6个方面提出了对策建议，为西宁市进一步推进“高原绿”建设工作提供参考。

* 杨皓然，中共青海省委党校经济学教研部主任，教授，博士，研究方向为生态经济学；桑成英，西宁市林业局改革办主任，研究方向为城乡绿化建设管理。

关键词： “高原绿” 生态格局 西宁市

青海省十三次党代会指出，“绿色是青海的底色，是最靓的幸福色。要开展生态功能提升行动，实施重大生态工程建设，统筹推进山水林田湖生态保护和修复。”西宁市作为青海省省会，绿化建设的成功与否直接影响着生态文明建设和打造绿色发展样板城市目标的实现。近年来，西宁市绿色行动取得了较大成效，成为全省城乡绿化建设与发展的先行城市和重点城市。

一 西宁市城乡绿化建设历程回顾

近年来，在市委、市政府的正确领导下，全市上下紧紧围绕青海省委提出的生态立省战略，全面构建以城区为核心、南北两山绿化为屏障、县域为纵深、四边绿化为纽带的“三环一纽带”生态布局，初步形成了“城在林中、楼在树中、人在绿中、林水相依、林路相嵌”的城市环境和生态格局，为实现省委提出的建设全国生态文明先行区奠定了坚实的基础。

1989 年，青海省委、省政府做出“绿化西宁南北山，改善西宁生态环境”的决策，正式启动了西宁南北山绿化工程。南北山 28 万亩荒山相继划分了 130 个绿化区，由 100 家责任单位和个人承包。25 年间，历经南北山一、二期工程绿化、大南山生态绿色屏障工程一、二期工程绿化，完成造林 23.2 万亩，森林覆盖率由 7.2% 增长到 75%。截至目前，全市现有林业用地面积 483548.49 公顷，其中：有林地 47091.48 公顷，纳入森林覆盖率范围的灌木林地 197713.93 公顷，森林覆盖率达 32%。建成区绿化覆盖面积 3647 公顷，建成区绿化覆盖率 40.5%，公园绿地 1528 公顷，人均公园绿地面积 12 平方米。西宁市建成区绿化覆盖率、建成区绿地率、人均公共绿地面积、森林覆盖率等主要指标处于西部主要省会城市的中上游水平。

经过多年的共同努力，西宁市先后成功创建了“国家园林城市”“全国绿化模范城市”“国家森林城市”，极大地提升了城市的景观效果，有效改善了人居环境。

表 1　2017 年西部主要省会城市绿化主要指标对比

序号	城市名称	建成区绿地率（%）	建成区绿化覆盖率(%)	人均公园绿地面积(平方米)	森林覆盖率（%）
1	西　宁	39.1	40.5	12	33.5
2	兰　州	33.24	37.35	11.19	15.23
3	银　川	42.11	42.14	16.79	48.3
4	西　安	37.29	43.94	12.31	16.1
5	乌鲁木齐	—	—	—	15.23(2016 年底)
6	呼和浩特	36.87	39.87	19.39	21.36

资料来源：各省会城市林业主管部门提供。

二　西宁市“高原绿”建设行动的主要做法及成效

近年来，西宁市牢固树立“绿水青山就是金山银山”的发展理念，以建设幸福西宁为总目标，积极推进“高原绿”建设行动，着力打造高原绿色发展之城。

（一）典型示范树样板，扎实推进城市生态绿芯建设

一是启动了西宁西堡生态森林公园建设项目。2016 年，市政府批复《西宁西堡生态森林公园总体规划》，后续出台了《西宁西堡生态森林公园绿化工程专项规划（2017 ~2025 年)》，开展了项目前期及水利、道路建设。2017 年，依托林业重点工程，开展造林绿化项目，目前已完成造林 6.58 万亩，完成投资 9278 万元。

二是开工建设西宁园博园建设项目。2017 年 8 月，西宁园博园建设正式启动，实施 2020 亩生态防护林营造、挖湖造山、地形整治及园区绿化景观营造工作。目前，已完成湖心岛填方及沉砂池、湖面土方开挖及一期范围

内的乔、灌木绿化工作。完成回填倒运土方430万立方米，栽植落叶乔木、常青树4.76万株，灌溉管网2.43万米，水系开挖面积419亩，累计投资4715万元。

（二）突出生态防护，切实筑牢城市近远郊绿色屏障

一是持续实施林业生态重点工程。依托林业重点项目，开展造林绿化，继续实施三北、天保、退耕还林和公益林造林项目，累计完成93.89万亩，其中人工造林65.99万亩，封山育林27.9万亩。

二是扎实推进南北山三期绿化工程建设。遵循“先上水、后绿化”的思路，按照节水灌溉的要求，统筹规划，建设南北山绿化水源及灌溉设施。新建大小泵站38座、蓄水池410座，安装上水管道76公里，铺设配套管网2019公里。控制灌溉面积17.66万亩，提前两年完成了27万亩南北山三期绿化造林任务。结合水利项目的实施，完成了等级外土路260公里。形成了结构合理、功能完备、稳定高效的绿色屏障，西宁市自然生态系统步入良性循环。

三是积极开展国家级环城生态公园建设。实施低效林改造及退化林分改造工程4000公顷，落实了15586.7公顷林地管护任务。实施造林绿化工程，共完成造林绿化4866.7公顷，完成森林抚育10666.7公顷，提前超额完成造林绿化及森林抚育工作。开展了青藏高原现代林业科技产业示范园景区、北山美丽园景区、西山野生动植物观赏景区、南山旅游风景区等景区景点及基础设施建设。

四是加强了自然保护区建设。开展了大通县北川河园区国家级自然保护区项目建设，实施了保护区内界桩的设置、道路的维修、管理房的建设等工作。截至目前，已完成设立区碑5个、界碑100块，界桩170块；维修巡护步道12公里；建设完成了宝库、东峡、青林3个管理站、8个管护点。通过加强保护区基础设施建设及能力建设，提高保护与管理的能力，保护和恢复生态系统，丰富生物多样性。

五是加强了湿地公园和湿地保护工程建设。实施了湟水国家湿地公园建

设、湟水河河道综合治理及滨水休闲绿道建设工程、北川河生态河道建设工程、宁湖景观改造工程等项目。其中，在湟水国家湿地公园先后实施了中央财政湿地补助资金、生物多样性保护与生态系统协同增汇示范、海绵化改造及景观提升建设等一批湿地保护和建设项目。通过项目实施，修复城市水生态、涵养水资源，增强城市防涝能力，初步建立了湟水湿地生态系统保护管理监测体系；开展了湿地公园野生动植物监测、生物多样性调查与物种多样性评价、生态系统碳汇计量与评估，建立了生物多样性保护与协同增汇示范区域。

六是持续开展森林抚育经营。加强征占用林地和林木管理工作，加大执法检查工作力度，严格各项审批工作，巩固造林绿化成果。加大森林抚育、退化林分修复、低效林改造，科学开展森林经营，精准提升森林质量。共完成森林抚育 33.61 万亩，退化林分修复 6.1 万亩，低效林改造 1.7 万亩，森林资源得到有效增长和保护。

（三）突出提标扩面，不断丰富城市园林绿地和生态廊道景观

一是大力开展新增园林绿地建设和景观改造提升项目。实施了胜利路、建国路、昆仑大道、祁连路、七一路、新宁路、黄河路、五四大街、宁大路、海湖大道等 13 条主要大街及中心广场、新宁广场景观提升改造工程。完成了湟水河、南川河、北川河及北山美丽园已建成道路沿线 75.8 公里绿道绿化景观提升；人民公园、南山公园、文化公园、京韵青风等公园绿地的景观改造提升改造项目；五岔路口三角绿地、长江路报社宁园绿地、麒麟湾北入口绿地、南关街西口等一批街头绿地建设和景观提升改造工作；京藏高速入城互通立交绿地、长青园、高原明珠景区、海棠公园二期、湟水河北岸民和桥至东民和桥段滨水绿地、湟水河－沙塘川河滨水公园、北山美丽园二期等一批绿地建设项目。借助海绵城市建设试点的契机，完成了植物园、动物园、湟水森林公园、湟水河湿地公园、文化公园、西山林场等海绵化改造及景观提升项目。

二是积极开展盆花造景及花街营造工作。采用立体景墙、立体花坛造

型、卡通形象展示等多种配置模式，对城区绿化条件适宜的墙体、花架及立交桥进行绿化。在城市公园广场、商业街、城市主要干道交汇处每年营造盆花景点和立体模纹花坛30余处。

（四）多元经营惠林农，林业产业发展势头强劲

一是政策引领，明确了林业产业发展方向。先后制定出台了《西宁市委市政府办公厅关于加快林业产业发展的意见》《西宁市林业局　西宁市旅游局关于加快森林旅游产业发展的指导意见》《西宁市林业局关于加快培育农村林业新型经营主体的指导意见》等政策，编制完成了《西宁市林业产业发展规划》《西宁市森林旅游总体规划》，修编完成了《西宁市林业产业总体规划（2017～2025年）》等指导规范，引导农民发展以种苗花卉、林下种养殖、森林旅游和多种经营相结合的林业产业。

二是搭建服务平台，为农户提供林权融资发展的新途径。先后建成了集林权管理、流转交易、综合服务三位一体的大通、湟中县级林权管理服务中心，为农民提供公开、公平、公正的交易服务。农村集体林地实现了“由资源变资产，由资产变资金”的历史突破，使林权证真正成为广大林农的“绿色存折”。

三是加强政策引导，不断壮大林业新型经营主体。通过出台扶持政策，项目引导支持，大力培育农村林业新型经营主体。截至目前，全市林业专业合作社已发展到325家，49家林业专业合作社评为国家、省（市）级林业专业合作社示范社，34家涉林业企业被省林业厅评为省级林业产业化龙头企业。经营主体的发展实现了林业产业的快速发展，促进了农民的增收。

四是加大资金投入，引导林业产业健康发展。近三年，累计争取国家、省、市林业产业项目60个3823.8万元，引导农村林业经营主体投入资金5353.61万元，政府扶持带动社会资本投入，为林业产业发展注入了活力，加速了林业产业规模化、标准化、现代化发展的进程，带动了农村区域经济发展，促进了农民增收。

五是立足资源优势，产业发展助力农民增收。至2017年末，林木种苗

面积达到3.66万亩；森林旅游生态景区达到21个，森林人家、林家乐达到358个；种养殖产业从无到有，经济林采集加工利用4.2万亩，林药种植达到5.71万亩，林菌种植0.04万亩，特色养殖规模达30万头（只），全年实现产值7.67亿元，带动24940户农户，户均增收达到2040元。

（五）强基立本助发展，林业管理能力建设明显提升

一是加强了乡镇林业站建设。实施西宁地区林业工作站建设管理能力提升项目，涉及西宁市本级站1个、县级站3个、乡镇级林业站8个。2016年集中力量，重点打造了大通县新庄镇、朔北乡两个标准化乡镇林业站，通过提高基础设施建设，整合队伍，打造出具有地方特色的标准化林业站。

二是林业有害生物防控能力明显增强。加强林业有害生物监测预警体系建设，配备和更新了4个国家级中心测报点的GIS野外林业有害生物监测数据记录仪等现代化工具。建设4个市级防治检疫站开展市级、县级测报站短期预报系统，建立远程监控数据采集系统，在重点林场配备无人机监测设备以及市县检疫执法装备建设。加强检疫实验室配套设施建设，建设1个市州级、3个县级远程诊断与评估中心数据采集系统。加强林业有害生物应急防控体系建设，建设市级应急指挥、灾损评估与处置系统和工作机制，实施了青海省藏区林业有害生物应急防控体系基础设施建设。

三是森林防火防控体系建设取得新突破。实施了西宁市森林重点火险区综合治理二期项目，新建林火瞭望监控系统18套，中控设施1套。同时，加大森林防火宣传、督导和检查力度，不断强化各项防扑火措施的落实，消除火灾隐患，有效控制了森林火灾发生，全市保持了连续29年无重特大森林火灾的好成绩。

四是林木种苗保障能力显著提高。建立了覆盖全市的林木种苗信息管理服务体系，完善了西宁市苗木花卉网络平台，建立了西宁市苗木花卉产业微信群。大力培育苗木生产运销合作组织，全面提高经营者进入市场的组织化程度。建设了林木种质资源调查及种质资源库，开展了杨树种质资源调查工作。

五是依托国有林场改革，林场基础设施得以改善。通过拉设饮用水管道、铺设低压线路、购置变配电设备、铺设天然气管道等措施从根本上解决影响林场生产生活的重大问题，改善了国有林场的生产生活环境。建设了林场森防、防火物资储备库，修建管理用房、管护用房，建立森林资源监控中心，以改善林场管护设施。在部分林场建设了旅游宾馆、环保公厕、观景平台、防护栏、防腐木质游步道、环卫系统的建设和休闲座椅安装等基础设施建设。

六是加强保护和管理，有效保护野生动植物种质资源。首次查清了西宁市区范围内的野生动物分布及密度状况，提出了西宁市区范围内分布的鸟类和兽类名录。组织专家团队开展了湿地公园野生动植物监测工作，完成了《青海西宁湟水国家湿地公园野生动植物监测工作报告》。积极开展野生动物救护及野生动物救护基地建设，先后救护雪豹、普氏原羚、藏棕熊、兔狲、狼、黑颈鹤、大天鹅、大鵟、猎隼、雕鸮、赤麻鸭等20余种、100余只受伤、幼弱的野生动物，有效保护了野生动物资源。先后建成雪豹馆、完成黑颈鹤场地改造和新建黑颈鹤饲养笼舍。繁殖了东北虎、雪豹、非洲狮、藏野驴、白唇鹿、梅花鹿、阿拉伯狒狒、环尾狐猴、斑马、狼、高山兀鹫等30余种近300只野生动物。

七是初步建立健全森林保险体系。市、县级林业站认真落实财政部、国家林业局、中国保监会关于森林保险工作的一系列要求和部署，做好森林保险工作，开展341万亩的森林保险。确保灾后迅速恢复林业生产，促进林业持续经营和健康发展，在全市范围内逐步建立健全森林灾害保险的风险保障机制。

（六）实施智慧林业建设，打造林业信息化雏形

一是加强西宁市市级公园智慧景区建设。建设了西宁市南山公园智慧景区，实施了主干光缆穿线4.9公里，分支光缆直埋2.7公里；建设了门户网站、微信公众平台、智能停车场管理、多媒体信息发布、语音导览、视频监控系统、客流分析、景区WiFi覆盖、景区森林“三防”智能管理系统。建设了西宁市人民公园智慧景区，完成了园区内监控系统、广播系统、APP系

统等智慧系统工程。

二是加强西宁市森林防火指挥中心建设。依托西宁市森林重点火险区综合治理二期项目，建设西宁市森林防火指挥中心，建设内容包括新建 7 台大型远程摄像机、22 台球机、8 台枪机，以及监控指挥中心机房建设等。配套建设防火检查站 16 处，购置保障车 2 辆以及必要的扑火机具装备。

（七）坚持科技创新支撑，着力加强科技成果转化应用

一是加强科技平台建设。成立了西宁市林业科学研究所，全面开展林业园林科研项目研究和丁香等新优园林植物的引种、驯化、繁育工作，负责新产品、新技术、新成果的引进和推广应用等工作，加强城乡绿化技术研究，制订地方行业标准。建设了国家城市森林生态定位研究站和城市森林生态定位站，开展森林生态系统的建设与保护、现有天然林生态效益及防护功能、市郊人工林生态效益功能研究、城市公共绿地生态效益功能研究。加快林业标准化体系建设，紧紧围绕林业重点工程建设和林业产业发展的需要，加快林业地方标准制修订步伐，共制修订标准 15 项，其中制定《花叶丁香播种育苗及造林技术规程》等地方标准 7 项、国家行业标准《羽叶丁香栽培技术规程》1 项，参与制定《东部城市森林质量评价规范》等地方标准 6 项，修订《青海省造林技术规程》1 项。

二是积极开展林业科技研究。重点研究西宁常见造林绿化树种的生理生态特性、主要乡土树种的定向选育、区域传统名贵花卉的标准化栽培、国内外驰名花卉的引种驯化与规模化生产、多功能地被植物的引种驯化与栽培、林木遗传育种、引种与遗传改良及繁殖栽培、人居环境特异功能树种选育等。承担了包括绿化优良品种选育与繁殖、森林质量提升等课题市级科技攻关项目 6 项，获得省级科技成果 24 项，包括地方标准成果 9 项。

三是积极开展科技示范与推广。共承担青海云杉扦插育苗技术推广示范、樟子松容器苗抗旱造林技术示范推广、油用牡丹栽培及技术推广等科技推广项目 23 项，在中藏药种植、抗旱造林、经济树种栽培、新材料应用、优良品种示范等方面开展了推广示范。

三　西宁市“高原绿”建设行动中存在的主要问题

经过不懈努力，西宁市“高原绿”建设取得了突出的成效，但是存在以下难点问题亟待解决。

（一）林地面积大，灌木林地面积比例高

西宁市林地面积48.3548万公顷，占土地总面积65.13%；林地中灌木林地面积33.0416万公顷，占林地面积的68.33%。森林资源具有明显的垂直性分布特点，受海拔、坡向和地理位置的影响，灌木林集中分布在海拔2300~2600米地带，人工林多分布在南北两山各绿化区和退耕地当中。西宁市森林林分质量差，优势树种单一，森林结构简单，生态功能脆弱。单位面积蓄积量偏低，不足20立方米/公顷，低于全国林分平均水平。森林资源分布不均，生态防护功能较差，林地生产力偏低，造林绿化空间受限，新造林难度加大。幼龄林、中龄林在面积及蓄积方面都占有较大的比重，而近、成、过熟林三个龄组比重偏小，后备资源充足，可利用资源偏少。同时，全市可用于造林绿化的地块越来越少，剩余可供造林的盐碱地、干旱阳坡等生态环境脆弱地区，存在造林技术要求高、施工难度大、投入资金多等诸多问题，造林空间拓展困难。

（二）城市绿地系统尚未健全

以公益林为主的森林系统——“面”与以公园为主的城市公共绿地——“点”的连接有待于进一步完善。河道、道路和绿化带宽度有限，达不到贯通性城市森林生态廊道的要求，建成区规划增绿难度较大。城区绿化常青树比例偏低，树木生长不健壮，景观层次不清晰，城区绿化水平有待进一步提高。单位庭院和居住区绿地重建轻管，管护水平亟待提高，违法侵占绿地现象时有发生。

（三）林业产业发展迟缓

一是林业产业基础薄弱。全市灌木林地占 60.29%，有林地仅为 7.94%，导致林下经济发展缺乏足够、良好的资源基础，影响和制约了农民依靠林地发展林下经济的积极性。苗木花卉生产单位经营面积分散，缺乏规划和引导，品种单一，滞销严重，而大规格苗木较为紧缺，不能满足园林绿化需求。中药材种植发展迅速，但尚未建立起优质种苗基地，自给能力不足。林下食用菌种植和生态养鸡等种养殖业，规模较小、产量不稳定，均未形成大的养殖基地。树莓、黑加仑等经济树种引种较为成功，但规模不大仍未体现出产业示范带动能力。沙棘栽植面积近 45 万亩，但以其生态防护功能为主，产量低，开发利用少，经济效益低。

二是林业产业市场竞争力不足。由于林下种、养殖业起步较晚，经营面积分散，产品无法进行大量收购后加工，食用菌、中药材种植产品多以鲜货出售。中药材加工以切片为主，尚未研制出系列精深加工产品，产品附加值低，市场竞争力不强，经济效益偏低。森林旅游开发利用率低，全市现有 9 个森林资源良好、景观优美的生态旅游景区，但除了鹞子沟、察汗河景区有门票收入，其他均无门票收入。森林景区缺乏必要的基础设施和休闲娱乐设施，旅游仅限于风景游览的低层次体验，而休闲娱乐、度假养生、文化艺术等深度体验较少。以林家乐、森林人家为主的农村旅游接待点规模小、配套设施跟不上需求，市场培育缓慢。

三是林业缺乏行业协会引导。全市种苗、中藏药发展迅速，但目前还没有建立行业协会，导致信息沟通不畅，种植户对市场了解不够充分，产业发展相对盲目、被动。同时，技术服务体系不完善。面向生产一线的专业技术人员缺乏，省、市、县各级林业部门没有专门的技术人员对生产实践进行指导，种养殖技术水平较低。

（四）林业基本能力需进一步提高和完善

森林防火监测系统不完善，有害生物监测预报工作基础薄弱，科学防控有待加强；林业信息化建设严重滞后，不适应“互联网 +”的新需要；区、乡镇林业机构不健全，基层整体业务水平有待进一步提高；林木种苗基地、国有林场基础设施薄弱，林业基础设施有待完善。

四　进一步推进“高原绿”建设行动的发展思路及前景展望

今后，西宁市将进一步构建以西堡为中心的生态绿芯、南北两山和城市远山屏障、沿湟水河、北川河、南川河“三河六岸”绿化生态廊道的“一芯二屏三廊道”的城市新型生态布局。

（一）扎实推进林业重点工程

紧紧抓住国家加速国土绿化的战略机遇，以为西宁经济圈提供生态保障为突破口，推动国土绿化提速三年加速提质行动，完成造林 156 万亩。开展全民义务植树大会战，以提高造林规模和质量为着力点，继续实施三北防护林、天然林保护、退耕还林和公益林造林工程。全面推进城市城区、县城村庄、交通沿线、工业园区等重点区域的高标准造林绿化，尤其是突出重点区域绿化提档升级，启动规模化林场建设，在造林绿化示范上做文章。

（二）扎实推进林业资源保护

继续落实天然林、森林生态效益补偿公益林管护责任，依据不同地区、环境、问题，努力探索生态公益林补偿的形式和办法，试点先行与逐步推广、分类补偿与综合补偿有机结合，稳步推进生态保护补偿机制建设，不断提升生态保护成效。积极探索运用信息化手段开展森林管护、森林防火和林业有害生物防治工作。加大湿地保护修复力度，加快推进湟水河国家湿地公园建设步伐。加强北川河自然保护区建设，切实维护好高原生物多样性。积极争取推进高原野生动植物救护繁育基地和基因库建设。加大林业行政执法力度，严格执行禁牧禁伐令，确保林业生态资源安全。

（三）扎实推进城市园林绿地建设

大力开展精品主题公园游园工程，建设一批新的公园绿地。实施公园游园景观提升改造工程，针对市级公园基础设施老化陈旧的现状，结合海绵化城市建设，改造提升市域主要公园绿地景观。实施街头绿地建设工程和道路绿化建设工程，结合城市新建道路及各区小街小巷、断头路打通等小城建建设项目的实施，努力提高道路绿化率和街头绿地绿化水平。大力开展城区庭院绿化景观提升行动，开展全市老旧楼院、三无楼院及单位庭院绿化景观提升改造工作，大力开展“花园式”单位及庭院绿化达标单位评选工作，积极开展绿色企业、绿色庭园、绿色校园、绿色机关、绿色营区创建活动。

（四）扎实推进林业项目建设

谋划一批重大生态工程项目，突出湿地保护、生态补偿机制等领域，有针对性地编制一批区域性的生态修复、资源保护工程规划。加强各类项目的储备和申报工作，确保林业投资稳步增长。加大招商引资力度，一方面争取国家林业局支持，开展林业 PPP 项目试点；另一方面提升涉林项目服务水平，开通招商项目绿色通道。

（五）扎实推进生态精准扶贫

结合森林生态效益补偿和天然林保护，落实生态公益管护岗位设置。再实施一批林木种苗培育、森林旅游、林药种植等产业扶贫项目，组织贫困村和贫困户参与林业重点工程建设、带动劳动力转移就业，增收脱贫。

（六）扎实推进科技兴林

加强林业基本能力建设，加快建设数字化、网络化、智能化和可视化的林业信息监控、信息服务和林产品交易平台。搭建科技平台建设，建设高原杨树研究实验室、丁香研究实验室等省级重点实验室，建设国家城市森林生态定位研究站。实施科技兴林战略，加大林业科技研究。通过良种引种、驯化技术重点解决祁连圆柏、适生杨柳等抗旱造林品种和名优花灌木以及球根花卉品种的培育技术和苗木标准化生产。加强先进实用技术推广应用和林业科技标准化示范基地建设。通过青藏高原现代林业科技产业示范区建设，以点带面，推进和带动林业科技成果的转化。

参考文献

中共西宁市委西宁市人民政府：《西宁市关于建设绿色发展样板城市的实施意见》，2017 年 4 月 6 日。

张晓容：《2018 年西宁市政府工作报告》，2018 年 2 月 7 日。

B.3

西宁市推进“河湖清”建设行动的成效与建议

杨皓然　乔永岗*

摘　要：　西宁市委、市政府以建设幸福西宁为总目标，积极推进“河湖清”建设行动，切实筑牢绿色发展样板城市水生态本底。但是，目前还存在着水资源供需矛盾突出、水资源承载力较弱等问题。本文从转变水利服务理念等14个方面提出了具有前瞻性、可行性和系统性的对策建议，以期为落实青海省“一优两高”战略部署发挥积极作用。

关键词：　“河湖清”　绿色发展样板城市　西宁市

2017年以来，西宁市牢固树立“绿水青山就是金山银山”的发展理念，以水生态文明城市试点建设为依托，高标准推进“河湖清”建设行动，实施重点河道防洪、小流域生态修复和水环境综合治理，全面提升河流环境承载力，实现“水清、流畅、岸绿、景美”的治理目标，取得了显著成效，为落实青海省“一优两高”战略部署提供了坚实保障。

* 杨皓然，中共青海省委党校经济学教研部主任，教授，博士，研究方向为生态经济学；乔永岗，西宁市水务局办公室副主任。

一　西宁市自然地理概况

（一）自然概况

西宁是青海省省会，是全省政治、经济、文化和科技中心。西宁市地处黄土高原向青藏高原的过渡地带，湟水各河川均为山丘环抱，山高陵广，沟壑众多，总面积 7660 平方公里，常住人口 233.37 万人，其中城镇人口 163.41 万人，城镇化率达到 70.02%。西宁市属高原大陆性气候，其特点是气压低，冬无严寒，夏无酷暑，日照长，雨水少，蒸发量大。市区海拔 2261 米，市区年平均降水量在 330～450 毫米之间，蒸发量 1272.3 毫米，年平均气温 7.8℃，夏季平均气温 18.3℃，气候宜人，是消夏避暑胜地。

（二）河流水系

湟水河发源于海晏县包忽图山，上游正源为麻皮寺河，在海晏与哈利涧汇合后，流经湟源进入西宁盆地，与最大的支流北川河相汇后，南接南川河，北纳沙塘川河，穿过小峡、大峡、老鸦峡，在民和县享堂与大通河汇合后，于甘肃省河口镇注入黄河。

湟水水系将境内地形切割成树枝状展开，并随水系形成河谷平原，河网密集。境内流程 95.9 公里，占干流总长 25.5%，境内流域面积 7335 平方公里，小峡口以上湟水流域面积 11220 平方公里，分别占省境内湟水流域面积的 45.7% 和 69.9%。多年平均流量（西宁站）为 39.6 立方米/秒。据统计，湟水南岸主要支流有药水河、大南川、小南川、白沈家沟、岗子沟、巴州沟、隆治沟等，北岸主要支流有哈利涧河、西纳川、云谷川、北川河、沙塘川、哈拉直沟、红崖子沟、引胜沟等，在市境内汇入湟水的各主要支流约有 56 条。

西宁水资源总量 13.14 亿立方米，其中地表水资源量 12.93 亿立方米，地下水资源量 8.94 亿立方米，地下水和地表水重复量 8.73 亿立方米。人均水资源量约为 570 立方米，分别占全国人均水资源量 2100 立方米和全省人均水资源量 12142 立方米的 1/4 和 1/20，属资源型重度缺水城市。

二 西宁市推进“河湖清”建设主要做法及成效

近年来，西宁市立足市情水情，坚持“节水优先、空间均衡、系统治理、两手发力”新时期治水方针，以全国水生态文明城市试点建设为抓手，突出“七个坚持”推进“河湖清”建设行动，把水系做活、做精、做美，实现以水养城、以水美城、以水润城、以水活城，切实筑牢绿色发展样板城市水生态本底，努力探索出一条在生态脆弱、欠发达地区整体实现水资源、水生态、水环境、水安全、水文化协调发展的新路。

（一）坚持资源集约利用，全面落实最严格水资源管理制度

严格用水总量控制，实行取水许可、计划用水、建设项目水资源论证和水资源有偿使用等管理制度，以严控水资源管理“三条红线”倒逼经济发展方式转变和产业结构转型升级。2017 年全市用水总量为 5.78 亿立方米，完成 8.08 亿立方米的用水总量控制目标，万元 GDP 用水量和万元工业增加值用水量比“十二五”末分别降低了 11.4% 和 22.3%。实施灌区节水改造工程，发展节水灌溉面积 20.01 万亩，农田灌溉水有效利用系数达到 0.5165，总灌溉面积 68 万亩，为绿色发展奠定了良好基础。

（二）坚持示范引领，成功创建全国水生态文明城市

西宁市被水利部列为全国第一批水生态文明城市建设试点以来，在市委、市政府的高度重视和正确领导下，坚持试点为民、试点惠民，超额完成《西宁市水生态文明城市建设试点实施方案》确定的建设任务和工作目标，完成总投资 75.37 亿元，初步形成了以湟水河为“彩带”，湖、渠、库、湿地为“明珠”，彩带明珠交织贯通的区域性大水网系统和城市水环境生态圈，构建了具有高原特色的城市生态水系建设保护格局，探索出了青藏高原

地区高寒缺水城市水生态文明建设西宁模式，形成了可借鉴可推广的试点经验。经过多年的努力，2018 年，西宁市与哈尔滨、南昌、济南、郑州、长沙、广州、成都、西安和银川市等 9 个省会城市同时荣膺全国首批水生态文明城市，成为全国省会城市水生态文明试点建设的先行者。

（三）坚持生态治河，建设三河六岸景观长廊

一是按照“一次规划、分期实施、长久坚持、最终显现”的原则，对三川一水河道重点河段进行防洪治理。截至目前，已治理河道 113 公里，河道防洪达标率为 82.3%，生态治河长度达到 35 公里；完成瓦窑沟、铁骑沟、大寺沟等 34 条直接危害市区居民安全的灾害性沟道治理，加大了水毁应急项目、清淤清障项目的实施力度，西宁市防洪体系进一步完善。

二是利用世行贷款等项目，投资近 5.8 亿元对南川河 28.6 公里河道进行生态治理，主城区形成了 23 个坝面、13.2 万平方米的水面，进一步改善了河道水质，全面打造了河岸景观带，使城市因水而美。

三是按照“生态恢复、城市文化、水利保障、景观建设”总体要求，投资 4.3 亿元，实施湟水河干流水生态综合治理工程，先后对 7.8 公里河道进行生态治理，通过水利功能提升及水系景观建设，形成 14 级 30 万平方米景观水域，为市民提供了水清、流畅、岸绿、景美的城区水系景观带。

四是以“高原水城、夏都花园、文化走廊”的总体定位，实施北川河综合治理项目，建设集生态防护、休闲绿地、文化展示、旅游景观、自然生态环境恢复功能为一体的生态宜居城区，打造西宁城市特色滨水休闲区。截至目前，完成投资近 50 亿元。完成了 5.6 公里河道治理，形成了 95 万平方米水域面积。

（四）坚持源头防控，持续推进小流域综合治理

将小流域治理与脱贫攻坚、美丽乡村建设、乡村旅游结合起来，着力打造参与式、融合式的乡村型河道治理新模式。实施了坡耕地综合整治、小流域综合治理、淤地坝除险加固等一批水土保持项目，每年治理 80 平方公里，

减少入河泥沙168万吨。截至目前，全市共治理小流域144条、累计治理水土流失面积1432.55平方公里，占全市水土流失面积的43.13%。

（五）坚持综合施策，不断完善城镇排水与污水处理设施建设

进一步加强全市城镇排水建设运营监管，督促各县及湟投公司加大城市排水管网雨污分流、城市片区和老城区排水管网改造，完成城市排水管网内涝清疏、污水处理厂主干管改扩建（设计日输水量70万吨的城市排水箱涵）、治理排污口743个，加快污水处理厂建设和提标改造力度，已建成11座污水处理厂和2座再生水厂，城市日生活污水处理能力达到37.5万吨，再生水日生产能力达到5.5万吨，城市生活污水处理率达到91.13%。

（六）坚持专项整治，全面落实保障生态基流措施

通过采取排查、落实永久性保障措施、开展水电站落实取水许可专项整治、加强在线监控和数据监测、强化县级巡查和市级督查等强有力的措施，进一步规范了水电站取水许可审批和监督管理。加强枯水期和临汛期水电站落实河道生态基流保障措施的监督管理，重点对可能引起减水或脱水河道进行了监督检查，全面落实了小水电生态基流保障措施，确保水电站足额下泄生态基流。同时市水务局与市环保局初步建立了补水协调机制，自2017年4月至今共补水12次，累计补水量7154.5万立方米，保障了生态基流，提高了河流自净能力，切实维护了流域生态安全。

（七）坚持全域覆盖，全面推行河湖长制管理

在2015年全省率先实施河长制的基础上，结合西宁市实际，将全市大中型水库、万亩灌区、全国重要饮用水水源地、重要湿地一并纳入了河长制管理范围。同时，2018年西宁市全面实施湖长制，将28座水库、86座涝池等涉水区域纳入了湖长制管理范围，全市上下均由党政主要负责同志担任本级河湖长、副河湖长，共设各级河长953名、湖长174名，建立了市、县、乡、村四级河湖长体系，初步形成了上下游共治、左右岸同治、多部门联治、全社

会群治的河湖管理保护机制。通过综合施策，全国重要水功能区水质达标率从2015年的40%，提升到2017年的60%，有力地促进了城市水环境的改善。

三 西宁市推进“河湖清”建设中存在的问题

近年来，虽然西宁市在水资源开发、利用、保护及水环境治理方面取得了一定成效，但与习近平总书记对青海提出的“扎扎实实推进生态环境保护”、确保“一江清水向东流”的重大要求相比，与全省“一优两高”的战略部署相比，与西宁市打造绿色发展样板城市，建设新时代幸福西宁的现实需求相比，治水管水兴水还面临严峻挑战。

（一）水资源供需矛盾突出

西宁市属资源型缺水城市，且时空分布不均，6～9月降水量占全年降水量的70%以上，水资源量年内年际变化明显，开发利用较困难，造成工程性缺水与资源性缺水并存，水资源天然禀赋与经济发展格局不匹配，水资源供需矛盾突出。加之引大济湟等控制性骨干工程尚未全面发挥效益，供水保障能力仍然不足。

（二）农村水利基础设施仍然薄弱

现有水利工程标准低、配套差，老化失修、效益衰减等问题突出。农田水利建设滞后，现有耕地灌溉率较低；农业用水方式粗放，农田灌溉“最后一公里”问题凸显，部分地区山大沟深，群众居住分散，人畜饮水工程人均单位投资远高于国家补助标准，农村人饮仍存在水源地保护不到位、供水保证率和集中供水率低等问题，急需巩固提升。农村水利基础设施滞后仍是新农村建设的薄弱环节。

（三）水生态环境保护与修复任务艰巨

湟水流域地处青藏高原与黄土高原过渡地带，土壤侵蚀严重，全市水土流失总面积为3321.6平方公里，占土地总面积的43.42%。水土流失区域主要分布在城区周边山高坡陡、植被疏松、沟谷发育的29条小流域内，生态环境较脆弱，湟水干流水污染治理面临较大压力。水生态环境脆弱、水土保持与水资源保护形势严峻是筑牢西宁市生态安全屏障的明显短板。

（四）水环境承载能力弱

湟水流域人口相对密集，工农业生产布局集中，湟水河作为西宁城镇生活污水、工业废水及农村面源污染的唯一受纳水体，区域内接纳废水量占全省废水排放总量约50%左右，水生态环境面临较大压力，河流水体污染防治任重道远。

四　西宁市持续推进“河湖清”建设的对策建议

以习近平新时代中国特色社会主义思想为指引，认真学习贯彻党的十九大精神，按照市委、市政府工作部署，始终把生态文明建设放在更加突出的位置，以“河湖清”建设行动为载体，加快打造绿色发展样板城市，统筹山水林田湖草系统治理，以高原生态水城“1133 + N”建设思路，将“河湖相连、林水相映、城水相依、人水和谐”的要求落实到城市建设发展各个环节，把水系做活、做精、做美，用好水下、水面、水上空间，实现以水养城、以水美城、以水润城、以水活城，筑牢支撑绿色发展样板城市建设的水生态本底。

（一）坚持绿色发展，转变水利服务理念

依托水利设施功能布局，着眼于城市发展品味提升需求和市民对优美生态环境的期望，将工作思路主动融入新城建设、旧城片区改造、申办园博园、城市公园及绿地建设中，做足做好水文章，不断提升水利支撑服务保障能力，努力实现水务工作仅为大农口服务向为打造绿色发展样板城市、建设新时代幸福西宁服务的转变。进一步构建健康优美的水生态环境，如市区灌区渠道

退水进行合理开发利用，可作为人工涌泉，成为城市小水小景，让广大市民随处能看到水，充分利用好每一滴水。拓展系统治水思维，把“以水润城”作为高原生态水城建设的重要抓手，深入实施“河湖清”建设行动，启动全流域水生态治理工程，把水的文章做活、做精、做美，形成以“三河六岸”为主体，沟道为拓展，湖泊、湿地为点缀，点、线、面有机串联的水生态景观体系，实现“以水养城、以水美城、以水润城、以水活城”的目标。

（二）围绕提档升级，贯通城市三级水脉

坚持以水为魂、以水为脉，将“河湖相连、林水相映、城水相依、人水和谐”要求落实到城市建设发展的各个环节。同时谋划推进区域性水生态工程，提升水生态系统整体功能，保护好水系“动脉”、打通水系“静脉”、连通水系“毛细血管”，倾心打造一河一特色、一水一景观的效果。注重现代科技元素的应用，让每处水景魅力独特、植被搭配迥异、文化韵味浓郁。优化水资源配置。坚持大处着眼，依托引大济湟西干渠、湟水南岸水利扶贫工程建设，以全面推进流域水系连通为突破口，湿地恢复提升为重点推进城区内水利支撑和保障能力，依靠湟水河一条主动脉，南北两山再造两条供水支脉（石—南连通工程、西干渠—北川渠连通工程）。依托现有国寺营渠、解放渠、团结渠、礼让渠、北川渠等改造两条供水绿色生态廊道，并连通河、渠、沟、湿地、广场、小区并结合中水回用和雨水集蓄利用等毛细水系建设，形成河、湖、渠、库、湿地交织贯通的区域性大水网系统和城市水环境生态圈，创建富有活力的滨水空间。

（三）突破思维定式，打造一水一景

以不同水域塑造出城市不同的景观，将湟水河打造成以生态服务功能为主，集防洪安全、休闲游憩养生、文化展示为一体的滨河活力带，集中展示城市生态文明的新窗口。北川河采用高标准规划，建设集生态防护、休闲绿地、文化展示、旅游景观、自然生态环境恢复功能为一体的生态宜居城区，成为最具文化、最有活力的河流，集中展示河湟文化等多元文化，打造全国

度假目的地。重塑南川河，将其打造成市民户外休闲的亲水河道、亲水河岸、休闲广场和滨河走廊，展示主题植物、绿意繁花、四时有景的植物滨河绿道，实现人水相亲、人与自然和谐相处。从而将西宁建设成为以“三河六岸”为主体，沟道为拓展，湿地为点缀，点、线、面有机串联的高原生态水城景观体系。

（四）提升水的灵气，突出泉水景观

用好水下、水面、水上空间，创新水文化形式与内涵，把水系做活、做精、做美。充分挖掘西宁泉水资源的社会价值和景观价值，将其与城市规划紧密结合，对具有开发价值的、具有历史渊源的泉水进行开发利用，以泉水的灵秀之气提高城市品位，重现高原古城的泉水魅力。

（五）突出以水润城，推进海绵城市建设

把山水林田湖作为城市生命体的有机组成部分，结合半干旱高原地区降雨量少、蒸发量大等特点，坚持治山、理水、润城理念，以“渗、蓄”为技术目标，以“截、引、用”为实施路径，突出“山—水—城”一体共治。重点推进湟水国家湿地公园、大南山西山片区、火烧沟及解放渠海绵化改造工程，着力打造全域化海绵城市。建设自然积存、自然渗透、自然净化的海绵城市，从而达到水不流失、泥不下山、清水润城的目标，探索具有西宁特色的高原半干旱地区海绵城市建设新模式。让市民群众享受到海绵建设带来的碧波荡漾、杨柳轻拂的绿色福祉。

（六）开源节流，提升用水效率

一是统筹协调、多措并举，使人亲水、引人惜水、聚人治水。加快重点镇雨污分流、集污纳管建设、污水处理建设、污水厂提标、再生水厂建设和农村小型污水处理项目建设步伐。二是实施空中调水，缓解水资源短缺。采取人工干预手法，科学合理开发空中云水资源，实施“空中调水”，实现不同地域间大气、地表水资源再分配，通过人工增雨（雪）等方式，增加西

宁市区域降水量，改善生态环境。三是建立合理的中水水价体系。以市场配置手段为基础，充分发挥政府宏观调控作用，建立合理的水价体系。通过改革现行水价和推行用水定额，不断提高水资源利用效率。四是政策扶持。采取建设资金和运营成本补贴、政策扶持等多种手段，降低中水用户的用水成本，提高中水使用率，促进中水事业的发展。

（七）创新治理模式，建设水美乡村

一是坚持河内问题岸上治，下游问题上游治的原则，注重自然恢复，突出综合治理，加快实施生态清洁工程、淤地坝除险加固、坡耕地综合治理、重点水源区预防保护等重点水保工程建设，建成与全市经济社会发展相适应的水生态综合防治体系，减少对沟道的侵蚀度。二是全面将干流治理推向支流和沟道全流域治理，采取山、水、田、林、路、村综合治理的生态清洁型小流域治理模式，严格水生态空间管控。积极探索卡阳小流域、边麻沟治理从农牧民单一的种植、养殖、生态看护向生态生产生活良性循环转变的典范，走出一条农村脱贫致富奔小康的新路径。三是加大项目支持和投资倾斜力度，在农村河塘疏浚、农田水利建设、小流域治理、水景观建设等方面，大力实施“水美乡村”建设，让人民群众能够“看得见清澈灵动水、记起厚重思乡愁”。

（八）拓展服务功能，打造水利风景区

随着经济社会的发展，水利风景区建设既是推进水生态文明建设的重要体现，也是展现地方特色、彰显地方文化的重要平台，西宁市目前拥有莲花湖省级水利风景区、黑泉水库国家级水利风景区和长岭沟国家级水利风景区。按照“水利＋旅游”的思路，以水为脉，挖掘西宁地方特色的水文化、水内涵、水底蕴，提升了水利服务于社会和生态的功能，全面打造布局合理、类型多样、特色鲜明的水利景区发展体系。

（九）加强源头防控，推进小流域综合治理

突出清洁型小流域治理，提高生态修复保护能力。科学识别山水林田湖

草等生态基本条件，提出需要保护的自然生态格局及对建设用地布局的约束条件，明确保护与修复要求，优先保护自然生态，全面推行参与式、融合式的乡村型河道治理新模式，提高生态修复保护能力。一是编制《西宁市水土保持小流域综合治理规划》，申请利用亚洲开发银行贷款实施河沟道综合治理，大力开展生态清洁型小流域治理，逐步对全市155条沟道进行综合治理，到“十三五”末完成55条示范性沟道治理（城区28条全面完成治理、湟中县14条沟道、湟源县5条沟道、大通县8条沟道），治理水土流失面积468平方公里。到“十四五”末完成剩余100条沟道治理，治理水土流失面积852平方公里。二是加快实施国寺营渠—解放渠水系连通工程（一期）、西堡生态森林公园水源及水利配套项目和湟水河黑嘴桥上下游、白水河等6条重要河（沟）道治理工程。三是采用植物、农耕、工程等相结合的措施，大力开展坡耕地改造、生态清洁型小流域治理、淤地坝除险加固，特别是多巴等重点建设区域的山洪灾害性沟道的综合治理，落实生产建设项目水土保持“三同时”制度，坚决遏制人为水土流失的发生，基本实现“泥不下山、水不乱流、山上绿树成荫、山下河水变清”的“保水、保土、保肥”目的。

（十）强化水资源保护，落实最严格水资源管理制度

一是全面落实最严格水资源管理制度，严守水资源开发利用、用水效率和水功能区限制纳污“三条红线”，实行水资源消耗总量和强度双控行动，严控不合理新增取水，严格建设项目水资源论证、取水许可和水资源有偿使用制度。二是推进国家节水型城市建设，开展全民节水和水效领跑者引领行动，对年用水量在15万立方米以上的工业企业开展节水改造，加强工业用水循环利用，不断提高工业企业用水效率。持续推进北川渠、云谷川渠、湟海渠等重点万亩灌区续建配套与节水改造，提高灌区用水效率，稳步推进农业水价综合改革，促进节约用水和水资源的可持续利用。三是制定《地下水关停保护方案》，加快关停地下水源和企业自备水井，进一步提高地下水源涵养能力。加快水源水互通，坚持常规水源地和应急备用水源地相结合，实现互为备用，提高水源应急保障能力。四是不断加大公共供水管网维修改

造力度，推进新材料、新工艺应用，逐步降低供水管网漏损率，提高水的利用率。

（十一）加强科学管控，保障河道生态基流

强化河道生态基流管理，科学管控水电站下泄流量，对水电站保障生态基流情况进行实时监控，维持河流基本生态用水需求。从盘道水库、大石门水库调水到大南川水库，补给南川河生态景观用水；从东大滩水库、黑泉水库调水至湟水干流和北川河，重点保障湟水河枯水期生态基流。

（十二）完善河湖管理机制，加强水环境保护力度

一是健全工作机制。坚持党政同责，进一步健全以党政领导负责制为核心的四级河长体系，加强部门协调联动，完善河长制制度，落实各级党委、政府河流管理保护主体责任。二是加强基础性工作。全面落实“一河一策”实施方案，加大各级河湖长及工作人员培训力度，加快实施西宁市河湖长制综合管理信息平台建设。同时，加快实施湖长制，全面建立四级湖长体系，实现涉水区域全覆盖。三是加强水资源保护。全面落实最严格水资源管理制度，加快推进全域化海绵城市建设，全面实施节水型城市建设，稳步推进农业水价综合改革，完成试点改革任务。四是加强水环境治理。重点在“见行动”、“见成效”上下功夫，开展“河湖清”建设行动，不断改善水环境质量。五是加强水生态修复。推进区域性水生态工程，大力开展坡耕地改造、生态清洁型小流域治理、淤地坝除险加固、山洪灾害性沟道综合治理。六是强化监管考核。健全部门联合执法机制，加大河流、水库日常监管巡查力度，组织开展专项检查及执法工作；制定考核细则，进一步完善考核和责任追究机制。

（十三）突出高效协同，推进城市涉水管理体制改革

以城市水治理体系和治理能力现代化为导向，对标新一轮机构改革要求，进一步理顺市区供水、排水、污水处理管理体制工作。在水资源统一管

理的前提下，将水源、供水、节水、排水、污水处理、再生水回用、集蓄雨水利用及防洪、农田水利、水土保持等涉水管理职能进行优化配置。设立监管机构，实行政企分开，强化各县区及园区属地管理职责，建立和完善联席会议制度和运行协调机制，构建系统完备、科学规范、运行高效的城市涉水管理机构体系。

（十四）弘扬人水和谐，推进水文化建设

始终弘扬西宁市河湟历史文脉作为推进治水兴水的发展方向，提升水利服务于社会和生态的功能。注重以人为本、坚持人水和谐，力求水体形态自然化、滨水环境宜人化、配套设施人性化，着力建设一批水文化景观，形成“三河六岸”湟水特色的滨水休闲区，让市民共享“水”和“绿”的公共资源，普惠民生，提高广大群众的获得感、幸福感。

参考文献

中共西宁市委西宁市人民政府：《西宁市关于建设绿色发展样板城市的实施意见》，2017 年 4 月 6 日。

王锦涛：《西宁探索绿色发展之路——让高原更绿河湖更清》，《人民日报》2018 年 8 月 8 日。

何继红：《奋力建设天蓝地绿河湖清的幸福西宁》，《西宁晚报》2018 年 7 月 9 日。

B.4
西宁市推进“西宁蓝”建设行动的现状分析与对策建议

刘得守　张明霞　李　景　朱建忠*

摘　要： 治理大气污染，是新的发展阶段躲不开、绕不过的重大民生问题。最难的在于能不能下定决心，能不能冲破认识和观念上的阻力。习近平总书记在十九大报告中强调要打赢蓝天保卫战，同时，为贯彻青海省“一优两高”战略部署，西宁市把抓好大气污染综合治理工作作为打造绿色发展样板城市的重要举措，并取得了明显成效。本报告针对西宁大气污染防治中存在的特殊地理环境制约因素、建筑施工扬尘管控问题比较突出、冬季煤烟型污染依然明显等问题，首先打开转变思想这个“总开关”，依托科技手段，提出了坚持分析研判预警，做到精准治污；开展多部门联动专项整治，规范行业管理；实施建筑工地智慧化监管和重点行业排放限值管理等措施推进“西宁蓝”建设行动。

关键词： 蓝天保卫战　大气污染防治　西宁市

* 刘得守，西宁市环境保护局大气办负责人，工程师，研究方向为大气污染防治；张明霞，青海省社会科学院生态环境研究所，副研究员，研究方向为生态经济；李景，西宁市环境保护局，助理工程师，研究方向为大气污染防治；朱建忠，西宁市环境保护局，助理工程师，研究方向为大气污染防治。

近年来，西宁市牢记“绿水青山就是金山银山”的理念，坚持把“生态优先、绿色发展”作为“幸福西宁”的成长坐标，扎实推进“西宁蓝”建设行动，集中攻坚治理大气污染，逐步解决广大市民的“心肺之患”，切实提高“西宁蓝”对广大市民带来的幸福感和获得感。

一　西宁市大气污染防治现状

西宁市紧紧围绕落实大气环境质量改善目标，从控制突出的大气污染环节、规范各行业环境管理、完善环境监管体系、健全大气污染治理长效管理机制、依靠科技支撑等方面为切入点，分阶段、有步骤地统筹实施大气治理工作。

（一）西宁市大气污染物源解析

目前，西宁市大气污染问题主要是由 PM10 和 PM2.5 污染因子大幅增加、活动加剧而形成。具体分析对西宁市 PM10 贡献最大的污染源是城市扬尘，分担率为 35.6%，以城市扬尘、土壤尘和建筑水泥尘为代表的开放源类对 PM10 的贡献率为 46.8%，燃煤尘、工业源类和机动车的贡献率分别为 9.4%、9.2%和 9.6%，以硫酸盐和硝酸盐为代表的二次颗粒物对 PM10 的贡献率为 10.3%，生活源（餐饮油烟和生物质燃烧）贡献率为 6.1%，其他 8.6%。对西宁市 PM2.5 贡献最大的污染源为以城市扬尘、土壤尘和建筑水泥尘为代表的开放源类，贡献率分别为 29%、22%和 12%，以硫酸盐和硝酸盐为代表的二次颗粒物对 PM2.5 的贡献率为 10%，机动车尾气、工业源（钢铁尘和锌冶炼）、生活源（餐饮油烟和生物质燃烧）分别贡献 12%、7%和 8%[①]。如图 1 所示，颗粒物源解析结论显示，对西宁市 PM10、PM2.5 贡献最大的污染源为扬尘污染类，第二大贡献源为燃煤尘，第三大贡献源 PM10 为工业污染、PM2.5 为机动车尾气。

---

① 青海省环境监测中心站：《西宁市颗粒物源解析项目》，2011。

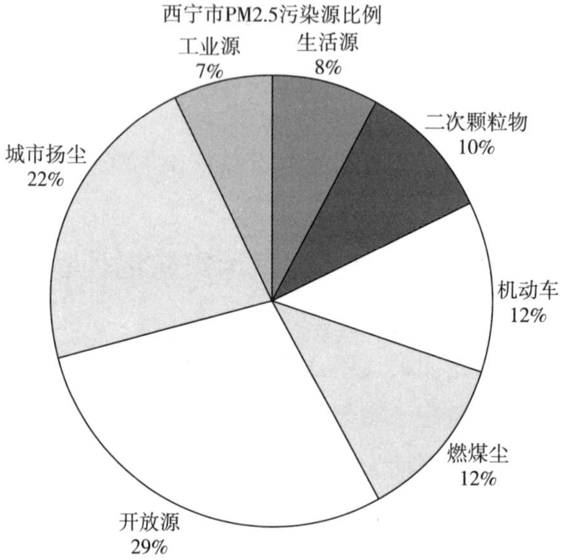

西宁市PM2.5污染源比例

工业源 7%

生活源 8%

二次颗粒物 10%

机动车 12%

燃煤尘 12%

开放源 29%

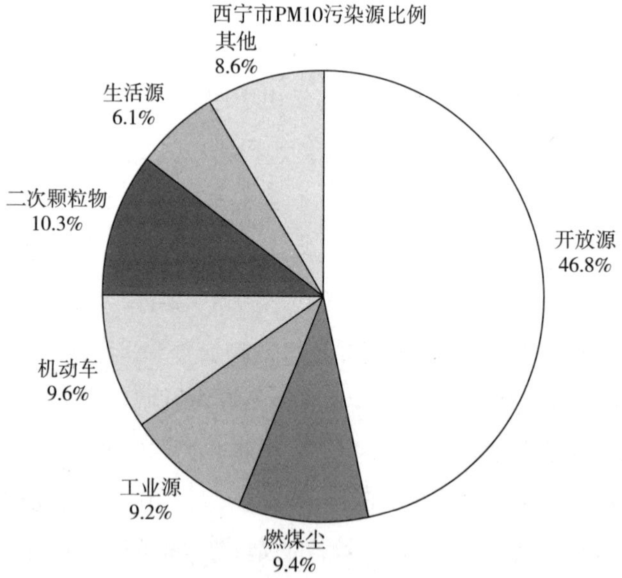

城市扬尘 22%

西宁市PM10污染源比例

其他 8.6%

开放源 46.8%

燃煤尘 9.4%

工业源 9.2%

机动车 9.6%

二次颗粒物 10.3%

生活源 6.1%

图 1　西宁市 PM 2. 5、PM 10颗粒物污染源解析

（二）西宁市空气质量现状分析

西宁市坚持“标本兼治、固本强基、治本为主”的原则，紧紧围绕落实大气环境质量改善目标，分阶段、有步骤地统筹实施大气污染治理工作，确保大气环境质量持续稳定向好。

1. 时间序列分析

2016～2018 年，西宁市的空气优良率及六项污染物年均值统计（见表 1）显示：2016 年，有效监测天数为 337 天（剔除受沙尘天气过程影响），优良天数为 271 天，优良率为 80.4%。PM 10年均浓度为 103ug/m^3，较上年下降 3%；PM 2.5年均浓度为 47ug/m^3，较上年下降 4%。西宁市空气质量综合指数在西北五省区城市中位居第一。2017 年，西宁市优良天数为 296 天，优良率为 81.1%，PM 10和 PM 2.5较 2013 年（考核基准年）分别下降 38.7% 和 44.3%。根据环保部数据中心发布空气质量日报分析，西北五省区省会城市中西宁全年空气质量改善幅度最为明显，其中 8 月份、10 月份全市空气质量优良率均为 100%，8 月份空气质量综合指数位居西北五省区城市“双第一”，首次进入全国前十，各项污染因子浓度均有下降趋势。截止到 2018 年 8 月 27 日，西宁市城市空气质量总有效监测天数为 239 天，优良天数为 191 天，优良率为 79.9%，空气质量优良天数、优良率在西北五省区省会城市中位居前列。

表 1　2016～2018 年西宁市空气优良率及六项污染物年均值统计

项　目	PM 2.5 (ug/m^3)	PM 10 (ug/m^3)	SO_2 (ug/m^3)	NO_2 (ug/m^3)	CO (mg/m^3)	O_3(8h) (ug/m^3)	优良率 (%)
2016 年年均值	47	103	31	42	1.4	81	80.4
2017 年年均值	39	100	24	40	1.4	92	81.1
2018 年 1～8 月	41	88	19	34	1.4	108	89
备　注	各项浓度值单位为微克/每立方米(μg/m^3)，其中 CO 浓度值单位为毫克/每立方米(mg/m^3)。2016 年数据为扣除沙尘天气，2018 年 1～8 月数据为剔除沙尘天气影响后数据。						

资料来源：《城市空气质量状况报告》，生态环境部官方网站。

2. 空间序列分析

从西北五省区省会城市 2016～2018 年的空气质量来看（见表 2、表 3），

2016 年、2017 年西宁市优良天数和优良率在西北五省区省会城市位居第一，PM 10、PM 2.5平均浓度与上年同期相比，只有西宁市下降，且下降幅度较大；2018 年 1 ~5 月，西宁市空气质量及空气质量综合指数在西北五省区省会城市中排名中等偏上，PM 10、PM 2.5、SO_2、NO_2等各项因子均在五个城市中排名靠前。

表 2　西北五省区省会城市空气质量 2016 年、2017 年、2018 年（1 ~8 月）

城　市	2016 年		2017 年		增幅天数（天）	2018(1 ~8 月)	
	优良天数	优良率(%)	优良天数	优良率(%)		优良天数	优良率(%)
西　宁	271	80.4	296	81.1	升 25	195	80.25
银　川	258	70.68	235	64.38	降 23	157	64.61
乌鲁木齐	246	67.4	238	65.2	降 8	165	67.9
兰　州	239	65.5	229	62.74	降 10	133	54.7
西　安	192	52.6	177	48.49	降 15	113	46.5

资料来源：《城市空气质量状况报告》，生态环境部官方网站。

表 3　2016 ~2018 年西宁与 74 城市及西北五省区排名情况统计

年份	项目	1 月	2 月	3 月	4 月	5 月	6 月	7 月	8 月	9 月	10 月	11 月	12 月	全年
2016 年	综合指数	6.55	6.16	6.26	4.7	4.91	4.62	4.8	4.67	4.5	4.97	7.86	8.79	6.18
	74 城市排名	43	51	42	32	39	55	63	65	45	54	59	环保部未发布	—
	西北五省区排名	1	1	2	2	2	3	5	5	3	2	2		—
2017 年	综合指数	7.6	6.23	5.02	5.01	4.09	3.93	4.24	2.7	3.5	4.44	6.57	7.71	5.52
	74 城市排名	50	47	35	32	17	33	49	8	18	47	60	63	—
	西北五省区排名	1	1	1	2	2	2	2	1	1	1	2	3	—
2018 年	综合指数	6.84	5.74	5.42	4.91	5.08	—	—	—	—	—	—	—	—
	74 城市排名	56	55	44	28	57	—	—	—	—	—	—	—	—
	西北五省区排名	2	2	2	2	3	—	—	—	—	—	—	—	—

资料来源：《城市空气质量状况报告》，生态环境部官方网站。

二　“西宁蓝”建设行动取得的成效

西宁市以“治污先治吏”、“用硬措施完成硬任务”的非常措施，重点从扬尘污染治理、工业污染防治、机动车尾气污染治理、煤烟尘污染治理等四大方面开展了一系列具体工作，现已取得阶段性成效。

（一）大气环境质量明显提升

总的来看，从2016~2018年，西宁市优良天数在不断增加，优良率在不断提高，主要污染物PM 10、PM 2.5浓度在逐年下降，空气质量在持续稳定向好，空气质量优良率由2016年80.4%上升到目前的89%。

（二）行业监管逐步规范

2018年，西宁市制定了扬尘防治监督牌、施工围挡、车辆冲洗、洒水保洁、物料密闭、道路硬化、裸地覆盖、土方湿法作业、渣土车辆密闭运输、清洁厕所“十个100%”抑尘措施，通过强力督促全市建筑、拆迁工地、商砼企业全面落实“十个100%”标准要求，规范了建筑施工行业的规范化施工行为；通过对渣土挖运市场的集中清理整治，促进了渣土场、弃土场的规范经营；通过对渣土车辆的渣土挖运车辆密闭化、公司化、GPS定位、加装顶灯、与公安部门信息共享等规范化管理，规范了渣土营运市场；通过清理整治堆煤场所，建设煤炭集中交易市场，使得西宁市煤炭经营从以往的散乱堆放，逐步转化为规范有序经营。

（三）治污顽疾得到根除

在治理过程中，西宁市委、市政府充分发扬“敢唱黑脸”“敢于碰硬”的作风，对西宁市一些长期存在的治污顽疾出重拳。对一些拒不整改的施工工地、商砼企业采取约谈、媒体曝光、红黄标警示、断电断水的措施强力促使整改；对三县一些长期违法经营的黏土砖厂、中小加工企业实现强制拆除；对城乡接合部的一些长期无人管理的路面及全市停车场的场地督促相关部门全面进行了硬化。

（四）市民环保意识不断提升

西宁市在大气污染治理工作中，通过一些主流媒体和宣传报道，不断加大对大气污染治理宣传报道，让广大市民进一步了解了大气污染治理工作，并且鼓励市民通过“环保110”、“12369”热线积极举报身边的环境违法行为。通过广泛的宣传报道，广大市民环保意识不断提高，在日常生活中形成了更加关心、爱护周边环境的氛围。

（五）“西宁蓝”已成为新名片

在大气污染综合治理工作中，城管部门每日对全市道路进行洒水冲洗，交通部门对一些破损路面和道路连接处、大型停车场及时硬化，建设部门对全市所有裸露的黄土穿上“绿衣”，林业部门大力实施山边、路边、河边、田边的“四边”绿化工程，新增城市绿地640亩，南北两山绿化面积达到25万亩，打造环绕城市的绿色屏障，经信部门下大力气对煤炭市场的规范化管理等一系列的措施，进一步改善西宁市的城市面貌，城市形象展显新姿。通过对市民的调查，市民对大气污染综合治理工作以来西宁的变化赞赏有加，山水城市的轮廓呈现出来了，参加户外健身的人多了，来西宁观光旅游的人多了，前来西宁市考察投资的富商络绎不绝，网络平台上晒蓝天的越来越多，“西宁蓝”成为市民的骄傲，更为西宁这座青藏高原上唯一人口超过百万的城市增添了新的内涵。

三 “西宁蓝”建设中存在的主要问题

近年来，通过一系列“标本兼治”举措的有效落实，西宁市大气污染治理工作虽然取得了一定成效，但仍面临着诸多困难和问题。

（一）地区和单位大气治理责任制未真正落到实处

一是大气污染防治工作压力“上热下冷”、“上紧下松”现象仍不同程度存在，特别是一些区县政府、园区管委会及相关部门执行和落实不实不细，工作合力不够，网格化监管体系机制不完善，不能有效地与实际环境监管工作相适应，网格化监管责任未得到真正落实，一些街道、乡镇在网格化工作中未开展实质性工作。二是一些企业节能减排主体意识不强，对污染防治和技术创新投入不足，有意闲置污染治理设施，违法排污、超总量排污等行为仍然时有发生。三是由于有些部门职能交叉、责权不清，超标、高污染车辆限行管控制度、煤质管控制度等在实施中未能达到预期效果，建筑施工和渣土运输扬尘、随处焚烧生活垃圾等一些本可以得到及时解决的污染问题未能得到较好解决。

（二）建筑施工扬尘管控问题比较突出

近年来，随着城市建设步伐的不断加快，全市开挖、施工、拆迁工地较多，城市的建设规划、建设规模、投资强度、建设面积都呈现上升趋势，工地扬尘污染、道路扬尘污染防控任务较重，需长期严控。同时，城市开发建设力度加大、项目增多，建筑施工和渣土运输扬尘已成为影响文化公园、湟管委、东川创业园等片区的颗粒物浓度的主要因素，目前正在施工的小桥山片区和城市立交工程项目，由于弃土运输防撒漏等措施不到位，造成城市道路雨天泥泞、晴天尘土飞扬，周边群众反映强烈。部分地区和单位对建筑施工、渣土挖运作业、渣土场、弃土场扬尘管控力度不大，工作中擅自降低标准，执法不严，导致建筑工地、渣土场、弃土场不能全面落实“五个100%”规范化管理要求，车辆冲洗平台使用率不高，渣土运输过程中存在带泥上路、超载超速拉运、沿途抛撒等违规行为，导致途经的城市道路二次扬尘污染严重。有些地区和部门，对拆迁工地扬尘管控监管不到位，要求不高，拆迁过程中未采取湿法作业，未落实“十个100%”要求，并对裸露地不能及时覆盖或采取抑尘措施，因风起尘现象明显，极大影响了周边大气环境质量。

（三）道路抑尘工作有待进一步优化和强化

目前，西宁市机械化清扫率在80%以上，基本达到国家和省级要求目标。但在道路抑尘工作中仍存在一些短板，一些城市主要道路、重点管控区域周边道路、重点工地周边道路、城乡接合部道路等清扫（清洗）保洁、洒水（喷雾）降尘不及时，频次不足，导致部分道路二次扬尘。同时，对城市主次干道、渣土车途经道路、人行道湿法抑尘、吸尘等作业力度不大，频次不足，根据天气状况实时调度的机动性不灵活，未能有效实现喷雾、洒水、洗扫、吸尘等有机结合。

（四）冬季煤烟型污染依然明显

一是以煤烟型为主的面源污染问题长期存在。西宁市部分城镇工业、居民采暖仍以燃煤为主，四区三县仍存在规划外的堆煤场所、城市禁煤区和控煤区中的一些城乡接合部、城中村、旧城区等城区居民燃煤面源污染现象比较突现，尤其是冬季表现尤为明显。二是西宁市进入冬季采暖期后，居民散煤污染问题比较突出，各类煤烟型污染物排放也会有所增大。三是煤炭品质管控工作仍需进一步加强。目前煤炭集中交易市场虽已建成，但堆煤场地煤粉尘污染问题未得到控制，一、二级市场之间缺乏有效衔接，尚不能做到煤炭的统一供销。

（五）机动车尾气污染呈现上升态势

目前，西宁市汽车尾气排放成为空气污染的重要来源，随着机动车数量的刚性增长，机动车尾气排放不断加大，造成一些污染物浓度呈上升趋势。同时、机动车限行、禁行工作未得到全面有效落实，黄标车稽查布控系统未能真正发挥实效，目前黄标车倒逼淘汰机制还没有真正形成，未能与城管系统实现信息共享。已完成油气回收改造的部分加油站存在油气回收设施闲置，不能发挥作用的现象，加油站、储油库油气回收改造工作缺乏长效的监管机制和制度。

（六）工业大气污染治理任重道远

一是西宁市经济结构还是以钢铁、电解铝、铁合金、水泥、化工等行业为主，存在能耗高、污染物排放量大的问题，并且工业园区邻近城市，不利的气象条件和污染现状带来一些潜在环境风险，由于高耗能行业仍居于主导地位，西宁市结构性污染问题依然突出，大气污染物治理任务艰巨。二是一些企业节能减排的主体意识不强，对污染防治和技术创新的投入不足，违法排污、超总量排污等违法行为仍然时有发生。另外，一些企业大气污染治理项目进度缓慢，不能按期完成，有些已完成的治理项目需进一步拓展和深挖。

四　进一步推进“西宁蓝”建设行动的对策建议

环境空气质量受制于环境容量、污染物排放量和气象因素三变量的影响，其中环境容量、气象因素是人为不可控或不可有效控制的两个因素，因此只有控制污染物排放总量才能有效解决大气污染问题。

（一）坚持分析研判预警，做到精准治污

通过加密监测、网格化监测监管项目、预警预报系统，实时进行监控，重点对影响全市空气质量的文化公园、东川园区点位数据变化情况组织专人进行分析研判，从而具有针对性地进行防控，做到精准治污，并提前发布重污染天气预警和应急应对管控通知，做到早安排、早部署。按照属地化管理职责及时督办、预警相关区县、园区。

（二）实行月通报考核问责，形成倒逼机制

实行月通报考核问责，形成地区大气治理倒逼机制，进一步完善、加强大气环境管理制度、机制，并形成常态化，进一步强化各行业主管部门日常检查、夜间巡查、节假日检查工作力度，督促各地区和相关部门切实落实大气污染综合治理的各项防控措施，对存在问题突出、整改落实不力、擅自降低治理标准的地区和单位进行通报和约谈，并抄报市纪委、市委组织部，直至启动问责程序，严肃追责。

（三）严格实行重点区域管控，全力确保空气质量

按照西宁市人民政府印发的重点管控区域周边区域污染物管控责任分工方案要求，督促全市相关地区、相关部门积极发挥各自分工责任，通过实行重点管控区域周边管控工作，切实有效降低影响西宁市空气质量的PM 10、PM 2.5、NO_2、O_3等污染物浓度。

（四）坚决开展专项整治，规范行业管理

发挥“钉钉子、拧螺丝”的精神，组织相关市级行业主管部门和市委、市政府督查部门等定期、不定期开展建筑施工、渣土挖运、道路抑尘、道路限行管控、煤烟尘污染、工业企业等方面的专项整治工作，并通过“技防”加“人防”的形式，加大督查检查和专项巡查检查频次和力度，特别要加强“八小时之外”巡查检查工作力度，全程紧盯问题整改。以“零容忍”的坚决态度和铁腕手段，对存在问题、整改不力、整改不到位的单位和企业要严格依法监管，形成红黄标警示、约谈、曝光、媒体道歉、高限处罚（按日计罚）、移交司法机关等多形式、多渠道的严管重罚、严厉整治高压态势，确保各地区建筑拆迁、施工、渣土挖运作业、工业企业等逐一严格落实各项防控措施，形成西宁市联防联控的大气污染综合治理格局。

（五）全面实施建筑工地智慧化监管，强化施工扬尘管控

按照《西宁市打赢蓝天保卫战三年行动计划》要求，督促全市各地区所有建筑工地设置扬尘公示牌，明确责任，强化管控措施。另外，进一步强化网格化环境监管体系建设，加快实施西宁市 84 个网格微型站与基层网格、社区的联网，真正实现网格化监管体系和网格微型站的有机衔接，切实发挥基础网格作用，及时查处各类大气环境违法行为。

（六）及时总结经验，加强区域联动

通过利用环保年会、西北地区大气污染防治推进会、现场学习等方式，积极借鉴全国兄弟省市大气污染治理方面的先进经验和做法，以 2018 年西宁市网格精细化监测监管项目建设为契机，加强大气污染治理精准决策能力建设，进一步强化各区县、各园区大气环境管理的联防联控能力。同时，进一步加强西宁市各地区之间和海东市之间的区域联防联控工作，及时解决地区间存在的一些大气污染问题，并定期开展各地区交叉执法检查和经验学习交流，不断营造全市大气污染治理“群防群治”的工作格局。另外，积极

与国家生态环境部、中国环境监测总站、西北督查局、省生态环境厅主动进行汇报沟通，邀请相关专家对西宁市大气治理工作进行把脉号诊，积极争取上级单位技术指导和资金项目支持，确保大气环境质量持续稳定向好。

（七）严格执行重点行业排放限值管控，降低区域工业排放总量

结合环境空气质量改善的目标任务，进一步深化工业企业治理项目，对西宁特钢、青海华电大通分公司、青海国鑫铝业有限公司等5家实施项目升级改造，对黄河鑫业有限公司实施脱硫脱硝改造，对西宁特钢继续严格执行大气污染物特别排放限值，对青海华晟铁合金有限公司进行无组织烟气治理，最大限度降低区域工业排放总量。

（八）持续加大舆论宣传力度，推进大气污染治理

强化媒体舆论宣传引导和监督，及时报道大气污染防治工作进展，并积极利用“地球1小时”“环保五进”等，进一步加大宣传力度，动员社会力量参与大气污染防治行动，积极营造全社会共同治污的良好社会氛围。同时，有效发挥媒体监督作用，对工作推进慢、治理不落实、有制度不履行、擅自降低治理标准的责任单位和个人按照已制定的问责办法和考核办法追究相关责任人责任，确保治理工作政令畅通、责任落实。

参考文献

青海省人民政府：《以西宁为重点的东部城市群大气污染防治实施意见》（青政〔2013〕65号），2013年9月23日。

青海省人民政府办公厅：《关于印发青海省2018年度大气污染防治实施方案的通知》（青政办〔2018〕61号），2018年5月11日。

西宁市委西宁市人民政府：《西宁市关于建设绿色发展样板城市的实施意见》，2017年4月6日。

西宁市人民政府办公厅：《关于印发西宁市2018年大气污染综合治理工作行动方案的通知》（宁政办〔2018〕58号），2018年4月24日。

绿色产业篇

Green Industry Reports

B.5
西宁市工业绿色发展态势及其路径选择

赵秋荣　段国荣　孙发平*

摘　要： 工业绿色发展作为推动生态文明建设的一项重要任务，在西宁绿色发展样板城市建设中具有举足轻重的作用。本文在阐述近年来西宁工业绿色发展的主要成效的基础上，分析了区域环境、资源消耗、增长动力、产能过剩、体制机制等方面制约西宁市工业绿色发展的主要因素，并从做强做精优势支柱产业、改造提升传统产业、培育壮大战略性新兴产业、提高管理能力、优化空间布局、发展循环经济、实施人才战略、完善体制机制等七个方面提出了进一步推动西宁工业绿色发

* 赵秋荣，西宁市统计局局长，研究方向为国民经济核算；段国荣，西宁市统计局能源统计处处长，研究方向为能源统计核算；孙发平，青海省社会科学院副院长、研究员，研究方向为区域经济学。

展的具体路径。

关键词： 工业　绿色发展　西宁市

工业绿色发展有利于绿色生产、绿色产品、绿色产业和绿色政策的有机统一，是一种实现经济效益与环境效益双赢的新型工业化模式。工业作为西宁经济发展的强大引擎，是资源环境消耗的主要领域，实现工业绿色发展是西宁打造绿色发展样板城市的关键环节，也是构建西宁现代产业体系，助推高质量发展的重要支撑。只有牢固树立绿色发展理念，大力推进传统工业节能、低碳和清洁生产，加快建立资源循环利用体系和循环型工业体系，建立健全工业绿色发展的政策制度和体制机制，走科技含量高、资源消耗低、环境污染少的绿色工业之路，才能不断提高能源资源利用效率，减少污染物排放，促进工业可持续发展，为西宁绿色发展样板城市建设奠定坚实的产业基础。

一　西宁工业绿色发展的主要成效

近年来，西宁市严守“发展与生态”两条底线，大力发展新兴绿色产业，东川工业园区积极建设青海省新能源、新材料产业基地，南川工业园区全力打造锂资源精深加工基地和“世界藏毯之都”，甘河工业园区加快建设国家重要的有色金属生产及特色化工产业基地，生物科技产业园区努力建设高原生物技术产业和装备制造产业基地，北川工业园区着力建设全省绿色发展引领区和外向型产业出口基地，工业绿色发展呈现良好态势，对促进西宁绿色发展样板城市建设、推动经济高质量发展发挥了积极作用。

（一）工业发展量质齐升

近年来，全市上下紧紧围绕“打造绿色发展样板城市、建设新时代幸福西宁”总目标，在政策和项目上给予积极支持，全力助推企业绿色发展，全市工业总体保持快速发展，规模与效益不断提升。2011～2017 年工业增加值年均增速达 14.4%，总量规模持续扩大。在经济发展新常态下，西宁规模以上工业企业利润在 2014 年、2015 年出现大幅亏损后，近年在一系列提质增效政策的推动下，工业企业效益逐步好转，利润扭亏为盈，2016 年实现利润 13.21 亿元，2017 年实现利润 0.55 亿元（见表 1）。

表 1　2011～2017 年西宁工业规模指标数据变化一览

年份	工业增加值同比增长率(%)	规模以上工业企业实现利润(亿元)
2011	19.4	37.66
2012	19.5	7.46
2013	18.3	5.58
2014	17.3	-16.50
2015	12.7	-37.80
2016	9.3	13.21
2017	9.7	0.55

资料来源：《西宁统计年鉴（2018）》。

（二）工业结构优化升级

近年来，西宁市积极淘汰落后产能，推动企业加大资金投入，进行技术改造，工业结构逐步向绿色化演进。例如：重工企业中国铝业青海分公司与中铝材料研究院合作成立了青海高原绿色铝应用分院，运用先进科技手段，实现了用电解槽直接生产绿色 3N 铝，吨铝可提高效益 1500 元，同时加大绿色 85 铝的生产量，2017 年利润明显增长。轻工企业青海藏羊地毯（集团）有限公司和圣源地毯集团有限公司，积极发展以地毯、挂毯为主的文教、工美、体育和娱乐用品制造业，2017 年工业增加值占比达到 4.3%，比 2011 年提高 2.1 个百分点。高新技术企业青海聚能钛业股份有限公司通过自主研发，实现了电子枪的主要功能装置“大功率高频高压电源”的国产化，成为国内首家能够自主生产 EB 炉电子枪配件的厂家。西宁市重工业产值占比从2011年的87.96%降到2017年的74.00%，而轻工业产值的比重从2011年的12.04%增加到2017年的26.00%（见表2），西宁工业结构得到优化升级。

表2　2011~2017年西宁工业结构指标数据变化一览

年份	轻工业产值（亿元）	轻工业产值占比（%）	重工业产值（亿元）	重工业产值占比（%）
2011	114.22	12.04	834.62	87.96
2012	145.27	14.09	885.89	85.91
2013	190.32	15.79	1014.86	84.21
2014	261.90	19.66	1070.37	80.34
2015	317.21	23.04	1059.82	76.96
2016	399.73	25.90	1143.72	74.10
2017	369.95	26.00	1053.02	74.00

资料来源：《西宁统计年鉴（2018）》。

（三）工业投入力度明显加大

近年来，西宁市工业R&D经费投入和工业投资持续快速增长。2017年，工业R&D经费投入达到6.50亿元，是2011年的2.33倍，年均增长15.14%；工业投资量达到441.30亿元，是2011年的1.82倍，年均增长10.39%。工业投入力度明显加大，带动了全市工业经济持续健康发展（见表3）。

表3　2011~2017年西宁工业投入指标数据变化一览

年份	工业R&D经费投入(亿元)	工业投资量(亿元)
2011	2.79	242.87
2012	2.59	308.45
2013	4.60	385.42
2014	5.89	477.97
2015	3.28	500.57
2016	4.76	405.90
2017	6.50	441.30

资料来源：《西宁统计年鉴（2018）》。

（四）工业新旧动能转换加速

2017 年，西宁市关停大通煤矿 120 万吨落后产能，粗铅、水泥产量分别下降 77.2% 和 27.4%。落实减税降费政策，累计降低企业各类成本 17.2 亿元。三江源生态与高原农牧业和政企共建的国家光伏等重点实验室落户西宁，中藏药产业集群等列入国家创新型产业集群试点，新增高新技术企业 12 家，高新技术和新能源产业增加值分别增长 22.8%、40.8%。实施市级以上科技项目 148 项，申请专利 2442 件，授权 1187 件。2017 年，顺利通过国家创新型城市试点验收。

（五）节能降耗成效显著

近年来，西宁市工业产品的综合能耗和污染强度明显降低。全市规模以上工业单位增加值能耗从 2011 年的 2.4735 吨标准煤/万元降至 2017 年的 2.2206 吨标准煤/万元，下降 10.22%，降低率从 2011 年的 1.37% 降至 2017 年的 4.38%（见表 4），节能降耗取得积极进展。2017 年，西宁市工业固体废物综合利用率为 98.04%，万元工业增加值用水量为 12.43 立方米/万元，污染物排放量均控制在国家规定的指标之内。在 38 个工业行业中，22 个行业的能源消耗量明显降低。

表 4　2011～2017 年西宁工业环境影响指标数据变化一览

年份	万元工业增加值净取水量（立方米/万元）	一般工业固体废物综合利用率（%）	规模以上单位工业增加值能耗（吨标准煤/万元）	规模以上工业万元增加值能耗降低率（%）
2011	18.50	83.56	2.4735	1.37
2012	18.80	96.84	2.4877	1.49
2013	17.24	97.92	2.7433	9.58
2014	15.10	97.79	2.3472	13.54
2015	15.02	96.83	2.6363	16.88
2016	14.80	98.03	2.3717	10.04
2017	12.43	98.04	2.2206	4.38

资料来源：《西宁统计年鉴（2018）》，《西宁市工业企业用水情况表》。

（六）环境质量显著提升

近年来，西宁市采取有效措施，不断加大工业绿色发展投入力度，全市环境质量显著提升。一是大气环境方面。2017 年，西宁市全年环境空气质量优良天数共 296 天，空气质量优良率为 81.1%，较 2016 年提高 0.7%。二是水环境方面。湟水流域设立 21 个监测断面，在纳入国家和省政府考核的干支流 8 个断面中，2017 年达到或优于 III 类水质的断面有 7 个，占 87.5%，达到西宁市地表水质优良要求。三是声环境方面。2017 年，设立的区域声环境质量监测点达到 224 个，全市昼间区域噪声平均值达到全国城市区域环境噪声总体二级水平。

二　西宁工业绿色发展面临的制约因素

近年来，西宁工业绿色发展虽然成效显著，但也存在着一系列制约发展的不利因素，对未来工业绿色发展形成挑战。

（一）区域竞争日趋激烈

西宁市地处青藏高原，受地域自然条件限制，生产力水平不高，经济实力薄弱，导致区域聚集力和影响力不强。近年来，西宁周边城市竞相发展，进一步加剧了区域之间的竞争态势。如，甘肃省张掖地区在新能源、光伏发展、设备制造业、新材料、有色冶炼、矿产化工、基础能源、农副食品加工等方面成绩卓著，并逐渐形成特色产业群，未来将进一步辐射西北地区。同时，以甘肃兰州为中心的河西走廊星火产业带目前已形成了石油化工、有色金属、钢铁、机械、建材、纺织、食品工业为主导的产业体系，正在全力打造丝绸之路经济带战略基地。可见，相邻地区工业经济的发展及其辐射作用必将对西宁工业绿色发展形成强大竞争压力，对西宁工业绿色项目引进产生重大影响。

（二）资源环境约束趋紧

在西宁市经济社会发展全部能耗中，工业能耗所占比重最大，占比高达80%，同时工业排污也是主要污染源，致使西宁市工业绿色发展的资源环境约束趋紧。一是资源禀赋匮乏。西宁市一次能源生产只有很小量的水电和极少量太阳能，经济建设和居民生活能源60%以上需要从区外购进。2017年西宁市能源自给率仅21.87%，辖区外调入能源总量占可供消费能源总量的79.13%。二是工业能耗高。虽然西宁市工业能源消费总量占全市能源消费总量的比重从2011年的87.79%降至2017年的75.32%，但从工业能源消费总量来看，2011年为1468.46万吨标准煤，2017年上升到1519.04万吨标准煤，说明节能压力仍然不小（见表5）。三是生态环境质量有待进一步提高。2017年在全省开展的满意度调查中，西宁公众对生态环境质量满意程度为90.24%，列全省第3位，比第1位的海南州（94.46%）低4.22个百分点，比第2位的黄南州（93.50%）低3.26个百分点，生态环境质量有待进一步持续提高。

表5　2011～2017年西宁工业资源能源消耗指标数据变化一览

年份	2011	2012	2013	2014	2015	2016	2017
工业能源消费总量(万吨标准煤)	1468.46	1704.36	1840.03	1849.16	1705.71	1580.87	1519.04
工业能源消费所占比重(%)	87.79	84.88	85.16	83.65	79.66	78.41	75.32
工业外排水量(万吨)	1311.30	1341.49	1567.43	1676.25	1271.69	1257.92	1338.43

资料来源：《西宁市2011～2017年年能源平衡表》，《西宁市工业企业用水情况表》。

（三）增长动力有待提高

2017年，西宁市规上工业企业研发经费投入（R&D）6.5亿元，同比增长36.7%，占GDP比重0.51%，低于全国平均水平1.61个百分点，企业自主创新能力不强；在270户规上企业中，开展了R&D活动的只有42

家，占比只有15.5%；研发经费绝对量也偏小，大大低于兰州市2015年40.55亿元的水平；战略性新兴产业增加值占GDP的比重仅为8.2%，新动能对工业生产的带动力明显不足。

（四）产能过剩问题依然存在

中国经济进入新常态的大背景下，受国内行业产能过剩的影响，西宁钢铁、煤炭等传统行业产能问题依然突出。西宁特钢是青海最大资源型特殊钢生产基地，2015年因产能过剩导致16.75亿元的巨额亏损。2017年，西宁市通过成立化解煤炭过剩产能领导小组，积极帮助企业解决煤炭产能过剩问题，但解决结构性问题的难度依然较大。

（五）体制机制不够健全

党的十八大以来，我国生态文明建设的法律法规和制度标准日益健全，2017年，西宁市委、市政府出台了《西宁市关于建设绿色发展样板城市的实施意见》，为西宁市建立健全工业绿色发展体制机制提供了基本遵循。但是，运用市场手段推进工业绿色发展的机制还不够健全，评价体系、资源环境价格等方面的改革力度还不大。在有些河流周边散布的个别小企业，其环保意识和责任感有待强化，监管力量有待加强。

三　西宁工业绿色发展的主要路径

要进一步推动西宁工业绿色发展，必须结合西宁实际，牢固树立“生态似水，发展如舟”的理念，建立现代绿色产业体系，构建“点极带”增长格局，推动工业绿色发展上新水平。

（一）实施工业绿色发展战略，做强做精优势支柱产业

参照西宁工业绿色发展相关数据，在综合研究的基础上，制定西宁工业绿色发展规划，实施工业绿色发展战略，做强做精优势支柱产业。

一是金属冶炼及延伸加工产业。稳定发展铝、铜、铅、锌、镁等有色金属冶炼和延伸加工产业，提升发展硅、铬等黑色金属产业。着力培育2～3家具有核心竞争力和国际影响力的企业集团，提高产业集中度，将铝精深加工做大做强，打造新型铝合金材料加工基地。

二是特色化工产业。以提高资源产出效益为中心，坚持走基地化、园区化发展道路，围绕产业规模化、高新化、精细化，实现盐化工、天然气化工、新型煤化工一体化发展，提高氟及硫酸资源的综合利用，提升高端化工产品规模和水平，打造绿色盐化工产业基地。加快推进化工产业初级发展模式向资源加工下游产品延伸，构建集产业链、产品链、技术链、市场链为一体的产业循环体系。

三是装备制造产业。整合提升装备制造业发展水平，引进、消化、吸收先进技术，着力提升技术研发和创新能力，重点发展高档数控机床及机器人、增材制造（3D打印）、专用汽车等产品方向，实现重大技术装备集成化、高端化、智能化发展，努力打造高端装备制造产业示范基地。

（二）发力打造绿色产业链，改造提升传统优势产业

要积极吸纳和利用各种资源，加强绿色技术的引进、研发与推广，坚持高、新、轻、优产业方向，推进产业转型升级，发挥龙头企业的带动效应，强化品牌效应，鼓励企业实施“走出去”战略，再造传统产业竞争新优势。依托青海省及周边省份的绒毛资源，围绕“藏毯之都”目标，积极推动产业公共服务平台建设，提高突破营销力和品牌创建力，打造高原藏毯绒纺出口创汇基地。充分利用青藏高原动植物资源优势，加快发展生物制品、中藏药、保健品和高原绿色食品产业。

（三）培育壮大绿色战略新兴产业，塑造升级新引擎

立足西宁绿色战略性新兴产业的基础和比较优势，积极利用高新技术，培育壮大新能源、新材料、新型建材和节能环保三大高新技术产业，着力延伸特色优势产业链，培育发展接续绿色产业，打造形成一批主业突出、核心

竞争力强的优势绿色企业，全面推进西宁绿色创新经济发展，凸显区域特色及竞争优势，全力打造全省重要的锂电、光伏制造中心，将绿色新兴产业塑造成带动全市工业转型升级的新引擎。

一是新能源产业。依托国家高压电网建设，充分发挥西宁太阳能、风能、生物质能等资源优势，重点发展太阳能光伏产业、锂电池及新能源汽车产业、绿色 LED 照明产业，推进国家硅材料光伏产业基地建设，打造绿色能源产业化示范基地。

二是新材料产业。加强新材料产业与原材料工业的融合，以新型轻合金材料、新型电子材料、高品质特殊钢材料、特色化工合成材料为发展重点，不断催生新材料优势产品，大力发展科技含量高、市场前景广、带动作用强的新材料产业。

三是新型建材和节能环保产业。以延伸产业链和资源综合利用为方向，以有色金属、特色化工为重点，建设节能环保技术研究中心等创新平台，积极培育发展新型建材、环保等重点节能装备、环保产品、节能环保服务，打造新的经济增长点，推进节能环保产业取得新突破。

（四）提升企业绿色管理能力，推动产业转型升级

紧紧围绕到 2020 年建成“两个千亿元”、“三个五百亿元”重大产业基地的发展目标，在提升环保社会责任感、适应市场需求，提交绿色产品供给方面，鼓励企业树立绿色发展理念，创新绿色技术，加强绿色设计，生产绿色产品，开展绿色营销，提升企业绿色管理能力。落实“百项创新攻坚工程”要求，培育壮大新能源、新材料、节能环保和新型建材等新兴产业，全力打造全国重要的锂电、光伏制造中心，使新兴产业成为带动全市工业转型升级和绿色发展的重要支撑，推动产业优化升级。

（五）优化产业空间布局，打造优势产业集群

加快推进组团建设，优化绿色产业空间布局。围绕东川硅材料光伏和轻

合金材料、南川锂电新能源和藏毯绒纺业、城北生物医药和装备制造、甘河有色金属精深加工和特色化工、北川高新技术产业、大华农畜产品精深加工等组团，加强对绿色产业空间布局的统筹规划，优化空间布局及绿色园区建设，加大园区招商引资力度，明确入园项目和入园企业标准，引导工业项目向园区集聚，打造形成一批主导产业明确、关联产业集聚、基础设施共享、污染治理集中、废弃物循环利用的工业组团，形成“大园区承载大产业、小园区发展特色产业”的发展新格局。依托铝精深加工、盐化工、新材料等龙头企业，促进上下游配套企业进行重组、改造，吸引更多相关企业集聚，完善产业链条，打造优势产业集群，发挥其带动效应，增强产业集群的集聚力。

（六）发展绿色循环经济，加大节能降碳力度

大力发展绿色循环经济，重点实施好国家循环化改造示范试点和低碳工业园区试点方案，聚焦促进绿色产业链延伸和资源综合利用，以有色金属、特色化工、光伏硅材料、高原生物健康制品等为重点领域，规划建设尾气综合利用、烟气回收、电机节能、脱硫脱硝、余热利用、中水回用、生物资源高值化利用、废渣综合利用等一批低能耗、低排放的绿色循环经济项目和技术改造项目。

（七）实施人才保障战略，提升科技创新能力

加快实施人才保障战略，出台优惠政策，制定保障措施，积极引进急需的管理人才、科技人员和技能型人才，突出人才主体地位，畅通引才引智渠道，强化人才引进和管理，构筑人才集聚高地，形成多层次、多学科、多渠道的人才培育体系，为西宁工业绿色发展提供强大人才支撑。同时，把工业园区建设和科技创新能力提升有机结合，加强园区企业与大专院校、科研院所的紧密型联合，积极争取国家或省部级重点实验室、工程实验室和工程中心在园区落户生根，不断提高科技创新对工业绿色发展的贡献率。

（八）健全绿色发展体制机制，发挥保驾护航作用

领导干部要不断增强环保意识，牢固树立绿色发展理念，各级党委政府要健全政绩考评制度，严格执行《西宁市生态文明建设目标评价考核办法（试行）》，强化各级党政主体责任，建立健全领导干部生态环境损害责任追究制度，健全绿色发展制度保障，切实形成工业绿色发展的强大合力。加大政策供给力度，建立完善工业绿色发展的政策体系，构建新型政商关系，有效降低企业绿色发展的各种成本，健全绿色发展体制机制，优化发展环境，护航工业绿色发展。

参考文献

中共西宁市委西宁市人民政府：《西宁市关于建设绿色发展样板城市的实施意见》，2017 年 4 月 6 日。

西宁市统计局、国家统计局西宁调查队：《西宁统计年鉴（2018）》，2018。

西宁市经信委《西宁市上半年工业经济运行分析》，2018 年 7 月 26 日。

B.6
西宁市工业生态化发展的成效、路径与对策

毛江晖　徐永卓*

摘　要： 工业生态化发展是推进经济生态化和生态经济化的有效途径，对于坚持生态优先、绿色发展，打造绿色发展样板城市具有重要的意义。近年来，西宁市工业循环经济产业体系尚需完善，节能减排和生态环境保护压力仍然较大，技术支撑与服务体系建设有待提升，投融资渠道不宽和资金不足等问题依然突出。为了大力推进工业生态化发展，急需科学确定和设置“两条底线”，加快绿色能源和产业结构建设，加快绿色发展体系的建设，加快循环产业布局和结构优化。

关键词： 工业生态化　现代产业体系　产业新生态　西宁市

工业作为西宁市经济建设的主阵地，同时也是资源消耗和污染排放的重点领域，发展与环保的矛盾较为突出。推进工业生态化发展，是深入学习贯彻习近平新时代中国特色社会主义思想特别是习近平生态文明思想的有效实践，也是自觉贯彻新发展理念，积极探索经济生态化和生态经济化的有效途径，对于坚持生态优先、绿色发展，打造绿色发展样板城市具有重要的意义。

---

* 毛江晖，青海省社会科学院生态环境研究所所长，副研究员，研究方向为生态经济、自然地保护与发展；徐永卓，西宁市经济和信息化委员会综合处处长，研究方向为绿色经济。

一　西宁市推进工业生态化发展的重点和成效

近年来，西宁市坚持稳中求进工作总基调，以供给侧结构性改革为主线，始终把生态文明贯穿结构调整和产业转型升级全过程，积极探索工业绿色低碳循环发展路径，着力在形成绿色发展方式和生活方式上谋思路、强举措、抓落实，推动了传统产业存量提升和新兴产业增量优化，全市工业呈现出结构优化、动力增强和质量提升的新特点，发展的协调性和可持续性不断增强，工业发展从粗放型增长不断向集约型发展转变。

（一）大力调整产业结构

围绕推动产业高质量发展，坚持生态优先、发展率先、精神领先，深入贯彻落实新发展理念，着力深化供给侧结构性改革，全力推进产业转型升级，初步形成了以新能源、新材料、金属冶金精深加工、藏毯绒纺、高原动植物精深加工、特色化工、装备制造、新型建材和节能环保等为主的传统产业与新兴产业双轮驱动、双向发力，纵向延伸、横向耦合的符合自身资源禀赋、比较优势的现代产业体系。2017 年，全市八大产业工业增加值的规模以上工业占比达 78.1%，其中，以光伏光热、锂电、生物医药等为主的高技术产业工业增加值的规模以上工业占比达 16.14%。

（二）不断提升产业集聚功能

持续推进重大基地建设，东川工业园区、南川工业园区、生物科技产业园区、甘河工业园区和北川工业园区五大产业基地集聚，集群发展效应初步显现，东川工业园区被评为国家级光伏产业基地和国家级新材料产业基地；生物科技产业园区的“青藏高原特色生物资源和中藏药产业集群”列入国家创新型产业集群试点；甘河工业园区确定为国家“循环化改造示范试点园区”和“低碳试点工业园区”；南川工业园区“世界藏毯之都”建成规模，“锂资源精深加工基地”初具雏形，评为“国家外贸转型升级专业型示范基地”和“农牧业产业化示范基地”；北川工业园区升级为青海省高新技术产业园，铝镁合金高新材料产业园建设步伐加快。

（三）持续增强产业竞争力

聚力培育先进制造业集群，千亿锂电基地、光伏制造中心、铝镁合金高新材料产业园等新兴产业向规模化、集群化发展，比亚迪一期生产项目投产下线，光伏电站建设与制造垂直一体化发展新模式走在全国前列，铝镁合金产业逐步向轻量化、军民融合方向发展，青藏高原特色生物资源和中藏药产业逐步向产业链、价值链高端攀升。聚焦产业链延伸和资源综合利用，优化提升产品结构和质量，传统产业附加值显著提升，质量效益有效改善，电解铝行业实现铝电解槽用阳极优化综合研究与推广应用，电解槽电流效率、吨铝电耗和减排指标达到国内先进水平；推行“全产业链 + 互联网 + O2O + 服务”模式，建设“中国藏毯之都 - 国际地毯展示销售中心”，藏毯绒纺市场开拓能力显著增强，产业整体发展水平显著提升。

（四）健全完善循环经济发展体系

积极推进西宁国家级开发区循环化改造示范试点和低碳工业园区试点，推动传统制造业绿色化改造，加强全产业链绿色管理水平提升，启动实施尾气综合利用、镍铬电除尘系统改造、电机变频改造等一批节能降耗、清洁生产、废气废渣再利用等项目，促进了资源循环利用、产业间循环组合、企业内循环生产，初步构建了纵向延伸产业链条、横向促进产业融合的低碳绿色、循环节能的循环型工业体系。积极推动电解铝、铁合金、水泥等行业开展专项活动，有效促进了传统产业低碳化改造；加快工业污水处理厂、中水回用设施、废渣堆场及循环利用等公共环境基础设施建设，“减量化、资源化、再利用”的循环经济发展模式正在逐步形成，“节能、节水、减排”效果明显。2017 年，全市“规上”工业企业增加值单位能耗同比下降 4.38%。

通过不懈努力，在推进工业生态化进程中，产业链、供给质量、创兴体系、结构性改革方面的成效逐步显现。

一是产业向价值链中高端迈进。坚持把发展经济的着力点放在实体经济上，实施绿色产业建设行动，推进传统产业优化升级和新兴产业培育壮大，传统产业形态向宽领域、深层次重塑，高技术产业发展层次不断提升，光伏制造中心、千亿锂电产业基地、铝镁合金高新材料产业园加速推进，高原特色精深加工产业向产业链、价值链高端攀升，实现产业链整体跃升。

二是工业供给质量全面提升。统筹兼顾“点、极、带”，培育打造增长点、增长极、增长带，在工业领域初步形成“西宁－大通”（北川）高新技术产业、“多巴－沙塘川”（沿湟）现代服务业、“甘河－鲁沙尔－南川”沿线特色优势产业的三条经济增长带，其集聚、极化和扩散效应进一步凸显。

三是工业创新体系日趋完善。随着青海高新技术产业开发区被列入“国家双创示范基地”，“青藏高原特色生物资源与中藏药创新型产业集群”入选“国家创新型产业集群试点”，光伏产业技术创新中心正式成立，“三江源生态与高原农牧业国家重点实验室”“藏药新药开发国家重点实验室”相继建成使用，西宁市逐渐融入国家制造业创新体系，以企业为主体、市场为导向、产学研相结合的创新体系正有力地支撑产业转型升级。

四是供给侧结构性改革取得新突破。瞄准供给侧结构性改革适应新时代高质量发展的需要，市委、市政府印发实施《西宁市加快发展非公有制经济的若干措施》，市政府印发实施《关于降低实体经济企业成本促进实体经济发展的若干措施》，通过提高全要素生产率，推动了工业领域供给侧结构性改革政策体系的进一步完善。

二　西宁市工业生态化发展面临的机遇和困难

当前，我国已经进入全面改革的新时代，未来西宁市工业生态化发展将面临国家宏观战略带来的重大机遇，也面临着区域性、结构性困难。

（一）面临的有利机遇

一是习近平新时代中国特色社会主义思想为推进工业生态化发展提供了

行动指南。党的十八大以来，习近平总书记明确提出：国家强大要靠实体经济，抓实体经济一定要抓好制造业，并针对“加快新型工业化、促进信息化发展”，发表了一系列重要讲话，尤其是习近平总书记视察青海工作时做出了“四个扎扎实实”等一系列重要指示，为西宁建设现代产业体系、推进工业生态化发展指明了方向。

二是“一带一路”和西部大开发战略为推进工业生态化开拓了合作空间。随着国家“一带一路”战略的实施，西宁市作为丝绸之路经济带重要节点城市和兰西经济区核心城市，战略地位日益凸显；西部大开发战略为西宁承接东中部产业转移，持续增强发展动力和厚植发展优势提供机遇。

三是省委、省政府深入实施“一优两高”战略部署为推进工业生态化提供了实践导向。“一优两高”战略部署的提出，为西宁市推进工业生态化发展提供了实践导向，特别是在产业发展上，提出了现阶段着力打好盐湖资源综合开发利用、清洁能源发展、特色农牧业发展、文化旅游产业发展“四张牌”，进一步为全市推进工业生态化提供了机遇、明确了方向、拓展了思路。

四是现有产业基础为推进工业生态化创造了发展条件。在现有产业基础上，依托青海省丰富的水能、盐湖、石油、天然气等“相对”资源禀赋，以及在产业发展和资源开发等方面具有得天独厚的优势，为工业生态化发展提供持续的增长动力。同时，在产业发展上可以充分借鉴发达地区先进经验和做法，发挥后发优势，走资源节约、环境友好的新型工业化道路。

（二）存在的主要困难

一是工业循环经济产业体系尚需完善。近年来，虽然西宁工业循环经济发展势头良好，依托西宁经济技术开发区和县域工业园区发展的 8 大产业链初具规模，但闭环型循环经济产业体系尚未得到有效改善，生态工业园区建设处于起步阶段，距离生态园区产业链的区域层次和循环经济型社会构建还有很大差距。

二是节能减排和生态环境保护压力较大。虽然西宁工业经过多年的发展，已经形成了以重工业为主的工业结构和以能源、原材料为主的产品结构，但是在短期内难以进行大的调整。当前，西宁正进入工业化快速发展和产能扩张阶段，经济增长对能源消费的依赖增强，受有限环境容量和资源、生态保护等因素制约，节能减排和生态环境保护压力日益加剧。

三是技术支撑与服务体系建设有待提升。当前，西宁对循环经济技术的引进、研发、应用和推广的资金投入不足，缺乏关键技术的研发动力和相应的激励政策，促进循环经济发展的技术体系尚未形成。在部分行业中，企业虽与大专院校、研究机构之间建立了初步联系和合作关系，但以产、学、研相结合的循环经济技术创新与服务体系运行机制仍需进一步完善。

四是投融资渠道不宽和资金不足。现阶段，西宁产业共生技术链接、产业内部循环技术研发与升级、资源能源系统集成网络构建是发展循环经济的重要着力点，需要大项目、好项目作为支撑，加之部分循环项目具有公益性质，经济收益较小，企业积极性不高，如何降低循环经济项目资金需求大、回收期长的投资风险，也是开辟循环经济投融资渠道的重要问题。

三　西宁市工业生态化发展的主要路径

推动工业生态化发展，必须以打造绿色发展样板城市为“路线图”，聚力建设现代产业体系，加快转变发展方式，优化发展路径，积极推进经济生态化和生态经济化，全力打造符合绿色发展要求的产业新生态，推动高质量发展。

（一）科学确定和设置“两条底线”，才能推动工业生态化发展

对西宁市来说，发展的底线就是以建设幸福西宁为总目标，以打造绿色发展样板城市为“路线图”，推动传统产业生态化、特色产业规模化、新兴产业高端化，既要高端承接产业转移、又要坚决拒绝污染转移；生态的底线就是要坚守生态保护红线、环境质量安全底线、自然资源利用上线，绝不以牺牲生态环境为代价换取一时经济增长。从西宁近年来的发展实践看，加快

发展与保护生态是矛盾的统一而不是矛盾的对立，核心是在具体实践中要有辩证的系统思维和强烈的责任意识，用系统工程的方法去统筹抓好“两条底线”。

一是以系统思维研究发展与生态。强化“生态保护优先”理念，在青海省主体功能区划的框架内，合理划定西宁市主体功能区，做到国土、发改、水利、环保等“多规合一”，确保经济发展绝不触及生态红线，同时通过“恢复+修复生态”，不断提升经济发展的生态环境承载力；坚持节约优先，坚定地走“循环－集约－低碳”发展之路，降低绿色经济发展的资源成本；坚持调整区际贸易结构，持续扩大开放、合作、交流，加强与发达“省区”的区域合作，重点发展生物医药、健康养生等特色产业，努力将生态优势逐步转化为产业优势和竞争优势。

二是以机制体制推动发展与保护生态。创新法律规章、管理体制、保护机制、干部考核机制，将“软约束”转变为“硬杠杠”，采用制度“管人、管事”，提升生态文明的法治保障；注重社区生态、网格管理、生态教育，通过主动顺应人民的生态诉求，宣传生态知识，培植生态理念，提高生态文明建设的全民参与度，凝聚共识，以生态文化提升推进生态文明建设的凝聚力。

（二）加快绿色能源和产业结构建设，才能促进工业生态化发展

一是加快绿色能源的建设。首先，加强煤炭资源的安全绿色开发和清洁高效利用，推广使用优质煤、洁净型煤，推进煤改气、煤改电，鼓励利用可再生能源、天然气、电力等优质能源替代燃煤使用。其次，积极发展水电，大力发展太阳能发电，持续推进风电建设，提高西宁市可再生能源生产比重。再次，实行建设项目主要污染物排放总量指标等量或减量替代，以化工、纺织、农副产品和食品加工等行业为重点，继续加大废水深度治理和工艺技术改造力度，提高行业污染治理技术水平。

二是加快绿色产业结构的建设。首先，采取“停输、限压、降耗、环保”等措施，减少“高能耗+高污染”企业的物质能耗和环境污染。通过

推广应用新技术、新工艺、新设备、新材料，提高绿色生产能力，借此降低传统工业的生产设备和工艺比例。大力促进“资源闭循环式”利用，加快西宁市工业园区生态化改造与建设步伐，构建跨产业生态链，促进产业间“三废”再循环。其次，走以科技进步、提高劳动者素质、管理创新促进发展的新路，加快新兴产业的绿色化进程。加强政策引导，充分发挥市场在资源配置中的决定性作用，不断增强新兴产业的支撑力，培育和形成绿色经济增长点。再次，坚持规划、价格、金融、土地、税收等方面的政策引导，将大量现有的“节能环保需求”转变为现实的“节能环保市场”，支持和鼓励企业、高校、科研院所、行业协会加大技术研发和科技创新力度，不断提高节能减排水平。持续推进产业与金融结合，提高环境治理的社会效果和经济性。创新绿色经营模式，多渠道引进资金，突破大投入、低回报、长周期的瓶颈，尽快形成新的支柱产业。

（三）加快绿色发展体系的建设，才能加快工业生态化的发展

一是要建立规划体系，推进绿色生产模式。加快实施主要功能区战略，完善空间规划体系，科学合理地安排和控制生产、生活和生态空间；加快实施城乡主要功能定位。促进经济社会发展，严格执行城乡、土地利用和城乡（区）级生态环境保护。统筹规划与环境保护，形成市、县（区）的规划和蓝图。

二是建立标准体系，推进绿色生产模式。要围绕产业链的整个过程，涵盖原材料选择、产品与工艺设计、生产与加工、销售与运输、废物回收等整个生命周期，从能源消耗、资源消耗和环境污染三个维度，对节能、节水、节地、节材、清洁生产、循环利用和污染制定强制性标准。通过不断提升节能环保门槛“倒逼”企业转型升级。加大科技、财政、税收等政策支持，鼓励企业制定并执行高于国家和地方水平的企业标准。

三是构建绿色化统计制度，推进绿色生产模式。围绕产业链全过程，从能源消耗、资源消耗、对环境产生影响等维度，构建产业发展统计指标体系；健全及时、准确、完整地获取和发布统计信息制度，完善政府信息公

开、环境信息公开制度，及时、主动回应社会关切。

四是构建绿色化考核评价制度，推进绿色生产模式。完善西宁市及“四区三县”考核评价制度，针对不同的功能区域定位，分类建立区域发展成果评价指标体系，加大新能源利用、资源节约、清洁生产、生态效益等指标权重；根据不同区域的能源、资源禀赋和发展阶段，优化考核评价标准。建立领导干部实行自然资源资产、环境责任的审计，创新干部考核评价任用制度，对严重污染环境、严重破坏生态的各级干部实行终身追责。

（四）加快循环产业布局和结构优化，才能推动工业生态化发展

全面推进产业布局和结构优化，坚持科技引领、特色培育、精深加工、清洁生产、低碳发展，不断加大自觉调整力度，以园区为载体，大力培育和引进科技含量高、节能环保、带动力强的优质项目，构建梯级循环生产的产业链体系，不断提高园区承载和辐射带动能力，形成布局合理、互动发展、协调推进的循环经济发展格局。坚持以产促城、以城兴产，推动“产业园区”向“产业新城”转变，积极推进特色城镇、现代农业、新型工业、现代服务业和信息产业协同、协调发展，推动以循环经济为主导的各类基地、产业园区发展，不断优化轻重工业结构、企业规模结构、区域产业结构、行业结构，提升产业综合竞争能力。推动“减量化、再利用、资源化”，采取试点先行、以点带面的方式大力发展循环经济，重点围绕节能降耗、综合利用、清洁生产和生态环保四个方面，积极研发循环应用技术，生产精深加工产品，着力延伸产业链条，全面推进清洁生产和节能减排，广泛开展资源综合循环利用，加快形成区域特色循环经济发展模式。

四　西宁市工业生态化发展的对策措施

在明确发展路径的基础上，采取加速培育产业新动能、深化供给侧结构性改革、实施“中国制造 2025”战略、构建产学研深度融合创新体系等措施，将有力地推进西宁市工业生态化发展。

（一）找准着力点，加速培育产业新动能

加快建设符合自身资源禀赋、比较优势的现代产业体系，在新能源、新材料、铝镁合金、生物医药、新能源汽车等领域引进和实施一批延伸产业链和加速产业集聚项目，打造在全国具有影响力的新能源、新材料产业基地。依托青海清洁能源示范省和特高压外送通道电站电源建设，完善光伏全产业链，构建垂直一体化光伏产业发展新模式。抢占储能产业制高点，以动力及储能电芯制造为核心，大力发展锂电配套产业，构建锂电全产业链条，加快培育发展龙头企业，加速锂电产业上规模、技术上水平，夯实千亿元锂电产业基地基础。积极引进国内大型医药集团和品牌企业，开发利用好现有中藏药药号，激活闲置药号，加快生物医药企业整合、重组、嫁接、改造步伐，开发一批中藏药新产品、新剂型，推动重大疾病治疗药物创新和产业化，提升行业研发、制造和销售水平。瞄准汽车轻量化发展方向，发展新能源汽车、轨道交通、货车等铝镁合金轻量化零部件及铝合金建筑材料等下游产业，推动铝镁高新材料向高值功能化方向延伸。坚持走产学研用、军民融合发展之路，发展铝镁合金高新材料、钛合金和轻质金属基复合材料，高强度、高硬度轻质合金及多元复合材料。

（二）找准突破口，深化供给侧结构性改革，坚决主动去产能

综合运用市场、经济、法治办法和必要的行政手段，推动低效企业淘汰出清，为绿色发展和优势产能盘活资源，腾出环境空间。推动企业重组整合，提升行业整体素质和核心竞争力，实现产业升级和产品结构优化。推动关键领域产业上下游供需对接，加大地产工业品采购力度，提高产能利用率，推动企业“去库存”。积极培育消费新热点和新业态，全力支持新一代信息技术、新能源汽车、生物技术、新材料等发展壮大。防控风险去杠杆。严控企业负债风险，引导金融机构加大对制造业的资金支持，探索新的制造业投融资方式；在金融深化改革的范围内，丰富资本市场的层次性，丰富直接融资工具，支持实体经济市场法治化债转股，力争规模以上工业资产负债

率控制在合理区间。坚持振兴实体经济方向，抓住关键短板环节，进一步完善政策和全面落实各项措施，综合施策降低实体经济成本。积极推动利用现有政策渠道，大力开展绿色化技术改造，推广应用一批节能、低碳、节水、清洁生产、资源综合利用等领域先进适用的工艺、技术及装备。强化创新补短板。把产业发展的基点放在创新驱动上，聚焦战略性、引领性、重大基础共性需求，围绕产业链部署创新链、围绕创新链完善资金链，实现优势领域、共性技术、关键技术的重大突破，加快构建以企业为主体、需求为导向、产学研融合的技术创新体系，推动全市工业经济发展由要素驱动向创新驱动转变。

（三）找准新方向，实施“中国制造2025”战略

统筹推进创建“中国制造 2025”国家级示范区，以“加快发展和提质增效”为主线，主动对标新一代技术、高档数控机床、新材料等 3 个重点行业，在电子基础产品、计算机数据中心、高档数控机床、先进基础材料、关键战略材料等 5 个子领域和太阳能光伏、锂电子电池、电子材料等 12 个细分领域推动互联网、大数据、人工智能和制造业深度融合，培育新动能，增强中高端供给能力。着力构建新能源、新材料、生物医药、藏毯绒纺、先进装备制造五大特色产业集群，优化提升化工、农产品加工等传统优势产业，打造东川工业园区组团、南川工业园区组团、甘河工业园区组团、生物科技产业园组团和青海省级高新技术产业开发区（北川工业园区）的战略组合。推动先进制造业向园区聚集，产业链条纵向延伸、横向耦合。全面实施创新引领、智能制造、人才提升、绿色制造、品牌创优、配套服务、开放合作等重点工程，探索经济欠发达和生态脆弱地区制造业高质量发展道路，全面提升先进制造业质量优势。注重从资金扶持、税收优惠、金融服务、要素配置、营商环境等方面完善政策，围绕财政、税收、投融资、土地等领域，加快推进制造业供给侧结构性改革，促进要素流动和优化配置，构建与“中国制造 2025”国家级示范区要求相匹配、与重点产业培育和重点工程实施需求相适应的产业发展生态体系。

（四）找准新支撑，构建产学研深度融合创新体系

更加注重以企业为主体、市场为导向的应用技术研究，聚力积极融入国家制造业创新体系，把科技创新的着力点放在产业发展和实体经济上，全力打造高效立体的开放型创新网络体系。加快建立系统化、体系化创新机制，分梯度、分门类、分阶段推进光伏制造、锂电产业、铝镁合金高新材料等关键领域核心技术和设备跨越式发展。更加注重政策供给能力，依靠制度创新、举措创新、机制创新，完善普惠性支持政策，培育一批核心技术能力突出、集成创新能力强的创新型领军企业，推动科技成果转化为现实生产力。积极培育发展人力资本服务业，弘扬企业家精神、劳模精神和工匠精神，加快引进和培养现代产业体系急需紧缺高层次人才，建设知识型、技能型、创新型劳动者队伍，形成促进科技成果转化的发展格局。实施高新技术和科技型企业“双倍增”“科技小巨人”计划，深化制造业与互联网融合发展试点示范，培育协同制造、个性化定制等网络化生产新模式，促进生产与需求、传统产业与新兴产业融合；大力发展服务型制造，开展两化融合管理体系标准建设和贯标推广，积极构建“产品＋生产＋模式＋服务”智能制造体系，加快推进大众创业万众创新平台建设。

（五）找准新路径，推动工业绿色化发展

贯彻落实好《青海省绿色制造体系建设实施方案》，开展绿色园区、工厂、产品、供应链创建工作，并积极争取国家级绿色制造体系试点示范。创建绿色工厂，优先在有色金属、特色化工、生物医药、藏毯绒纺等重点行业选择一批工作基础好、代表性强的企业开展绿色工厂创建，建立资源回收循环利用机制，推动用能结构优化，实现工厂的绿色发展。创建绿色园区，推动西宁（国家级）经济技术开发区各工业园区、北川工业园区等工业基础好、基础设施完善、绿色水平高的园区在园区规划、空间布局、产业链设计、能源利用、资源利用、基础设施、生态环境、运行管理等方面贯彻资源节约和环境友好理念，创建具备布局集聚化、结构绿色化、链接生态化等特

色的绿色园区，实现园区整体的绿色发展。开发绿色产品，围绕新能源、新材料、食品、特色生物、纺织、装备制造等重点领域，选择量大面广、与消费紧密相关、条件成熟的产品，创建一批具有自主知识产权和核心竞争力的品牌绿色产品，打造西宁绿色产品品牌形象。创建绿色供应链，以畜产品深加工、电子电器、机械等行业为重点，按照产品全生命周期理念，加强供应链上下游企业间的协调与协作，实施绿色伙伴式供应商管理，强化绿色生产，建设绿色回收体系，搭建供应链绿色信息管理平台，带动上下游企业实现绿色发展。

（六）找准新机制，多策并举全力推进

一是建立生产要素保障机制。积极争取省政府在工业用地供给、天然气补贴方面给予西宁更大支持；全力推动甘河、北川工业园区依托电源点优势组建局域网，有效破解电力价格优势持续弱化问题，不断降低企业用电成本。

二是建立差别化信贷机制。协调引导银行业金融机构按照风险可控、商业可持续原则对光伏制造、电解铝及深加工等行业分类施策、区别对待，关键时刻不搞一刀切，不抽贷、不压贷，帮助企业渡过难关。

三是建立创新驱动引领机制。整合各类优势资源，建立一批推动工业生态化发展的创新平台，着力突破支撑工业生态化发展的关键共性技术；发挥好绿色发展基金作用，重点支持产业链条延伸和高素质人才的引进。

四是建立协调统一的领导机制。建立西宁推动工业生态化发展的联席会议制度，统筹协调工业生态化发展的重大问题。建立健全工业生态化体系的统计指标、监测和评价体系，掌握工业生态化发展进程。

参考文献

国务院：《中国制造 2025》（国发〔2015〕28 号），2015 年 5 月 8 日。

工业和信息化部：《工业绿色发展规划（2016～2020年）》（工信部规〔2016〕225号），2016年7月19日。

工业和信息化部节能与综合利用司：《绿色制造工程实施指南（2016～2020年）》（工信部节〔2016〕113号），2016年9月14日。

青海省人民政府：《青海省“十三五”节能减排综合工作方案》（青政〔2017〕53号），2017年8月8日。

谷平华：《工业生态化水平评价研究》，《求索》2016年第5期。

王建军、康艺铷、李志霞：《园区产业生态化评价研究——以青海省柴达木循环经济试验区为例》，《青海社会科学》2015年第5期。

B.7
西宁市工业园区循环经济发展成效及推进措施

张宏岩　晋杜娟　祁增霞　王海囡　陈永华　田　坤*

摘　要： 循环经济是对传统经济模式的根本变革，工业园区作为西宁市工业体系的主要载体，是发展循环经济、实现可持续发展的重要切入点。通过分析西宁市工业园区循环经济发展成效，总结发展循环经济中存在的问题，并从构建工业一体化联动循环经济产业体系、构筑多维互促的工业循环经济支撑体系等方面提出促进循环经济发展的对策建议。

关键词： 循环经济　工业园区　西宁市

工业园区是连接微观经济和宏观经济的重要层面，在循环经济运行过程中起着承前启后的关键作用。2012 年 3 月，国家发改委、财政部联合发布《关于推进园区循环化改造的意见》，提出“到 2015 年，50% 以上的国家级园区和 30% 以上的省级园区实施循环化改造，并选择一些基础条件好、改造潜力大的园区作为循环化改造示范试点”。西宁市坚持把实施园区循环化改造，发展循环经济，作为实现经济社会转型发展的有效途径，紧紧围绕配

* 张宏岩，青海大学财经学院党委书记，教授，研究方向为区域经济学；晋杜娟，西宁经济技术开发区甘河工业园区管委会经济和科技发展局，化学工程工程师；祁增霞，西宁经济技术开发区生物科技产业园区管委会经济和科技发展局干部；王海囡，西宁经济技术开发区东川工业园区管理委员会经济和科技发展局局长；陈永华，西宁经济技术开发区南川工业园区管委会经济和科技发展局局长；田坤，大通县北川工业园区管委会经济发展协作部副部长。

套设施建设、循环型产业体系构建、园区循环化改造，加快“国家循环经济发展先行区”建设，有力地促进了循环经济发展，成效较为显著。

一　西宁市工业园区建设现状

近年来，西宁市遵循“减量化、再利用、资源化”的原则，围绕企业循环式生产、园区循环式发展、产业循环式组合，基本建立了以政府为主导、企业为主体、项目为载体、园区为平台的循环经济发展机制，初步形成了企业小循环、产业中循环、园区大循环的循环经济发展格局。

（一）甘河工业园区

甘河工业园区是国家循环化改造示范试点园区和国家首批低碳工业试点园区。园区依托青海省独特的资源和区位优势，以循环经济为主线，以有色、黑色、特色化工三大主导产业为基础，以专业集成、投资集中、资源节约、产业集聚、循环利用为目标，相继建成了一批资源开发重点产业项目，产业结构不断优化，逐步形成了节能环保、资源综合利用、产业链深度延伸的绿色低碳园区。

注重基础设施建设，现已形成了以县乡干线公路为主动脉，专用铁路线为辅线的区域交通运输网，建成公路 78 公里、铁路主线 18 公里、铁路支线 12 公里，铁路运能达 1800 万吨/年；给排水管线 50 公里，日供水能力 10 万立方米，建成公用变电站 6 座，企业变电站 11 座，总供电能力约 950 万千伏安，建成天然气输气管线 56 公里，天然气输配站 3 座，年供气能力 30 亿立方米。

构建了化工行业、有色金属行业、黑色金属行业、建材行业企业内部循环、企业间循环、行业间循环体系。在化工行业内部循环方面，盐湖海纳化工有限公司聚氯乙烯一体化项目，该项目将石灰石破碎后直径为 50 ~ 80 毫米粒径用于生产电石，筛分后的碎渣及尾矿进入水泥生产车间用于生产水泥；电石生产车间的电石炉气一氧化碳可作为石灰窑生产石灰的能源，提高尾气余热综合利用率；电石与水反应生成乙炔后，副产物电石渣进入电石渣水泥生产车间生产水泥；水泥车间副产的余热通过锅炉副产蒸汽，为化工项目提供热量，降低能耗；氢氧化镁副产氯化钠溶液返回烧碱车间；烧碱车间副产氯气作为生产 C－PVC 的原料。青海云天化国际化肥有限公司与盐湖海纳化工有限公司企业间循环，以青海云天化国际化肥有限公司副产物磷石膏、黄河上游水电开发有限责任公司西宁发电分公司副产物硫石膏作为生产工业石膏原料直供盐湖海纳化工有限公司。在有色行业与化工行业间、有色行业内循环方面，青海铜业有限公司副产物硫酸直供青海云天化国际化肥有限公司溶解磷矿石制备磷酸、直供青海同鑫化工有限公司生产无水氟化氢、直供青海盐湖海纳化工有限公司乙炔气体净化工序及原盐电解产品氯气的干燥工序；青海铜业有限公司副产物硫酸直供西部矿业股份有限公司锌业分公司，用于净化渣中锌、镉、钴等有价金属的浸出提取。在黑色金属行业内循环、黑色金属行业与化工行业循环方面，青海百通高纯材料开发有限公司副产余热蒸汽综合利用发电，直供厂区生产、生活所需；青海际华江源实业有限公司产品铬铁直供青海省博鸿化工科技股份有限公司生产铬酸盐。在有色金属行业、黑色金属行业、化工行业、建材行业间循环方面，青海康鹏新材料有限公司采用黄河上游水电开发有限责任公司西宁发电分公司副产品粉煤灰和余热蒸汽、青海际华江源实业有限公司矿渣、盐湖海纳化工有限公司水泥、青海铜业有限公司废渣等原料生产 PC 构件。

同时，按照“纵向延伸、横向耦合”的循环经济发展思路，积极调整产业结构、优化产业布局，通过中水回用工程、工业固体废物处置场建设项目、电解槽双阴极钢棒技术改造等项目的实施，已基本形成了以有色金属、黑色金属、特色化工为核心，融合新材料、节能环保产业发展的循环经济产业体系雏形。

（二）东川工业园区

东川工业园区紧紧依托青海省丰富的太阳能资源和有色金属资源，以盘活资源要素存量、提升产业关联度、增加产品科技含量、提高资源产出率、增强公共服务功能为重点，积极规划建设循环经济产业园，大力培育循环经济骨干企业，不断延伸循环经济产业链，以最大限度提高资源利用率。截至目前，园区已形成了以“多晶硅—单晶硅—切片—光伏电池—光伏组件—太阳能光伏发电”相对完整的硅材料光伏产业链及以“锂电池用铜箔、锂电池用铝箔、电子铝箔、腐蚀箔、化成箔、工业特种铝合金型材、光纤预制棒、稀土铝合金电线电缆、特种钢等”为主的新材料产业。园区高度重视循环经济、节能减排工作，实施了一大批节能减排、循环经济项目，其中重点实施了中利光纤利用亚洲硅业技术突破后提纯的超高纯四氯化硅及其他三种气体，建立了全球首例多晶硅厂和光纤厂循环经济合作项目。2015 年，园区被国家发改委评为“国家循环化改造示范试点园区”。园区始终紧紧围绕发展新能源、新材料两大主导产业定位，着力构建了光伏产业全产业链，发展高端新材料产业。以“三废利用”（废水、废气、废渣）提高“四率一综”（资源产出率、能源产出率、土地产出率、水资源产出率和综合利用水平）、大力推进多晶硅生产中间环节产物的综合利用，发展光通信基础材料、石墨烯等新兴产业，并以园区晶硅规模化生产所积累的先进技术为依托，延伸发展硅材料相关产业。大力发展以铜、铝、钛等有色金属下游产品深加工为主的新材料产业，其中锂电池用铜箔、锂电池用铝箔、电子铝箔、腐蚀箔、化成箔、工业特种铝合金型材、光纤预制棒、稀土铝合金电线电缆、特种钢等一批含量高、附加值高的新材料项目均填补了青海省该产业的空白，引领了青海省新材料产业的发展。

同时，按照“顶层设计、统一规划、合理布局、产业互补、特色鲜明”的总体要求，重点实施了中水回用系统建设、尾气综合利用、余热余压利用等一批重点循环化改造项目，有效降低了资源消耗量。通过建立环境监测站，及时掌握园区企业排污情况，确保园区环境安全；建设循环经济技术研发及孵化器建设项目，建设清洁生产能力培训平台、物质流监控交易平台、能源管理中心信息平台、众创办公区等，有效整合优势技术资源和社会资源，为企业提供公共服务平台，有力促进技术研发、科技成果转化，形成园区资源共享、信息互补。以信息公开、资源共享的手段来提

升园区循环经济的工作效率，从信息和舆论上引导园区绿色、低碳、循环发展。

（三）南川工业园区

加强基础设施建设，现已形成了以创业路、麟河路、同安路、锦川大道等为主的“六横四纵”道路网骨架，建成道路 18 条、总长约 40 公里；园区由湟中润欣供水有限公司加压水源供水，日供水量约 1.2 万吨，污水处理厂日处理能力 2 万吨，建成 110 千伏变电站两座、330 千伏变电站一座，总供电能力 46.75 万千瓦时/天，日供气能力 700 万立方米。

按照加快“特色轻工产业、锂电产业、光电产业”循环化纵向延伸、横向拓展和推动资源、产品、副产物及废弃物资源化再利用等多层面联动循环发展的要求，进行循环化改造，统筹资源集约利用与产业结构调整，不断强化基础设施建设，大力发展循环经济，形成了以“特色轻工产业、锂电产业、光电产业”为主导的循环经济产业体系。围绕打造“藏毯之都”，建设世界羊毛地毯制造中心的发展目标，针对产业链缺失环节，加快涉及毛纺产业洗毛、分梳、纺纱等环节中污水综合利用、羊毛脂提取、CO_2 超临界无水染色和畜产品精深加工等环节中熟食制品加工、汤料综合利用等循环化改造及综合利用等项目建设。围绕建设“千亿锂电产业基地”目标，依托资源优势和地域优势，规划并建设正负极材料、薄膜、动力及储能电池、电控系统和电动汽车为核心的新能源、新材料全链条产业。围绕高新技术项目光电产业，积极培育蓝宝石、碳化硅及外延等新兴光电产业，重点建设废旧电子铝箔生产高纯氧化铝、蓝宝石生产节能技术改造、蓝宝石切磨抛、衬底、外延、芯片、封装和碳化硅晶体、碳化硅衬底、外延、芯片等项目，打造“高纯氧化铝—蓝宝石晶体—衬底—外延片—LED 芯片—封装—模组—LED 应用”以及“碳化硅晶体—碳化硅衬底—外延—芯片—半导体器件—应用”产业链。

同时，积极实施循环化改造关键补链项目，包括生产节能技术改造项目、废旧电子铝箔回收利用项目、新型地毯纱线纺织生产循环项目、肉汤回收综合利用项目、超临界 CO_2 无水染色生产线技改扩能项目、中水回用项目、冷却水系统改造项目、洗毛污水除杂提脂预处理项目、超声波低耗水染色技术产业化应用项目、蚕豆精深加工副产物综合利用、污水综合回收利用、污水处理站提标改造、污水站水循环回收建设项目等。通过成立光电产业科研中心、非钾资源利用工程技术研究中心、青海时代新能源储能及动力锂电池工程技术研究中心、藏毯绒纺产业检测检验技术研发中心等，带动了更多科技型中小企业参与产品研发和科技成果共享，促进科技型中小企业创新创业，对园区循环经济的发展起到重要的推动作用。

（四）生物科技产业园区

生物科技产业园区是国家高新技术产业开发区，也是青海省首个国家绿色园区。近年来，园区在空间规划布局、产业链设计、能源资源利用、生态环境治理、运行维护管理等方面严格遵循资源节约和环境友好理念，加强土地集约利用，共建共享基础设施，完善产业绿色链条，推进公共服务平台建设，促进企业间废物资源交换利用，提升循环经济发展水平，推动园区绿色健康发展。目前，园区已形成高原生物健康产业为龙头，先进装备制造业为补充，现代服务业有机融合的产业体系。

依托青藏高原生物资源禀赋，加快传统产业转型升级，全力打造高原生物健康产业。利用沙棘、枸杞、白刺、冬虫夏草以及马铃薯、牛羊肉、蚕豆、青稞、乳制品等青海特色动植物资源，重点发展生物制品、保健品和高原绿色食品，积极开发枸杞、沙棘、冬虫夏草、菊芋、白刺等特色资源精深加工新产品，形成了化妆品、面膜、白刺籽油、虫草百令片等系列新产品，延长特色资源开发产业链条，提升动植物资源利用率。在“特色中藏药种植—药物提取物—饮片、胶囊、针剂、口服药”产业链基础上，增加新型藏药、药物中间体产品，构建“特色中藏药种植—现代中药、新型藏药、药物中间体—饮片、胶囊、针剂、口服药”循环体系。构建了“畜产品深加工—功能食品—化妆品”、“畜产品深加工—生物肽—功能食品”、“畜产品深加工—内脏、血液—食品、药品、营养品、化妆品”三大循环体系。

同时，积极实施循环化改造，在基础设施、公共服务、科技研发、工业生产等领域建设一批具有一定基础和优势的战略性新兴产业项目。一是投资35亿元的中藏药生产加工及药材交易市场、1.5亿元的虫草菌粉及下游生化产品开发、食品保健品集聚区、白刺资源精深加工等14个项目顺利完成；二是医药仓储物流信息化建设项目及用水综合处理改造项目、食品保健品集聚区2.5MWp屋顶分布式光伏发电项目、亚麻籽油脂和胶粉联产技术改造项目、高原特色生物保健酒技术研究及生产线建设项目等技术改造项目稳步推进。三是积极搭建公共服务平台，已建成研发、检验检测、孵化、服务及培训5大类平台70余个，其中拥有企业国家重点实验室1家、省部共建国家重点实验室1家、国地联合工程实验室3家、院士工作站2家、省级工程技术研究中心及重点实验室39家、国家级企业孵化器2家、国家级众创空间1家，拥有全省唯一的国家级大学科技园。这些平台的建立为园区发展循环经济，实现绿色发展奠定了坚实的基础。

（五）北川工业园区

北川工业园区是省级高新技术产业开发区，也是青海省五百亿产业基地之一。园区依托西宁市及周边铝、镁、铜、钛等优势资源，以“拓展形成宁大北川高新技术产业经济带，打造西宁——大通北川以有色金属精深加工、先进装备制造、生产性服务业为一体的千亿元综合产业经济带”为目标，重点发展电解铝合金化、电解铝深加工和镁、铜、钛深加工等产业链，打造智能、高端、绿色的青海省铝镁工业基地、国家级有色金属加工基地。

加大基础设施建设，园区已建成道路4条5.3公里，道路的不断完善大大减轻了运输压力，降低了运输成本。园区有第四水厂、第六水厂、第七水厂3条输水管线，配套使用大通县污水处理厂和市第五污水处理厂，铺设污水管线31公里，设计处理规模6万立方米/天，建成公用变电站四座，敷设燃气管道约8公里，日供气量12万立方米。

紧紧围绕铝镁合金高新材料产业园，重点发展了电解铝合金化、电解铝深加工和镁、铜、钛深加工等八个产业链：电解铝合金化产业链、电解铝—

铝板带—深加工产业链、电解铝—铝挤压材—深加工产业链、电解铝—铝线杆—深加工产业链、配套系列项目、镁加工产业链、铜加工产业链、钛加工产业链。同时，大力发展以固体废物为原料的新型建筑材料，年利用粉煤灰120万吨，推广节能、节水、环保新技术，大力发展循环经济，努力打造生态型工业。

二　西宁市工业循环经济发展取得的主要成效

近年来，西宁市通过加强基础设施建设、构建循环型产业体系、实施循环化改造、搭建公共服务平台等措施，在促进循环经济的发展，创造经济高质量发展等方面取得了较为显著的成效。

（一）工业总量持续扩大

2017年全市完成规上工业增加值335.96亿元，同比增长9.7%，约占全省规上工业增加值的48%，增速高于全省2.7个百分点；新旧动能加速转换，全市规上高技术产业工业增加值同比增长22.75%；全市规上轻重工业结构比由2010年的17∶83调整为28∶72，工业偏重结构明显改善。

（二）产业布局持续优化

工业空间布局逐步向西宁经济技术开发区聚集，一区多园、优势互补、错位发展的格局基本形成；承载高端产业、集聚人才技术、极具倍增潜力的五大基地正在崛起，工业总产值迈上千亿元台阶，成为带动工业经济发展的主战场、主引擎、主力军。东川工业园区被评为国家级光伏产业基地和国家级新材料产业基地；生物科技产业园区“青藏高原特色生物资源和中藏药产业集群”被列入国家创新型产业集群试点；甘河工业园区被确定为国家“循环化改造示范试点园区”和“低碳试点工业园区”；南川工业园区“世界藏毯之都”建成规模，“锂资源精深加工基地”初具雏形，被评为“国家外贸转型升级专业型示范基地”和“农牧业产业化示范基地”；北川工业园区升级为青海省高新技术产业园，围绕铝镁铜钛等八大产业链条，铝镁合金高新材料产业园建设步伐加快。

（三）新兴产业持续壮大

新能源、新材料等资源节约型、环境友好型特色新兴产业快速发展，锂产业加速向集群化、规模化方向发展，光伏制造产业成为西宁市乃至青海省产业体系中最为完善、技术水平最先进、影响力最大的特色产业，产业规模化和集群化发展的格局已基本形成；充分利用青藏高原独特的动植物资源，加快发展生物制品、中藏药、保健品和高原绿色食品产业，成为全省生物医药及食品（保健品）产业的中心聚集区；积极发展节能环保服务，大力推进环保设施专业化、社会化运营，服务于工业园区及企业循环化改造的节能环保产业体系逐步形成。

（四）传统产业持续调整

把供给侧结构性改革作为绿色发展的着力点，引导企业利用新技术、新工艺、新材料、新设备改造提升传统产业，推动产业技术水平和先进产能比重不断提高。推进传统产业企业兼并重组，积极引进内蒙古鄂尔多斯冶金集团参股青海百通高纯材料有限公司、青海华晟铁合金冶炼有限公司，引进湖南智昊稀贵金属回收项目对珠峰锌业、西部铟业进行重组和技术改造，压减粗钢产能 50 万吨，关闭退出大通煤矿 120 万吨落后产能，传统产业转型升级步伐不断加快。

（五）技术水平不断提升

一批共性关键技术实现突破，传统产业方面，突破了铝电解槽用阳极优化综合研究与推广应用等技术，电解铝、铁合金等部分重点产品技术指标达到国内领先水平，电解槽电流效率、吨铝电耗和减排指标达到国内先进水平，电解铝产能就地加工转化率达到 80%；全封闭矿热炉铬铁冶炼及高温烟气干法除尘净化回收利用等新技术取得突破，填补国际国内空白；装备制造企业采用计算机辅助设计技术（CAD），实现设计过程的三维实体造型、数字化模拟装配和运动状态仿真，提升了装备制造产品精密化制造水平；藏毯绒纺企业推行“全产业链 + 互联网 + O2O + 服务”模式，以互联网平台助力发展。新兴产业方面，突破了高效多晶硅电池生产等关键技术，单晶、多晶电池平均转换率达到行业先进水平；黄河水电电子级多晶硅、青海中利光纤预制棒等技术达到世界或国内领先水平，风力发电机组整机制造实现零的突破，阳光电源投产全球第一款箱式逆变器效率达到 99%，镁基电池、高纯氧化铝制取蓝宝石等实现产业化应用，部分领域技术应用、单体技术装备跻身国内甚至国际先进水平。

（六）科技平台不断完善

挂牌成立了“青藏高原生物科技集成创新中心”、“高性能轻金属合金深加工”国家地方联合工程研究中心；藏药制剂、冬虫夏草培育、高原沙棘开发等国家和地方联合工程实验室及“青藏特色植物资源应用研究院士工作站”相继建立；金诃藏药“藏药新药开发国家重点实验室”填补青海省国家重点实验室空白。目前，西宁市拥有国家地方联合工程研究中心 4 个，省级工程技术研究中心 34 个，省级重点实验室 57 个，国家和省级科技企业孵化器 5 个，国家和省级企业技术中心 30 个，市级科技企业研发中心 32 个，科技服务平台 12 个，引进各类高级人才 521 名，国家千人计划人才 2 名。

（七）绿色制造基础不断增强

绿色工厂、绿色产品、绿色园区和绿色供应链为核心的绿色制造体系初见端倪。2017 年，生物科技产业园区绿色园区，阳光能源、普兰特药业绿色工厂申报成功。2018 年，亚洲硅业（青海）有限公司、青海伊纳维康生物科技有限公司、青海圣诺光电科技有限公司等被推荐为绿色工厂；东川工业园被推荐为绿色园区；青海电子材料产业发展有限公司电子专用级电解铜箔被推荐为绿色设计与制造一体化示范等绿色系统集成项目；西宁特钢、时代新能源等 7 户企业纳入国家级两化融合管理体系贯标试点企业。信息技术

产品和传统工业产品实现集成，通过实施电解铜箔、化成箔、光纤预制棒、LED 发光材料等一批项目，形成了以中利光纤技术有限公司、青海电子材料产业发展、青海金阳光电子材料等企业为主的电子信息制造产业集群。

（八）节能降耗稳步推进

单位 GDP 能耗由 2015 年的 1.8921 吨标煤/万元降低到 2017 年的 1.4824 吨标煤/万元，单位工业增加值用水量由 2015 年的 19.07 立方米/万元降低到 2017 年的 12.43 立方米/万元，一般工业固体废物处置利用率持续达到 95% 以上，万元工业增加值主要污染物排放强度呈逐年下降趋势。

三 西宁市工业循环经济发展中存在的主要问题

（一）工业循环经济产业体系尚需完善

近年来，虽然西宁工业循环经济发展势头良好，依托西宁经济技术开发区和县域工业园区发展的八大产业链初具规模，但闭环型循环经济产业体系尚未完善，生态工业园区建设处于起步阶段，距离生态园区产业链的区域层次和循环经济型社会构建还有很大差距。

（二）节能减排和生态环境保护压力较大

西宁工业经过多年的发展，已经形成了以重工业为主的工业结构和以能源、原材料为主的产品结构，在短期内难以进行大的调整。当前，西宁正进入工业化快速发展和产能扩张阶段，经济增长对能源消费的依赖增强，受有限环境容量和资源、生态保护等因素制约，节能减排和生态环境保护压力日益加剧。

（三）技术支撑与服务体系建设有待提升

当前，西宁对循环经济技术的引进、研发、应用和推广的资金投入不足，缺乏关键技术的研发动力和相应的激励政策，促进循环经济发展的技术体系尚未形成。在部分行业中，企业虽与大专院校、研究机构之间建立了初步联系和合作关系，但以产、学、研相结合的循环经济技术创新与服务体系运行机制仍需进一步完善。

（四）投融资渠道不宽和资金不足

现阶段，西宁产业共生技术链接、产业内部循环技术研发与升级、资源能源系统集成网络构建是发展循环经济的重要着力点，需要大项目、好项目作为支撑，加之部分循环项目具有公益性质，经济收益较小，企业积极性不高，降低循环经济项目资金需求大、回收期长的投资风险，也是开辟循环经济投融资渠道的重要问题。

四　推进西宁市工业循环经济高质量发展的主要措施

工业园区进行循环化改造是一项十分复杂的系统工程，牵涉部门多、涉及内容广、影响因素多、实施难度大，要在理念创新的基础上，科学谋划，制定相应的政策体系和支撑体系，确保西宁市工业循环经济高质量发展。

（一）进一步完善循环经济产业体系

要坚持“横向融合、纵向延伸”，构建工业一体化联动循环经济网链，强化上下游产业无缝对接，实现资源与产业发展的良性互动。一方面要以冶金和化工为基本产业要素，与金属冶炼及延伸加工、新能源、新材料、装备制造等产业间建立横向融合发展模式，实现不同资源、产业、产品间的互换、转化和循环利用，拓展上下游关联产业；另一方面要以“减量化、资源化、再利用”为原则，通过淘汰落后装备、优化结构、节能降耗、综合利用等手段，用更少的资源消耗，生产更多高技术含量、高附加值产品，实现节能降耗及可持续发展。同时，要加强产业链建设，建立工业生态园共生体系；要充分利用全省和西宁资源优势，强化在建链、补链上进行产业对接和产业引进，通过八大产业链的再重组、再延伸，构建企业层次、工业生态园、社会层次的“三位一体”共生体系，实现五大产业基地产业之间相互交叉、相互融合、持续发展的闭环式模式。

（二）构筑多维互促的工业循环经济支撑体系

要坚持政府引导与市场驱动相结合，加大政府在促进工业循环经济发展中的调控力度，创新循环经济管理体制，逐步建立健全促进循环经济发展的保障体系。一是加强环境管理体制建设，强化环境管理在工业决策中的作用，将环境保护真正纳入工业发展规划中。二是加强对清洁生产、生态工业和循环经济重点行业技术、节点技术、链接技术的研究开发与示范推广。三是强化工业循环经济科技支撑。科学技术是工业循环经济的重要支撑，在各园区发展循环经济的过程中，能耗降低、产业链构建、废物减排、信息与咨询平台等各环节都离不开先进技术的支撑。要进一步加大科技投入，搭建“产学研用”相结合的循环经济科技创新平台，引导和集成大专院校、科研院所、骨干企业等各方面科技资源，突破循环经济中的关键技术。四是强化财政金融支持体系。在经济下行的压力下，深入企业一户一户摸底、一户一户对接，综合运用财税、金融等政策手段，通过加强与银行等金融企业的对接，搭建银企合作平台，通过设立政府性担保基金，探索政府、银行和融资担保机构共同参与、共担风险机制和可持续合作模式以及 PPP 项目融资模式等，更好地推进园区企业发展。特别是对一些重点困难企业，要实行分类指导、“一企一策”，主动帮助企业解决生产经营、项目建设、市场销售、投资融资中存在的实际困难，通过减税政策积极扶持中小微企业发展。

（三）突出重点领域，继续深入抓好各项环资工作

着重突破重点领域各项环资工作，协调推进各产业，城市、园区、企业各层面，生产、流通、消费各环节循环经济发展，加快构建覆盖全社会的资源循环利用体系。一是加强节能减排综合协调。加强与有关部门的沟通协

作，协调解决重大问题，强化预测预警和政策调控，开展阶段性评估，推动落实和完善节能节水环保产品税收优惠政策。二是强力推进节能降耗。强化目标责任，严格按照国家、省上节能降耗目标，分解落实并进行相应工作部署。三是做好资源综合利用。加强和改进资源综合利用认定工作，重点推进墙体材料革新工作，大力发展节能、节地、利废新型墙体材料。四是解决突出环境问题。以优化经济结构、能源结构和利用方式清洁化、重点领域污染治理等为重点，加快推进大气污染综合治理工作，通过化解过剩产能、淘汰落后产能和大气污染治理，切实改善大气质量；加大钢铁、火电、建材、化工、有色等行业脱硫脱硝力度，推行清洁生产。五是发展节能环保产业。突出抓好重大技术示范、先进产品应用和服务模式创新，推进节能环保产业集聚发展；大力发展节能服务产业，积极推广合同能源管理，落实项目财政、税收等扶持政策。

参考文献

西宁市人民政府：《关于加快推进西宁工业循环 经济发展的实施意见》，2013 年 1 月 19 日。

中共西宁市委西宁市人民政府：《西宁市关于建设绿色发展样板城市的实施意见》，2017 年 4 月 6 日。

西宁市经信委：《西宁市上半年工业经济运行分析》，2018 年 7 月 26 日。

B.8
西宁市新能源产业发展的形势分析与战略取向

陈文烈　徐永卓*

摘　要： 保障可靠廉价和高效环保的能源供给是西宁市建设绿色发展样板城市的战略重点，进一步推进西宁市新能源产业由高碳路径锁定向低碳路径锁定转变、由传统化石能源向可再生能源转变、由传统能源技术向智慧能源技术转变、由以政府调控为主向市场引导为主转变、由国内供给体系向国际供给体系转变，对于促进西宁市新能源产业发展，并带动相关产业合理布局具有重要的示范效应。

关键词： 新能源产业　路径转变　西宁市

从当前新能源发展的趋势来看，新能源产业对于调整传统能源结构、确保能源安全、发展绿色经济、促进经济可持续发展、推动科学技术创新具有基础性作用。过去10年间，全球新能源产业市场规模始终以10%左右的复合年增长率持续增长，未来中短期之内，全球新能源产业市场规模仍将维持约10%的速度保持有效性增长。巨大持久的市场潜力和稳步提高的产业发展速度，使得光电子产业成为拉动国家或区域经济的龙头产业。基于新能源产业带来的经济生态价值，通过政府战略导向与政策支持，促进西宁市新能源产业发展，并带动相关产业合理布局。

---

* 陈文烈，青海民族大学教授，研究方向为理论经济学；徐永卓，西宁市经济和信息化委员会综合处处长。

一　西宁市新能源产业发展现状

丰富的自然资源和突出的区位优势为西宁市布局新能源相关产业、促进西宁市绿色发展指明了清晰的发展方向。然而西宁市在新能源产业发展中所处的区位环境、经济基础使得新能源相关产业发展水平参差不齐。在国家大力发展光伏以及风电产业政策的支持下，初级产业发展已经具备一定的规模效应，而具有前瞻性、战略性功能的生物质能、新能源动力材料等相关产业发展水平不高，尚未形成具有规模效应和产业引领效应的发展导向。这些不利因素都大大阻碍了西宁市新能源产业进一步发展。

（一）铝箔加工产业初具规模

充分发挥电解铝等有色金属资源优势，推进产业链延伸和产业融合。铝及铝深加工、铜及铜深加工等产业链初具规模，是国内重要的金属冶炼及深加工基地。目前，西宁市已具备年产电解铝 230 万吨、下游延伸综合加工 160 万吨生产能力，聚集了中铝桥铝、黄河鑫业、百和再生铝等 7 家电解铝生产企业，以及鲁丰、力同、特立镁、瑞合等 18 家铝及铝镁深加工企业。其中，全市铝箔生产企业聚集了有瑞合铝箔、金阳光电子材料、凯普松、鲁丰鑫恒、力同铝业等一批龙头企业，铝箔加工产业发展初具规模，相关配套产业基础相对较好，为西宁市发展高纯氧化铝产业及下游产业链环节提供了原料供给，促进了新能源产业的发展。

（二）硅材料产业基础较好

截至 2017 年底，全市单晶硅产品年产量达 4358 吨，同比增长 166.7%；多晶硅产品年产量达 1.65 万吨，同比增长 5.4%。全市硅材料产业发展基础好、增速快，硅材料产业发展要素资源与产业链配套资源完善，为南川工业园区发展 LED 碳化硅衬底和硅衬底产业提供了支撑。

（三）新能源产业价值链初步形成

目前，南川工业园区已集聚圣诺光电、铸玛蓝宝石、西富佰鸿、金瑞鸿福等光电企业，初步形成了高纯氧化铝－蓝宝石晶体－LED 和高纯碳化硅微粉－碳化硅晶片－外延片的新能源产业链格局。同时，圣诺光电“年产 5000 吨（一期 1000 吨）人工晶体及激光晶体级高纯氧化铝项目”和铸玛蓝宝石“年产 1140 吨 2～6 英寸蓝宝石晶体制造项目”相继建设，进一步奠定新能源产业上游高附加值环节发展基础，逐步形成新能源产业发展内生循环格局。

（四）锂电及隔膜产业不断发展

近年来，西宁市聚力打造千亿元锂电产业基地，重点发展了正极材料、隔膜、电解液、动力及储能电池，初步构建前驱体材料—正/负极材料—电子级铜箔铝箔、电解液、壳体等配套材料—动力和储能电池产业链，聚集了比亚迪、时代新能源、泰丰先行、绿草地、拓海新材料等国内知名企业。

二　西宁市新能源产业发展的形势分析

西宁市拥有丰富的新能源资源，在西北地区具有得天独厚的新能源产业发展区位优势。在当前能源政策红利驱动以及西宁市产业战略发展面向新能源倾斜的情况下，西宁市新能源产业具有良好的发展前景。

（一）面临的机遇

西宁市新能源的发展正面临着以下几个方面的有利机遇。

一是国家宏观战略机遇。习近平总书记在十九大报告中提出：“加快建设制造强国，加快发展先进制造业，推动互联网、大数据、人工智能和实体经济深度融合，在中高端消费、创新引领、绿色低碳、共享经济、现代供应链、人力资本服务等领域培育新增长点、形成新动能。”李克强总理在《政府工作报告》中提出：将做大做强新兴产业集群，加强新一代人工智能研发应用，加快制造强国建设，推动集成电路、5G、飞机发动机、新能源汽车、新材料等产业发展，实施重大短板装备专项工程，发展工业互联网平台，创建“中国制造2025”示范区。这说明新能源产业涉及的集成电路、人工智能、新材料、重大装备等领域将获得国家层面的支持。在经济新常态发展的大背景下，发展新能源、推进绿色发展是大势所趋。新能源的开发与利用是西宁市坚决贯彻国家生态文明发展战略、全面贯彻“一优两高”发展理念的实际行动。这势必在宏观环境层面对于激发西宁市新能源禀赋的优势，对于西宁市新兴产业建立高水平新能源吸纳体系，推进新能源结构调整与优化有着积极的意义。

二是区域政策导向机遇。青海省委在第十三届四次全体会议做出“一优两高”战略部署，提出现阶段要着力打好盐湖资源综合开发利用、清洁能源发展、特色农牧业发展、文化旅游产业发展“四张牌”。这为西宁市进一步加快新能源产业的发展提供了机遇、明确了方向、拓展了思路。

三是资源禀赋和产业发展机遇。西宁作为青海省自然资源重要的耦合节点，在全省水、盐、矿产等资源的深加工方面具有得天独厚的技术、市场、资金优势，能够为新能源产业发展提供持续的增长动力。同时，西宁经济技术开发区各园区形成的产业基地以及联动发展机制，将为新能源产业发展提供新机遇。

（二）存在的困难与挑战

一是产业链配套基础薄弱。目前，西宁市新能源产业虽然初步形成了高纯氧化铝—蓝宝石晶体—LED和高纯碳化硅微粉—碳化硅晶片—外延片的产业链格局，但规模小，产能尚未完全释放。同时，光电及配套产业供应链各环节核心配套要素仍处于聚合期，产业链配套依然不够完善，产业集群发展基础依然相对薄弱。

二是技术创新能力不足。长期以来，西宁市企业由于简单加工制造的发展模式导致企业在新能源技术层面的研发、创新能力基础薄弱，普遍存在相关技术人才匮乏，新能源新技术研发资金投入较少，对于行业前沿尖端技术的把握能力较差，新能源产业综合技术研发能力距离国际水平依然差距较大。

三是产业带动作用尚未发挥。从目前西宁市所有新能源企业来看，多数处于生产初期阶段，尚未形成完善的规模和体系。同时，企业主要集中在高纯氧化铝、蓝宝石晶体等上游原料供应环节，对供应链下游配套企业引领带动作用相对较弱。

四是专业人才相对匮乏。现阶段，西宁市在新能源产业高端人才的储备上仍然比较匮乏，同时，与东部沿海地区，尤其是广东、深圳等新能源产业高度集聚的地区相比，西宁市对新能源产业人才的吸引力不足，引进高素质人才难度较大。

三　西宁市新能源产业的发展重点

西宁市新能源产业具有资本密集型、技术密集型产业的一般特性，资本投入是影响西宁市新能源产业发展的最主要因素。

（一）高纯度氧化铝产业

重点发展应用于蓝宝石晶体的高纯度氧化铝饼料的研发、制造产业化项目；大力发展应用于透明氧化铝陶瓷基板领域的纳米级氧化铝的研发、制造产业化项目；积极发展氧化铝酰基氯荧光体等下一代显示材料研发、制造产业化项目；鼓励发展应用于锂电池隔膜涂层材料的高纯度氧化铝产业化研发、制造项目。依托青海省高纯氧化铝工程技术研究中心，推进纳米级氧化铝技术工艺的研发，鼓励醇铝法生产高纯氧化铝的产业化生产，促进高纯氧化铝相关科研项目产学研一体化发展。

（二）蓝宝石晶体及衬底材料产业

促进蓝宝石晶体、大尺寸蓝宝石衬底材料、砷化镓材料、GaN 基材料、衬底材料加工制作和低成本器件制造技术研发及产业化项目，支持大尺寸碳化硅与硅衬底材料产业化项目建设；鼓励碳化硅衬底和硅衬底材料产业化技术研发；重点扶持智能手机等移动智能终端窗口用蓝宝石晶体产业化项目建设。

（三）节能灯用三基色荧光粉产业

依托以圣诺光电为代表的高纯氧化铝原料企业供给优势，重点发展节能灯用三基色荧光粉、黄白光 LED 荧光粉产业，前瞻布局三基色荧光灯研发制造项目。提高三基色荧光粉发光效率和三基色节能型荧光灯节能效果的相关产业化技术水平。

（四）氧化铝陶瓷产业

立足园区高纯氧化铝及纳米级氧化铝产业发展基础，重点发展纳米陶瓷、透明氧化铝陶瓷基板、工业陶瓷器件及氧化铝陶瓷用纳米级氧化铝材料产业化项目；鼓励透明氧化铝陶瓷基板用纳米级高纯氧化铝产业化技术研发和纳米陶瓷产业化技术研发。

（五）锂电池隔离膜及其涂层材料产业

依托园区现有锂电池和锂电池隔离膜产业基础，重点发展锂电池隔离膜、动力储能电池复合隔离膜、数码电池隔膜研发制造项目；支持以高纯度氧化铝为核心的锂电池隔膜涂层材料的研发制造；鼓励锂电池隔膜涂层技术和优质锂电池隔膜涂层材料的产业化制备技术研发。

四　西宁市新能源产业发展的战略取向

（一）由高碳路径锁定向低碳路径锁定转变

长期以来西宁市经济发展主要依赖高耗能、高排放产业，这种经济发展路径、产业结构与我国当下的能源结构、发展导向以及产业模式高度相关。因此，在经济新常态下重构绿色发展模式，促进西宁市绿色发展十分必要。

在新能源政策方面：第一是加大节能技术研发。在政策层面对基于可再生能源技术创新，如石墨烯等新材料发明给予重点支持。第二是从战略层面向推进能源高效利用有效扩散。通过积极的财政金融政策、导向明确的政府产业政策，大力支持能源效率高的行业或企业；多方位谋划新能源技术研发以及项目研究，协助企业拓展市场渠道，加速优秀成果产业化进程。第三是对于可再生能源市场的参与主体的积极性制定动态的激励机制。第四是建设全民节能的社会体系。鼓励清洁能源设施的推广，使全民建立节能社会体系理念深入人心。

（二）由传统化石能源向可再生能源转变

进入21世纪以来，各经济主体纷纷将开发可再生能源作为新的能源战略目标。囿于生态文明战略的政治导向以及青海省西宁市面临的能源约束，未来西宁市能源需求的增量部分将主要来源于可再生能源，具有巨大的增长空间。为解锁西宁市能源结构从传统化石能源向可再生能源转变，解构基于新能源产业的经济发展模式，西宁市政策优化需要从以下方面着手：第一是利用新技术新方法全面开展对传统能源的清洁化利用。第二是以电动汽车为抓手，做大锂电池产业。第三是推动可再生能源市场化改革，有效衔接碳市场交易与再生能源配额制机制，力促西宁市新能源碳排放交易的科学化。

（三）由传统能源技术向智慧能源技术转变

西宁市新能源产业发展面临地理位置约束、生产规模瓶颈等阻碍。所以应该通过“互联网+”智慧能源行动实现生产者、消费者、管理者以及与其他服务企业之间的互联互通，全面构建新能源产业发展的商业模式与研发模式，建立健全新能源产业的市场运营模式、相关政府部门的服务模式。全面建设西宁市智慧能源发展，应从以下几个方面进行政策优化：第一是加大能源互联网基础设施建设。建成“源—网—荷—储”协调发展、集成互补的能源互联网。第二是针对当前能源互联网提供保障储能技术，促进研发、利用和管理。第三是构建全方位的能源智能管理系统，依托储能、柔性网络和微网等技术，实现新能源的高效生产和消费一体化进程。

（四）由以政府调控为主向市场引导为主转变

为鼓励新能源企业健康发展，实现能源产业的市场化发展，西宁市新能源产业政策需要做到：一是逐步以市场化为导向促进能源结构优化，变革政府层面对新能源产业行政审批制度的市场化决策，创新能源价格定价机制，从政策层面促进企业节能减排技术改革。二是逐步取消政府对新能源的巨额补贴机制，通过新能源市场化交易机制促进产业改革创新力度。

（五）由国内供给体系向国际供给体系转变

当前随着能源结构的绿色发展趋势，传统化石类能源消耗并没有因此而减少，电气时代对传统能源的需求还将持续，因此，需积极融入并构建相对安全的传统能源供给体系。第一是加强与“一带一路”沿线国家的能源合作。西宁市与“一带一路”沿线国家在经济发展区位上有着紧密的联系，因此，优化能源配置、增进能源合作是大家共同的意愿。第二是鼓励国内外能源企业联合开发合作项目，构建多元化的能源供给体系。

五　西宁市新能源产业发展的保障措施

（一）完善组织体系，加强组织领导

一是健全组织体系，整合社会资源形成发展合力。设立新能源产业发展办公室，形成合作协调工作机制，统筹各工业园区新能源产业发展过程中的重大问题，有计划、有步骤、循序渐进地推动各工业园区新能源产业又好又快发展。

二是建立联动、联盟及对话机制。建立省市园区会商联动机制，尤其是加强南川工业园区与东川工业园、甘河工业园以及生物产业园等西宁（国

家级）经济技术开发区等兄弟园区之间的联动、联盟和对话机制；探索合作渠道与模式，推进区域间、园区间的互动合作，巩固和扩大区域产业协作水平；建立新能源产业技术创新战略联盟，通过技术交流、人才培训、联合研发等方式，促进研企技术合作；建立政企定期对话机制，通过定期调研、座谈会、信箱等手段，及时解决产业发展问题。

三是成立专家委员会，提供战略咨询与决策支撑。聘请国内外具备全球视野和战略眼光的光电技术、经济、金融等领域专家以及企业家，组建工业园区新能源产业发展战略咨询委员会，为产业发展的重大问题提供咨询意见。具体可涵盖：产业发展战略、规划和政策措施等问题研究、规划和项目论证、建立产业研究支持网络、跟踪国际产业发展态势、分析产业发展成功经验等。

（二）完善政策体系，加大扶持力度

针对自建型生产企业，固定资产实际投资额度达到一定规模的，给予一定奖金扶持和土地出让金的部分返还；针对房产开发企业，鼓励投资建设标准型厂房对外出租，促进新能源产业发展，对新能源产业发展支持力度达到一定规模的，给予一定的税收减免；针对租赁型生产企业，重点鼓励高新技术企业发展，支持其进行前沿技术的产业化研发，对高新技术项目提供租金折扣，以及先租后买等灵活多样的用地模式。

（三）完善创新体系，促进产学研一体化

一是建设新能源产业公共技术平台。有效整合政府和社会资源，以圣诺光电和铸玛蓝宝石等企业为支点，建设开放式的纳米级氧化铝、蓝宝石长晶技术、氧化铝陶瓷技术工艺、锂电池隔离膜涂层技术、碳化硅和硅衬底材料产业化技术等技术研发中心、分析测试认证中心、系统设计中心，加强与沿海地区、港台地区及欧美、韩国、日本等新能源产业发达国家合作。

二是成立新能源产业技术标准联盟。支持圣诺光电和铸玛蓝宝石等骨干企业联合发起成立新能源产业技术标准联盟，建立并完善光电技术标准体

系，研究制定联盟标准，支持其上升为行业标准和国家标准。

三是建设产学研用和人才机制。围绕园区新能源产业的发展，分别配套建设产学研用、产业投入和创新创业人才机制，以促进园区新能源产业往技术尖端化、前沿化发展。产学研用合作创新机制将有效整合和利用现有科技资源，支持企业、科研院所与高等学校通过实质研发合作，推进新能源产业教学、研究、生产、市场与人才培养等各环节有机结合，形成成果可转移、利益可共享的合作开发机制。

（四）完善人才体系，吸引高端人才

加强对人才引进和本地人才培养。有计划、有步骤地培养和造就一批高素质光电人才梯队：设立由高校科研人员和企业科技人员构成的光电科学研究院，培育新能源产业高端研发人才；联合青海大学着力培养新能源产业研发管理人才和工程技术人才；依托青海各级高职、中职院校，着力培养新能源产业高级技工人员。同时，从人事关系、家庭生活以及个人所得税等多角度、多层次的设计扶持政策，以吸引新能源产业高级人才。

参考文献

何富强：《新能源分布式光伏发电面临的问题研究》，《黑龙江科学》2018 年第 12 期。

孟思辰、孙昕：《浅析新能源的现状及发展趋势》，《数码世界》2018 年第 5 期。

张孝德：《“十三五”时期生态文明建设新战略》，《经济研究参考》2016 年第 8 期。

B.9
西宁市新材料产业发展的形势、前景与对策

陈文烈　王静茹*

摘　要： 西宁市经济转型升级新阶段是新材料产业发展的重要战略机遇期。由于产业基础薄弱、融资渠道狭窄、创新能力不足、发展空间受限、招商引资难度加大、资源环境约束不断增强等多重限制，深入推进供给侧结构性改革，着力构建锂电、金属合金、光电、新型化工、光伏制造及电子信息等核心产业，促进新材料产业链纵向延伸、横向拓展、集群发展，为西宁市工业转型升级提供有力支撑是西宁市新材料产业发展的主要方向。

关键词： 新材料产业　产业链　转型升级　西宁市

近年来，西宁市紧紧围绕“中国制造2025”战略及“百项改造提升工程”“百项创新攻坚工程”“百户领军企业打造工程”“千户小微企业培育工程”等措施，积极培育新材料产业，基本形成锂电、金属合金、光电、新型化工、光伏制造及电子信息等新材料产业类型，具备了较好的发展基础。

---

* 陈文烈，青海民族大学教授，研究方向为理论经济学；王静茹，西宁市经济和信息化委员会科员。

一　西宁市新材料产业发展现状

基于西宁市新材料产业发展的资源禀赋，新材料产业做大的比较优势，在现有锂电、金属合金、光电、新型化工、光伏制造及电子信息等新材料产业已初具规模的基础上，大力发展战略性新兴产业，对于今后一个时期西宁市的高新技术发展具有战略意义。

（一）锂电新材料

近年来，西宁市为了把锂电产业打造成为战略性支柱产业和绿色制造示范产业，相继出台了《西宁市建设千亿元锂电产业基地实施方案》等相关政策文件，立足科技创新和高端产业定位，加大投入力度，依托工业园区积极发展下游隔膜、电解液、电芯、动力电池、储能电池、3C产品、终端汽车等产品，初步构建起正/负极材料—配套材料—动力（储能）锂电池产业链，聚集了泰丰先行、时代新能源等知名企业，承担国家重大科技项目2项，建设省级工程技术研究中心4个，为建设千亿元锂电产业基地奠定了基础。

截至2017年底，西宁已落地建设正极材料、负极材料、电池及配套材料生产企业14家，其中：正/负极材料，正极材料生产企业2家，已形成产能1.9万吨，在建产能1.8万吨；负极材料生产企业2家，已形成石墨负极材料1万吨，在建产能3万吨。电解质/电解液材料：在建电解液材料企业1家，产能0.92万吨。锂电池；电池生产企业4家，形成产能1150兆瓦时，其中比亚迪12吉瓦时锂电池一期即将投产。电池配套材料：锂电用铜箔、铝箔、隔膜配套企业5家，已建成青海瑞合铝箔公司电子铝箔1400万平方米，青海电子材料公司1万吨锂电用铜箔；诺德新材料锂电铜箔在建产能4万吨，一期即将投产；青海北捷新材料在建隔膜产能5亿平方米；航天新能源电解液材料在建产能0.6万吨。

（二）金属合金新材料

西宁市依托电解铝等有色金属产业基础，以打造西北铝深加工产业聚集区和产业引领区为目标，坚持主动减量、优化存量、引导增量，扎实推进电解铝等行业“三去一降一补”重点任务，稳定电解铝、特钢等金属行业生产，着力提升铝、镁、铜等有色金属供给质量、供给效率和供给效果，建设从材料设计到加工、制造、应用为一体的有色金属深加工产业体系，铝、镁、铜、钛、镍等合金产业向高端发展，已成为中国重要的特钢、电解铝等生产基地。

截至2017年底，以延伸铝、镁、钛、铜等有色金属产业链条为重点，西宁市已建成中国铝业青海分公司、黄河鑫业、青海桥头铝电、青海百河铝业、青海物产、青海百和再生铝、青海鑫恒水电等7家电解铝生产企业，已形成年产230万吨电解铝生产能力，建成鲁丰鑫恒年产30万吨铝板带材；中铝青海分公司年产10万吨扁锭和10万吨铸轧卷；桥头铝电年产11万吨扁锭、4万吨铸轧卷、2万吨高纯铝、16万吨扁锭；青海物产年产5万吨圆锭；青海亚豪铝业年产12万吨圆锭、青海新月铝业年产12万吨圆锭、兰州真空设备青海分公司年产15万吨圆锭等精深加工企业，铝精深加工能力达到160万吨，是国内重要的有色金属冶炼及深加工基地。

（三）光电新材料

西宁市依托丰富的电解铝、碳化硅和电力资源等优势，加大光电新材料科技投入，突破电子级高纯氧化铝等技术瓶颈，以工业园区为载体，积极培育光电新材料产业发展，先后引进年产5000吨高纯氧化铝生产线、年产1140吨蓝宝石晶体、碳化硅晶片及外延片等项目，初步形成“高纯氧化铝粉－蓝宝石衬底－外延片”产业链，产业竞争力得到快速提升。

截至2017年底，已形成亚洲硅业、黄河水电新能源等企业多晶硅产能1.75万吨；阳光能源、青海鑫诺光电等企业单晶硅产能7000吨；国电投西宁分公司切片产能600兆瓦；国电投西宁分公司、青海聚能电力等企业光伏电池产能700兆瓦；国电投西宁分公司、青海拓日新能源、青海亚硅金源新能源等企业光伏电池组件1吉瓦；阳光能源光伏逆变器产能1吉瓦；青海佳合铝业、青海钰能光伏等企业铝边框产能 3 万吨；青海光科、青海青玻实业光伏玻璃产能 360 万平方米；青海国鑫铝业、青海佳合铝业等企业光伏支架产能 2 吉瓦。

（四）新型化工材料

西宁市按照“减量化、再利用、资源化”的绿色环保理念，加快推进园区循环化改造，充分利用化工产业与冶炼产业的关联性和互补性，着力推进冶炼尾气等资源综合利用，促进各产业间协调发展，形成冶炼尾气、天然气—甲醇—烯烃产业链等各产业融合发展的格局，为发展乙烯、丙烯等下游产品，为构建聚乙烯（PE）树脂、聚丙烯（PP）树脂、丙烯/氨—烯腈—ABS 等新型化工材料产业链奠定了基础。

截至 2017 年底，初步形成无机化工、碳材料、树脂新材料等产业，形成高纯石墨材料产能 2 万吨、甲醇蛋白纤维产能 2 万吨。

（五）光伏制造及电子信息材料

西宁市紧紧围绕打造绿色发展样板城市的目标，科学规划，合理布局，依托东川工业园区国家级光伏产业基地，大力发展光伏制造和电子信息材料产业，引进了中利光纤、亚洲硅业、黄河水电、阳光能源、鑫诺光电、国电投、聚能电力、拓日新能源、阳光电源、泰洋新能源等一批国内外知名光伏制造及电子信息材料制造企业，初步形成了多晶硅—单晶硅—切片—太阳能电池—电池组件完整的光伏制造产业链，聚集了光纤预制棒、铜箔、电子铝箔、腐蚀箔、化成箔、钙丝等一批电子信息材料产业，填补了青海省多项新材料产业空白，已成为全市特色支柱产业。

截至 2017 年底，西宁市已形成多晶硅 1.75 万吨、单晶硅 7000 吨、切片 200 兆瓦、电池 300 兆瓦、组件 700 兆瓦、光伏逆变器 1 吉瓦、石英坩埚 10 万只、铝边框 3 万吨、光伏玻璃 100 万平方米、光伏支架 500 兆瓦的产能。

二　西宁市新材料产业发展形势分析

今后一段时期，西宁市经济将进入以转型升级促发展的新阶段，是新材料产业发展的重要战略机遇期，同时也将面临发展环境复杂多变的严峻挑战，加之生产要素瓶颈等制约，任务艰巨而紧迫。

（一）面临的有利机遇

1. 从国际形势看

发达国家提出了“再工业化”、“低碳经济”等工业发展新理念，新材料与信息、能源、生物等高技术加速融合，大数据、数字仿真等技术在新材料研发设计中作用不断突出，“互联网+”、增材制造等新技术新模式蓬勃兴起，新材料产业步入突破发展期，将为西宁市新材料产业由基础原材料产业向新材料中高端产业演化提供了国际化的路径与内生动力，为西宁市融入经济全球化提供了战略契机。

2. 从国内形势看

党的十九大报告提出加快发展先进制造业，在“互联网+”、大数据产业、绿色经济等领域培育新增长点、形成新动能等任务，为西宁市新材料产业发展指明了方向。同时，未来5~10年是“中国制造2025”、产业结构全面转型升级、制造业提质增效的临界点，新一代信息技术、节能环保、新能源等战略新兴产业的全面发展为新材料产业提供了广阔的市场空间。这将为西宁市进一步构建新材料产业体系，形成新的增长极提供有力的契机。

3. 从省内形势看

未来一段时期，青海省将紧紧围绕推进国家西部大开发、提升青海生态战略地位、高度重视藏区经济社会发展、共建“一带一路”、推进“新四化”深度融合发展、全面深化改革等战略，以及省十三次党代会提出打造以铝、镁、锂、硅、钛等为重点的新型电子、新型合金、新型化工、新型建材产业链，建成全国重要的特种新材料产业基地的发展目标，为西宁市全面推进新型工业化进程、推动产业迈向中高端水平发展、培育新材料产业带来新的机遇。

4. 从自身发展形势看

一方面，“十三五”以来西宁市委、市政府积极适应经济新常态，深入实施“工业强市”战略，围绕“中国制造 2025”战略和“互联网 +”行动计划，加快传统产业提质升级，积极培育战略新兴产业，初步形成产业集群纵向延伸、横向耦合的现代工业体系和承载高端产业、集聚人才技术、极具倍增潜力的五大工业基地，为培育发展新材料产业奠定了良好的基础。另一方面，今后全市将围绕市委十四届五次会议决策部署及全省重大规划、重点产业，着力引进一批“补链、延链、强链”的“双 50”重大项目，努力建设东川、南川国家级高新技术开发区、甘河和北川高新技术区、大华等 6 个先进制造业组团，加快构建锂电全产业链、装备制造和新材料产业集群，推动光伏产业上下游产业融合发展，打造全国重要的千亿锂电基地，为新材料产业发展创造有利条件和市场空间。

（二）面临的困难与挑战

一是产业基础薄弱。西宁市新材料产业起步晚、底子薄、总体发展慢，核心技术与专用装备水平相对落后，仍处于培育发展阶段。

二是融资渠道狭窄。企业融资方式单一，融资渠道较少，主要集中在银行贷款，现有融资担保公司规模小、总量少，银行信贷资金不能满足企业发展需求；此外，资本市场门槛高，受经济下行压力影响，企业生产经营面临较大困难，后续发展动力不足。

三是创新能力不足。受地理位置和高原气候影响，人才、技术、服务等创新要素集聚方面制约因素较多，科技投入整体偏低，科技创新对新材料产业发展的支撑较弱，高端材料和构件与经济发达地区存在较大差距。

四是发展空间受限。部分园区建设用地紧缺，征地拆迁、搬迁安置成本大幅上升，大工业项目承载能力严重不足，发展空间硬约束问题更加凸显。

五是招商引资难度加大。新常态下经济发展新动能尚未形成，经济下行压力较大，企业投资意愿降低，新材料产业项目在招商引资、落地建设等方面难度进一步加大，适应新常态、把握新常态、引领新常态，创新发展新材料，加快产业转型升级面临重大挑战。

六是资源环境约束不断增强。十九大报告提出推进绿色发展任务，青海生态地位十分重要，省委、省政府坚持把生态文明融入经济、政治、文化、社会建设各方面和全过程。而西宁正在打造绿色发展样板城市，未来将面临更加刚性的资源环境、节能减排约束，对新材料产业招商引资、项目落地、循环经济、节能减排等工作提出更高要求。

七是标准尚未健全，制约国际技术合作交流。西宁市新材料产品较多，涉及领域比较广泛，但新材料标准体系尚未建立，仍以传统材料标准为主。现有标准与国际标准存在一定差距，难以满足新材料国际经济技术合作交流。

总体看，今后一段时期，西宁市新材料产业发展面临的国内外条件与环境前所未有，机遇与挑战并存，压力与动力共生。面对新形势、新任务，准确把握西宁市新材料产业发展实际和未来发展方向，妥善应对国内外发展环境的新变化，抓住机遇，加快新材料产业发展，为西宁市工业转型升级提供有力支撑。

三　西宁市新材料产业发展前景展望

（一）产业重点方面

未来一段时期，西宁市新材料产业发展，将紧紧抓住国家深入推进供给侧结构性改革、大力实施“中国制造2025”及发展军民融合产业等重大机遇，着力构建锂电、金属合金、光电、新型化工、光伏制造及电子信息等五大核心产业，促进新材料产业链纵向延伸、横向拓展，集群发展，打造西宁市新兴产业发展的新引擎。

1. 锂电新材料

紧紧围绕打造青海省千亿元锂电产业目标，依托西宁市现有锂电产业发展基础，结合国内外锂电新材料市场需求分析，以工业园区为载体，重点发展正/负极材料、电解质/电解液—锂电池—终端应用上下游产能匹配的完整产业链，打造全国重要的千亿锂电基地。

2. 金属合金新材料

金属合金新材料以满足新一代产业以及高端领域的关键基础材料为重点，依托省内丰富的有色金属资源，结合西宁市供给侧结构性改革，扩大高质高端产品的有效供给，大力发展锂合金、镁合金、铝合金、铜合金、镍合金、钛合金、高品质特种钢、高温合金等金属合金新材料产业，推动金属合金材料产业向高端发展。

3. 光电新材料

依托省内现有高纯氧化铝产能基础，重点发展高纯氧化铝、蓝宝石外延片及芯片、LED 荧光粉、氧化铝/氮化铝陶瓷等光电新材料，形成“高纯氧化铝—蓝宝石晶体—切片—衬底—外延片—LED 芯片—LED 封装—LED 应用”、“高纯氧化铝—蓝宝石晶体—切片—衬底—外延片—触屏面板”、“高纯氧化铝—LED 荧光粉—节能型荧光灯”、“高纯氧化铝—陶瓷粉体—陶瓷基板/纳米陶瓷/陶瓷坩埚”等产业链。

4. 新型化工材料

以现有盐湖化工、油气化工、煤化工等产业为基础，重点发展碳材料、工程塑料、高性能纤维、氟硅新材料、树脂新材料和功能性膜材料等新型化工材料。

5. 光伏制造及电子信息材料

一是光伏制造。培育一批具有创新优势和市场竞争力的光伏光热产品制造、系统集成和运营服务骨干企业，形成具有特色的光伏光热建筑一体化设计、制造、应用和服务体系，重点发展电子级单晶硅、电子级多晶硅、光纤预制棒、N 型晶硅太阳能电池等产品，形成“硅粉 - 多晶硅 - 多晶硅组件、光伏玻璃幕墙、单晶组件 - 光伏应用”产业链，打造成全国重要的光伏产业制造基地。

二是光热产业。以全省“十三五”期间 4 吉瓦光热电站容量为契机，重点发展高效超薄反射镜、高温真空集热管、太阳能跟踪控制系统、太阳能光热储能、光热配套产品等先进光热制造产业，初步形成反射镜 - 集热管 - 跟踪系统配套产品，以及储热系统、应用系统等完整的光热产业链发展格局。

三是电子信息材料产业。重点发展第三代半导体光电子器件、模块及应用；第三代半导体电力电子器件、模块及应用；第三代半导体射频器件、模块及器件；电子级铜箔—覆铜板—集成电路；大尺寸半导体级硅片—集成电路；磁氧铁体—磁性材料—功率器件。

（二）产业布局方面

根据西宁市委、市政府提出的拓展宁大北川高新技术产业经济带、多沙沿湟现代服务业经济带、鲁多西塔沿线特色优势产业经济带等 3 条千亿元经济增长带的空间布局，以及建设东川、南川、城北国家级高新技术开发区、甘河和北川高新技术区、大华等 6 个先进制造业组团的要求，结合区域资源状况、环境资源承载能力、新材料产业基础，进一步优化新材料产业布局，未来将重点打造东川工业园区、南川工业园区、甘河工业园区、生物园区及大通北川工业园区五个新材料产业集聚区，形成特色突出、优势互补、错位发展的格局，引领全省新材料产业快速发展。

1. 东川工业园区

东川工业园区围绕国家级光伏产业基地和新材料产业基地建设，打造产业集群、优化产业结构、培育新兴产业，构建“2 + 2 + 1”产业体系，即做优做强硅材料及光伏制造、新材料两个主导产业，积极培育电子信息产业和都市型工业，大力发展现代服务业，实现产业发展由资源加工型向技术密集型转变，由加工制造单轮驱动模式向先进制造和现代服务双轮驱动模式转变。以现有硅材料为主的新能源产业和铜、铝、镁、钛等有色金属深加工产业为基础，重点布局光伏制造产业及电子信息材料、金属合金新材料，着力打造国家级光伏制造和新材料产业基地升级版。

2. 南川工业园区

南川工业园区按照“产城融合”发展战略，以打造“千亿产业基地”

为目标，按照锂电产业、打造产业集群、培育新兴产业的发展方向及构建“2 +1 +1”产业体系，即大力发展锂电及新能源汽车产业，优化发展藏毯绒纺产业，努力培育光电信息产业，积极发展现代服务业的定位，结合南川工业园区现有锂电和光电新材料产业基础，加强与东川工业园区、甘河工业园区的产业链联动发展，重点布局锂电新材料和光电新材料产业。壮大产业集群、提升经济总量、提高经济效益、优化产业结构，打造我国重要的锂电产业基地。

3. 甘河工业园区

甘河工业园区围绕国家循环经济发展示范园区建设，按照延伸产业链条、发展循环经济、优化产业结构的发展方向及构建“2 +1”产业体系，即优化发展有色（黑色）金属精深加工、特色化工两个主导产业，大力发展辅助生产性服务业的定位，发展绿色、低碳、循环的新村料产业，推动园区新材料产业向高档次、精加工、多品种、消费化方向发展，重点布局金属合金新材料产业、新型化工产业，实施一批资源综合利用和产业链延伸项目，打造我国西部地区新材料产业循环经济示范区。

4. 生物园区

生物园区围绕国家级高新技术产业开发区建设，以创新驱动发展为主线，以转型升级为目标，以高新技术产业为引领，按照打造产业集群、延伸产业链条、培育新兴产业的发展方向及构建“2 +1”产业体系，即做优做强高原生物健康产业和高端装备制造两个主导产业，积极培育以新兴信息和高技术服务为主的现代服务业的定位，结合园区打造高档数控机床和机器人、专用车、石油机械及装备制造等产业，加强与甘河工业园区、大通北川工业园区形成联动发展，重点布局金属合金新材料铸件、轴承、功能部件、机构件、相关设备零件等配套产品为主的新材料产业，建成全省高新产业集聚区、创新创业首选区及新材料产业自主创新领航区。

5. 大通北川工业园区

大通北川工业园区按照集智能、高端、绿色为一体的青海省铝镁工业基地、国家级有色金属加工基地的产业定位和“一带两区七组团”产业布局，依托现有电解铝产业基础，加快发展铝、镁、铜、钛等金属合金新材料产业，建成青海省智能、高端、绿色的铝镁工业基地和国家级有色金属加工基地。

四 对策建议

（一）强化新材料产业发展的统筹协调

成立西宁市新材料产业发展领导小组，建立部门协商联席制度，统筹研究协调产业发展重大问题。加强新材料产业政策、发展规划与科技、财税、金融、商贸等政策协调配合，出台支持西宁市新材料产业发展的政策措施。建立新材料专家库，成立新材料发展专家委员会，提高新材料产业发展决策水平和服务企业水平。加强新材料行业管理，健全工作体系和机制，制定新材料产品、企业认定办法，定期发布重点新材料产品目录和企业名录，发布重点项目计划，引导社会投资。

（二）完善新材料产业发展的财政金融政策

加大对新材料产业发展的财政支持，充分利用国家和青海省各类产业发展资金及西宁市稳定工业经济增长补助、贴息项目等资金，支持新材料研发、产业化和应用示范项目、创新和服务平台建设等，并通过财政资金撬动作用，吸引社会资本参与新材料产业发展。完善落实新产品应用风险补偿机制及保险补贴政策，推进动力电池材料等一批西宁市有比较优势的新材料品种列入国家重点新材料首批次应用示范试点，促进新材料初期市场培育。完善新材料企业发展的政府采购政策，支持市政地下管廊、交通设施等领域的推广应用。引导金融机构加大对新材料企业的信贷支持，支持符合条件的新材料企业上市融资和发行债券融资。

（三）加强新材料产业发展的创新体系建设

提升企业创新能力，加强新材料重点企业技术中心建设、重大专项技术攻关和科技人才队伍培养“三位一体”的产业技术创新模式，启动“高端创新人才千人计划”，推动与下游用户企业的双向对接，实现协同设计、研发、制造。加强产业创新平台建设，建好用好西宁中关村科技成果转化基地，支持东川、南川、甘河等有较好基础的工业园区引进国内外知名企业和科研机构，创建国家和省级新材料创新中心。培育发展新材料众创空间，构建低成本、便利化、开放式的新材料众创空间，加快城北创新创业基地建设，建设锂电、光伏制造、镁铝合金等一批特色新材料企业综合孵化器，提升全市创新创业承载能力。

（四）推进新材料产业发展的军民融合

构建军民融合的战略性新兴产业体系，按照《青海省“十三五”军民融合产业发展规划》提出的目标任务和重点项目，加快西宁市新材料领域军民融合发展，引导优势民营企业进入国防科研生产和维修领域，逐步壮大新材料产业“民参军”企业范围和规模，支撑新材料产业发展，打造成为西宁市新材料领域的支柱产业。

（五）推动新材料产业绿色发展

建立健全节能减排倒逼工业转型升级机制，实施单位能耗下降和能源消费总量双控措施，严格建设项目节能评估审查，坚决控制高耗能企业的过快增长。加快推进节能重点项目，开展“万家企业”节能降碳行动，实施东川、甘河工业园区循环化改造和甘河工业园低碳示范试点工作，在重点耗能企业全面推行能效对标，培育创建一批低碳示范工业园区。加大节能减排监督执法、评价考核和问责力度，对能耗严重超标的企业建立黑名单制度，及时向社会公开。

（六）优化新材料产业发展服务

建立完善政府权力清单制度，实施企业收费清单管理模式，增加新材料产业项目土地供应量，将减负惠企各项政策落到实处，营造公平竞争的市场环境。搭建新材料产业供需对接平台，组织新材料发布会、产用对接会、合作交流会及专家开展企业服务等活动。围绕新材料产业培育发展专业服务机构，开展技术、咨询、融资、信息、检测等服务。开创对外开放新局面，借助国家建设“一带一路”战略契机和西宁市城洽会、绿色发展论坛及夏都国际论坛等平台，加大企业对外合作力度，积极开拓国际市场，强化产业链招商。

（七）组织实施新材料产业重大项目

围绕“中国制造 2025”十大重点领域，推进一批项目列入国家重大应用示范。对接《中国制造 2025 青海行动方案》、《青海省新材料产业 2025 发展规划》、《西宁市“十三五”工业和信息化发展规划》提出的产业发展项目，加大项目工作力度，谋划储备一批具有国内外先进水平的前沿新材料前期项目，组织实施一批锂电、金属合金、光电、新型化工、光伏制造及电子信息等新材料产业化项目，研发一批 3D 打印材料、形状记忆合金等填补省内外空白的新材料产业项目。

参考文献

屠海令、张世荣、李腾飞：《我国新材料产业发展战略研究》，《中国工程科学》2016 年第 4 期。

王君：《新材料产业发展分析及我国发展路径选择》，《中国经贸导刊》2016 年第 13 期。

冀志宏：《新材料产业创新发展三大难题待解》，《中国工业评论》2016 年第 7 期。

冀志宏：《2014 年中国新材料产业发展回顾与展望》，《新材料产业》2015 年第 2 期。

西宁市人民政府西宁经济技术开发区管理委员会：《关于印发西宁市建设光伏制造业基地实施意见的通知》（宁政〔2016〕181 号），2016 年 11 月 1 日。

西宁市人民政府　西宁经济技术开发区管理委员会：《关于印发西宁市建设千亿元锂电产业基地实施意见的通知》（宁政〔2016〕182 号），2016 年 11 月 1 日。

B.10
西宁市高原生态旅游业发展现状及对策措施

张爱儒　陈 科*

摘　要： 生态旅游是全域旅游发展要求和新兴的旅游开发模式，已成为实现区域绿色发展和可持续发展的重要途径。本文从旅游业现状、行业管理开展的工作等方面分析了西宁市生态旅游发展基础，针对存在的生态旅游产品提供不足、旅游产业核心竞争力不强、便利化的旅游服务设施不足、集团化发展格局尚未形成、生态旅游经济效益不高、宣传手段滞后单一等问题，提出要坚持融合创新开放合作、加快重点项目建设、创标成果示范作用、幸福西宁品牌塑造、稳妥推进旅游惠民、从严落实旅游法规等政策建议。

关键词： 高原生态旅游　绿色发展　西宁市

2016年习近平总书记在青海考察时指出，青海最大的价值在生态、最大的责任在生态、最大的潜力也在生态，必须把生态文明建设放在突出位置来抓，尊重自然、顺应自然、保护自然，筑牢国家生态安全屏障，实现经济效益、社会效益、生态效益相统一。2018年在中共青海省第十三届委员会第四次全体会议上提出"一优两高"战略，坚持生态保护优先，坚定不移

* 张爱儒，青海大学研究生院党委书记，经济学博士，主要研究方向为中国区域经济关系与区域经济发展；陈科，西宁市旅游局规划统计处处长。

走高质量发展和高品质生活之路。因此，在西宁市这样一个生态旅游资源丰富的高原城市，发展生态旅游势在必行，其独特的地理区位，特殊的气候及水文条件和人文环境造就了丰富的生态旅游资源，具备开展生态旅游优势资源基础，对西宁市生态旅游产业进行研究，可以为西宁旅游打造新亮点，实现西宁市经济社会生态效益同步协调发展的目标。

一　西宁市生态旅游业发展现状

西宁市位于青海省东部，湟水中游河谷盆地，是青藏高原的东方门户，自古就是西北交通要道和军事重地，是世界高海拔城市之一。西宁市是一座有着两千一百多年历史的高原古城，古称西平亭，曾是汉后将军赵充国屯田的地方、南梁的都城、唐蕃古道的咽喉、丝绸南路的要道、青藏高原通往中原的门户、河源文化的发源地之一，自古就是一颗璀璨的高原明珠。

1. 西宁市生态旅游业构成

近年来，西宁市将生态旅游业作为发展绿色生态产业、战略新兴产业、综合性产业、幸福产业的重要抓手，紧紧围绕“打造绿色发展样板城市”和“建设丝绸之路经济带国际旅游名城、中国西部区域旅游集散中心和青藏高原特色旅游服务基地”的目标定位，着力打造“绿水青山·幸福西宁”城市品牌，不断开拓旅游市场，优化配置旅游要素，培育扶持市场主体，积极促进产业融合，突出项目带动，着力强化绿色生态发展的产业支撑，不断增加生态旅游产品供给，不断优化旅游生态发展的制度机制，不断推进西宁市生态旅游高质量发展。截至2018年末，西宁市共有A级旅游景区37处，其中5A级景区1处、4A级景区10处、3A级景区26处；各类住宿单位1810家，其中星级饭店90家；旅行社381家，乡村旅游接待点464家，旅游商品展销店46家，旅游直接从业人员6.7万余人。2018年，西宁市共接待国内外游客2460.72万人次、增长15.08%，实现旅游收入312.43亿元、增长24.29%，均超过青海省总量的60%。旅游收入占西宁市GDP的比重达到19.53%，直接就业人数达8万余人。旅游业已成为拉动经济增长、扩大就业和促进群众增收的支柱产业[①]。

2. 主要做法和取得的成效

（1）建立健全生态旅游发展的制度机制。牢固树立绿色生态发展的价值取向，西宁市制定了《西宁市旅游绿色发展工作的实施方案》，明确了7项重点推进任务和年度工作清单，充分发挥生态旅游业在稳增长、调结构、促改革、惠民生等方面的重要作用。同时，西宁市委、市政府制定出台了《西宁市加快推进全域旅游的实施意见》，以全区域生态旅游化、全产业链生态旅游化和全生产要素生态旅游化为理念，以建设幸福西宁为总目标，做优做强生态旅游业，通过全域统筹、绿色循环低碳发展，强化生态旅游精品项目工程，实施绿色生态旅游标准认证行动，加大绿色饭店、绿色景区评定力度，先后申报评定德宫大酒店、福茵长乐大酒店、建银宾馆等绿色旅游饭店10家，大通老爷山等绿色景区3家，努力构建循环型绿色旅游服务体系，提升生态旅游建设，引领绿色发展。

（2）以项目建设不断丰富生态旅游产品体系。坚持把满足新时代人民群众的旅游美好生活需要作为主攻方向，狠抓旅游基础设施建设，建成运营7处旅游集散中心和30处信息咨询中心，索菲特、万达嘉华等星级酒店相继入驻，极大提升了西宁旅游的通达度和服务品质。大力发展中高端旅游新业态，先后投资84.16亿元实施青海藏医药文化博物院、新华联旅游综合体、鲁沙尔文化产业园等112个重点旅游项目，旅游供给总量进一步扩大，启动建设了熊猫馆、冰球馆、海洋馆等一批高层次旅游项目，进一步丰富了西宁高端旅游产品。打造力盟商业街、唐道637、新千丝路风情街等特色街区，建成中华枸杞养生苑、可可西里工业旅游景区等特色旅游购物场所，拓展了旅游消费新渠道新空间。2018年实施项目30项，计划投资113.2亿元。截至2018年完成投资80.1亿元。

① 《全省旅游产业发展大会召开　奋力推进全省旅游产业向高质量发展迈进》，《青海党的生活》2018年第7期，第10～11页。

（3）以特色品牌不断提升西宁市城市知名度。牢牢把握自驾游新兴休闲旅游消费趋势，依托西宁区位优势，发起成立由全国26个城市300家自驾游组织参与的中国西部自驾车旅游联盟，连续三年成功举办自驾游高峰论坛、自驾车联盟年会，持续打造“旅游优先、友好西宁”新形象。两年来共接待自驾游团队近2300个，自驾车100余万台次，自驾游客355万人次[①]。同时，发挥全国文明城市、优秀旅游城市等品牌效应，成功举办了首届青海地方特色小吃大赛暨西宁美食节活动，评选出特色金牌小吃38个、特色名小吃37个，面向全国推广宣传西宁美食，西宁城市的国际知名度和“绿水青山·幸福西宁”的城市品牌影响力显著增强。

（4）以融合发展打造生态旅游绿色发展新模式。结合美丽乡村、农村人居环境整治、乡村风貌提升，打造西纳川休闲农业、鸾沟片区农俗文化等4条乡村生态旅游示范带，边麻沟、乡趣卡阳、汇丰景园等一批特色乡村生态旅游示范点建成开放，花海观光、民宿体验、户外休闲等生态旅游业态蓬勃发展，带动更多农村贫困人口实现脱贫致富奔小康。持续推进生态旅游与农林、教育、文化、康养等产业深度融合，建成中华枸杞养生苑、玉生琨玉文化等工业旅游景区4家；打造了湟中陈家滩生态旅游产业园、八瓣莲花非遗展示中心等文旅项目2处；引导实施青藏高原冰雪大世界、康乐滑雪场等“运动休闲+旅游”项目4处，着力推动生态旅游产业与工业、农业和其他现代服务业融合，协同增进绿色发展能力。

（5）以强化监管营造生态旅游绿色发展的市场环境。加强市场监管力度，持续规范旅游市场主体经营服务行为，狠抓景区及周边环境综合整治，非法承揽旅游经营活动、严厉打击“不合理低价游”、强迫消费、欺客宰客、违反合同约定、“黑社、黑导、黑车”等不法行为，努力营造稳定、安全、有序的旅游市场环境。2017年以来，开展各类专项整治行动近百次，查处各类导游违规行为130多人次，旅行社违法违规行为15起，非营运车辆23辆，关闭违法违规经营购物场所6家，公开曝光违法违规行为36起，

① 数据来自《中国西部自驾游发展报告（2018）》。

查处黑社2家，投诉纠纷90余起，检查导游800余名，以最严格的督查、最严厉的问责、最坚定的决心规范西宁市旅游市场，全力营造“绿水青山·幸福西宁”新形象。

二　西宁市生态旅游业发展存在的问题

在西宁市生态旅游业快速发展的同时，在供给品牌和产业基础方面也存在一些问题。

（一）生态旅游产品提供不足，旅游产业核心竞争力亟须提升

当前，西宁市生态旅游产品总体上是多而散、内容单一，富有特色、别具一格、游客青睐的“个性化产品”研发设计不足，缺少拳头产品和“叫得响”的旅游品牌，难以满足游客多元化消费需求。

（二）便利化的旅游服务设施不足，旅游服务水平不尽如人意

目前，西宁市旅游基础设施初具规模，产业要素较为齐备，旅游服务质量不断提高。但是，旅游公共服务基础设施较为滞后；产业化水平较低，旅游项目储备不足；旅游市场服务体系不健全，服务意识不强，与国内外旅游城市相比差距较大。

（三）集团化发展格局尚未形成，旅游发展后劲不足

西宁市旅游企业普遍规模小、实力弱、品牌意识差、市场竞争力不强，缺乏带动力强的大型旅游企业，还没有形成企业集群和产业规模，旅游市场主体的服务质量和水平，在全方位、多功能、精细化服务等方面存在明显不足。

（四）生态旅游经济效益不高

旅游周期短，淡旺季明显，冬春季旅游接待人次增长较慢，消费水平低，旅游收入不高。

（五）生态旅游宣传手段仍然传统滞后、方式单一，效果欠佳

生态旅游业影响力不高、旺季接待服务能力弱、旅游发展环境需要进一步优化、区域竞争压力大等问题也都是西宁市生态旅游业发展的短板。特别是从周边区域格局发展来看，虽然西宁旅游总人数、总收入增长较快，但总量在省会城市排名中分别排在第28、29位，分别相当于全国同类指标的0.4%、0.5%；虽然游客停留天数4.1天，在省会城市中居前，但人均消费仅为1173元，略高于全国平均水平，低于全国100个城市平均水平；虽然接待游客数高于银川，但仅为兰州的39.3%、西安的11.8%，接待境外游客数分别是银川的80.8%、兰州的92.9%、西安的2.4%，旅游总收入分别是兰州的54.9%. 西安的15.4%①。这些因素仍然制约着西宁市生态旅游绿色发展和高质量发展。

三　西宁市推进生态旅游产业发展对策措施

针对西宁市目前高原生态旅游业发展现状和存在的问题，提出如下对策措施。

（一）坚持融合创新开放合作，加快推进全域生态旅游战略实施

1. 优化旅游空间布局

坚持规划引领，进一步强化全域景观设计，突出乡村旅游建设，加快构建宜游宜居的城乡风貌；聚焦“一城一心一基地”的目标定位，加快西宁市重点旅游项目建设，统筹推进城市绿景、景观水系等生态景观建设，围绕“三河六岸”“一线四川”和城市主干道路，努力打造河清岸绿、路畅景美的生态景观廊道，构建多层次生态体系；瞄准“内优外快”，完善旅游路网体系。健全路网建设统筹机制，加快实施“四横十一纵一环”路网工程，

---

① 数据来自2018年西宁市旅游工作会议材料。

尽快打通一批主干线、环形线和联络线，努力构建与全域旅游相匹配的路网体系；发挥生态旅游产业的纽带作用和乘数效应，依托医药工业企业，激发传统工业活力，探索发展康体疗养旅游。依托三县农业优势，拓展农业生产、生活、生态、教育、科普等功能，发展乡村生态旅游、休闲农业、会展农业等现代农业新形态。

2. 深入推进“旅游 +”行动

利用供给侧结构性改革打破生态旅游产品间的无形界限，把生态旅游产业融入政治、经济、社会、文化和生态文明建设，抓好生态旅游改革发展工作平台建设、抓好景区景点打造、抓好服务体系建设、抓好新兴业态培育、抓好常态宣传推广。通过做大生态旅游供给总量，做优生态旅游供给质量，做精生态旅游供给结构，促进生态旅游生产力要素共生发展，拓展“商、养、学、闲、情、奇”等生态旅游新要素，坚定不移唱响“中国夏都 · 幸福西宁”品牌。

（二）坚持加快重点项目建设，不断增加生态旅游新投资新供给

1. 以大投资构建生态旅游发展新格局

全面落实《青海省旅游业发展 3 年提升行动方案》及任务分解，增加项目储备，积极对接市场，谋划一批生态旅游景区、旅游度假区、旅游综合体、旅游小镇、风景廊道、自驾车旅游服务体系、乡村生态旅游等项目，整合社会资金，加大在旅游基础设施和公共服务等方面的投向。重点实施中国丝路自驾车营地、新华联奇幻冒险主题乐园、可可西里文化旅游产业园等建设项目。积极推进旅游“厕所革命”，加大景区和国省道沿线旅游、乡村旅游接待点厕所、停车场、标识标牌等项目资金的争取力度，提升目的地旅游服务功能，推进交通便捷服务体系建设。

2. 积极发挥政府资金的引导作用，促进区县和企业投资

继续加大对区县和企业实施的生态旅游项目扶持，通过贷款贴息、先建后补等形式，重点支持中国丝路自驾车营地、鲁沙尔文化旅游产业园、湟中群加国家森林公园自驾车营地、卡阳高山休闲牧场户外旅游区等项目配套旅

游基础服务设施，通过鼓励和支持区县、企业加大生态旅游资源开发、生态旅游商品市场建设和基础配套设施方面的投资。

3. 扎实做好招商引资工作

将招商引资作为生态旅游业突破发展的引擎，潜心研究招商引资路子，认真策划包装招商项目，加大洽谈推介力度，与区县政府、各园区管委会配合，强化对招商企业的服务和重点项目协调，重点做好大通蓝雀山冰雪旅游区、湟源扎藏寺景区开发、康美中藏药旅游示范基地等项目的对外招商和招商引资项目跟踪服务工作。

4. 积极争取上级专项投资

紧密结合国家、省上在旅游公共服务、基础设施建设等方面的资金投向和投资重点，结合自驾游、自助游游客不断增加的趋势，加大景区停车场、自驾车营地建设、文化旅游融合、乡村旅游等项目的申报力度，做好专项资金争取工作。

5. 促进产业融合，培育生态旅游新业态

推动中医药健康旅游发展。培育开发一批特色医疗、疗养康复、美容保健等健康养生旅游产品，推动中医药产业与旅游市场深度结合。推进智慧旅游景区建设，推进特色旅游发展。加强与交通、国土、林业、水利、体育、民航等部门合作，推进温泉旅游、滑雪旅游、大漠旅游、森林旅游、体育旅游、低空飞行旅游发展。

（三）坚持创标成果示范作用，全面提升生态旅游公共服务水平

1. 强化制度建设，完善工作长效机制

坚持属地管理原则，使旅游标准化创建工作重心下移，进一步建立和完善旅游标准化工作责任制，完善旅游标准化工作管理奖惩办法，创新管理机制，在现有工作力量基础上，支持县、区两级对辖区内旅游标准化工作实行统一领导、统一管理、统一检查、统一考核，尽快建立和健全综合长效管理机制，不断把标准化创建工作引向深入。

2. 坚持以点带面，做好行业持久规范

全面推广旅行社服务质量等级、绿色饭店、金牌餐馆等评定标准，积极引导企业参与评定，做好行业主体的创标任务落实、跟踪、服务工作，结合西宁市“美丽夏都、清洁西宁”品牌建设，抓好城市公厕、城市街景、标识标牌、餐饮单位等整治工作，持续优化发展环境，全面提升西宁市旅游接待水平和服务能力。

3. 注重夯实基础，抓好行业行风建设

结合创建全国文明城市工作，强化文明旅游宣教，贯彻落实《国家旅游局关于旅游不文明行为记录管理暂行办法》，推动旅游企业诚信经营，引导游客文明出游，从业人员文明待客、规范服务，努力创建文明有序的旅游环境。

（四）坚持幸福西宁品牌塑造，持续打造特色生态旅游服务基地

1. 多渠道推广“幸福西宁”品牌

户外媒体方面，通过在客源地及市区人流密集区投放西宁旅游广告、在主要客源地媒体刊登西宁旅游形象宣传片等，扩大宣传面。视频媒体方面，和省内外视频媒体合作，通过开设西宁旅游专栏、投放西宁旅游形象宣传，向省内外公众推介旅游产品、旅游线路，并及时发布旅游资讯。

2. 多举措开拓旅游客源市场

一是巩固拓展国内客源市场。加强与宁、陕、甘等“丝绸之路”沿线地区和城市的交流合作，在重要客源地城市通过开展文化演出、商品展销、旅游线路产品推介等活动，扩大西宁旅游的宣传覆盖面；结合省旅发委年度宣传促销计划，参加“百景走百城”系列宣传活动以及各类旅游交易会。二是扩大旅游对外开放。联合市外侨、商务、文广等部门组织企业赴土耳其开展商贸文化旅游交流活动，鼓励旅游企业开拓境外客源市场，加强与丝路沿线国家和地区的交流与合作；全力巩固韩国、日本等入境旅游市场，组织西宁市出境社、旅游商品企业在日本、韩国举办文化旅游交流活动；全力巩固港澳台入境旅游市场。通过文化交流、两地大学生夏令营活动等方式，加强与香港、澳门和台湾地区的文化旅游交流合作。

（五）坚持稳妥推进旅游惠民，切实抓好乡村生态旅游扶贫工作

1. 抓好美丽乡村生态旅游示范带建设

以建设“美丽夏都乡村旅游带”为主线，精心建设大通塔尔现代休闲观光农业乡村生态旅游产业带、大通景阳都市休闲乡村生态旅游产业带、大通鹞沟田园风光乡村生态旅游产业带、大通东峡自然乡村生态旅游产业带、湟中县鲁沙尔民俗宗教乡村生态旅游产业带、湟中县“西纳川 + 云谷川”设施农业乡村生态旅游产业带、湟中县拉脊山森林生态乡村旅游产业带、湟源县日月山历史文化乡村生态旅游产业带等 10 条乡村生态旅游产业带；统筹实施美丽田园创建、休闲农业示范园创建、乡村旅游扶贫重点村创建、乡村旅游节会品牌推介、乡村民俗农耕文化开发、乡村游特色产品开发、宜居宜业特色村镇培育 7 大行动，努力形成特色鲜明、结构优化、功能完善的乡村旅游体系，将西宁市建设成为国内外知名的、独具特色的乡村生态旅游目的地。

2. 扎实做好扶贫乡村生态旅游工作

精准旅游扶贫政策和项目，深入推进包勒乡村生态旅游规划、培训和营销，探索完善“资源变资产、资金变股金、农民变股东”的发展新模式；支持完善包勒村水、电、路、厕等基础设施，促进当地特色农产品向旅游商品转化，支持以“公司 + 农户”的形式开发升级一批休闲农庄、特色民宿、乡村创客园、农耕文化园等业态。

（六）坚持从严落实旅游法规，全面提升生态旅游市场治理能力

1. 围绕联合监管强化市场治理

认真组织实施好《西宁市旅游市场综合监管方案》，建立推进专项行动的工作机制，通过部门、区县联动，加大旅游市场秩序，规范整治力度，整治景区及周边环境，以干净整洁的环境、诚信经营的态度、良好的精神风貌迎接海内外游客，提升游客满意度。

2. 运用好旅游质监平台，发挥网络监督作用

借助西宁旅游网平台，公布西宁市旅游企业诚信经营情况及投诉情况，

解析投诉案例、公布行政处罚案件等。对信誉差、不规范的旅游企业进行曝光，震慑违法违规经营行为。

3. 切实维护旅游者合法权益

构建依法治旅标准体系，贯彻《旅游法》《青海省旅游条例》等法律法规，按照“政府主导、分级负责、属地管理”的原则，落实市场监管责任。强化投诉受理机制，降低旅游投诉率，借助全国 12301 旅游投诉平台和 12345 市民投诉热线，按照投诉受理及转办流程对投诉进行及时处理和转办，对查处的侵权行为从严打击，并对违规较严重的旅行社和景区按照相关法律法规进行行政处罚和停业整顿等相关措施。

4. 健全旅游市场规范整治和旅游安全监管方式

加大旅游安全生产的监管力度，联合交通运输部门加强对旅游客运市场的监管与协调，开展整治旅游“黑车”专项活动，依法严厉打击扰乱旅游运输市场的不法行为，加强旅游客运的服务质量监管工作，规范旅游客运经营和驾驶员服务行为；提高各旅行社规范用车意识，坚决杜绝使用非法旅游客运车辆；对 A 级景区、星级饭店严格按照消防等行业主管部门的要求做好消防设施配置及电梯等特种设备年度审核工作。

参考文献

叶俊、程栋、徐康康：《绿色金融支持传统产业转型升级的政策研究及路径分析——以浙江省衢州市为例》，《绿色中国》2017 年第 20 期。

《全省旅游产业发展大会召开　奋力推进全省旅游产业向高质量发展迈进》，《青海党的生活》2018 年第 7 期。

唐嘉阳：《美丽中国，绿色发展——沿着习近平总书记关注生态的足迹前进》，《当代贵州》2018 年第 28 期。

袁志明、方立江：《新时代青海民族地区经济社会充分发展的思考》，《当代经济》2017 年第 36 期。

西部自驾车旅游联盟：《中国西部自驾旅游发展报告（2018）》2018 年 7 月 20 日。

B.11
西宁市生物医药产业发展形势与战略重点

张宏岩　热增才旦　朱卫京*

摘　要： 生物医药产业是《中国制造2025》的重点发展领域，是推动经济高质量发展的重要驱动力量。近年来，西宁市生物医药产业蓬勃发展，在产业聚集、创新能力、质量品牌和绿色制造方面取得了显著成绩，正处于前所未有的重大历史机遇期。本文重点梳理了西宁市生物医药产业发展现状，分析了西宁市生物医药产业面临的机遇和挑战，对西宁市生物医药产业发展战略重点提出了政策性建议，为加速布局生物医药产业最前沿领域、抢占未来生物医药产业发展的制高点、促进产业转型升级和高质量发展提供了参考和借鉴。

关键词： 生物医药产业　转型升级　西宁市

生物医药产业是“健康中国”建设和支撑医疗卫生事业的重要基础，具有科技含量高、附加值大、市场前景广阔、关联带动作用突出和惠及民生等特点，已成为我国战略性新兴产业之一。加快西宁市生物医药产业健康发展，是深入贯彻习近平总书记“四个扎扎实实”重大要求和青海省委

* 张宏岩，青海大学财经学院党委书记、教授，研究方向为区域经济学；热增才旦，研究生导师，西宁经济技术开发区生物科技产业园区管委会副主任，研究方向为藏医药医学；朱卫京，西宁经济技术开发区生物科技产业园区管委会党政综合办公室副主任。

“一优两高”战略部署的具体举措，是加快西宁市产业转型升级的重点领域和促进经济稳定增长的重要保障，是聚焦打造绿色发展样板城市的重要内容。

一 西宁市生物医药产业发展现状

西宁经济技术开发区生物科技产业园区作为青海省生物医药产业集聚发展的重要区域和主要平台，自2002年建立以来，始终坚持依托地方特色资源禀赋，积极发展生物医药产业，取得了突出成绩，主要表现在以下几方面。

（一）生物医药产业规模日益壮大

经过多年发展，已形成了以高原生物医药产业为龙头的发展态势，初步构建了集中藏药生产、高原特色动植物资源精深加工为主的发展格局。产品涵盖了中藏药品、化学药品、生化药品、生物保健品、生物制剂等领域。目前，青藏高原特色生物资源与中藏药产业集群拥有企业87家，其中，中藏药生产企业27家，单品销售收入过亿元产品4个；拥有中藏药品种435个，占全省的62%；特色资源精深加工企业60家，已形成年处理沙棘5万吨、枸杞8万吨、菊芋（菊苣）5万吨、青稞3万吨、虫草菌粉250吨、鲜奶20万吨的生产能力。2017年，园区中藏药企业实现产值18亿元，同比增长17.6%，占园区生物医药产业总产值的62%，占青海省中藏药产业产值的69%①。

（二）创新发展能力不断增强

近年来，随着国家创新驱动战略的深入实施，园区积极推进国家级高新区建设，加快集聚各类创新要素，生物医药产业整体创新发展能力不断增强。创新载体不断壮大，全省首个国家重点实验室“三江源生态与高原农

① 资料来源：西宁经济技术开发区生物科技产业园区2016~2018年度工作报告。

牧业国家重点实验室”以及全省首个企业自建的“藏药新药开发国家重点实验室”已经投入运行。建立了“青海生态经济林浆果产学研技术创新联盟”和“沙棘产业技术创新战略联盟”等产业联盟。同时，引进中国科学院深圳先进技术研究院作为新的战略合作伙伴，对青藏高原特色生物资源工程研究中心进行整合。创新成果持续推出，“青海高原冬虫夏草培育开发国家地方联合工程实验室”完成了冬虫夏草菌粉母液副产品开发，以冬虫夏草资源为依托的相关产业核心竞争力和可持续发展能力得到大幅度提高。“藏药制剂国家地方联合工程实验室”完成了传统藏药产品的升级改造和二次开发，研制开发了40多个保健食品，30多个QS产品。2017年，青海央宗药业自主研发的梓醇片获取国家食品药品监督管理局重要一类新药临床试验批件，实现了青海省国家一类新药临床审批“零”的突破。

（三）产业集聚效应逐步显现

作为国家高新技术产业开发区的西宁生物科技产业园区，依托青藏高原生物资源禀赋，全力打造高原生物健康产业，以特色生物资源与中藏药为主导的产业体系已形成。目前，园区集聚了60家特色生物资源精深加工企业、27家中藏药企业、15家健康服务及100多家特色生物、药材种植、包装和流通终端等企业，涵盖了原料生产、产品研发、加工、销售等各个产业链环节。近年来，园区重点打造了“中藏药GAP种植基地—药材深加工（原料药材）—药材提取物—中藏药”产业链；构建了以沙棘、枸杞、冬虫夏草、牦牛等特色资源为依托的深加工产业链，特色生物资源综合开发利用水平不断提高。“青藏高原特色生物资源与中藏药产业集群”被国家科技部列入“国家创新产业集群试点”，康美中藏药生产及药材交易市场、新丁香粮油综合加工、央宗药业降糖新药生产、康健生物白刺资源加工基地等重点项目陆续实现投产。修正药业“青藏高原地方特色资源研究院”及中藏药整合项目、科创控股中药材种植—冷链仓储—提取全产业链项目进行深入对接。

（四）产品品牌影响力不断提高

西宁市生物医药产业已形成了4个单品销售收入过亿元的产品，包括益欣药业复方丹珍头疼胶囊、青海珠峰药业百令片和金诃藏药安儿宁颗粒、如意珍宝丸等；拥有了金诃、晶珠、三江源、三普等中国驰名商标。通过青洽会、城洽会、西洽会、广州博览会等省内外大型展会活动，引导企业积极开展青海品牌省外的宣传推广和销售，充分发挥高原、绿色、天然无污染等产品比较优势。中藏药生产企业通过“以药带医、以医带药”的销售理念，相继建立了“金诃藏药馆”、“久美藏医院”、“晶珠藏药馆”等集治疗、销售、藏文化传播于一体的结合体，拓展了营销渠道，扩大了品牌效应。目前，生物医药产业已拥有中国驰名商标 10 件，青海省著名商标 32 件。同时，积极申报国家新食品资源，推动相关产业发展，久实生物公司申报的“黑枸杞新食品审查”获国家卫计委批准，填补了国家相关食品目录的“空白”。

二　西宁市生物医药产业发展面临的机遇与挑战

生物医药产业作为全球性战略产业之一，其高增长、高收益的产业特征，引发了国内外经济格局的重大调整，抢占生物医药产业的制高点已成为各地的战略选择。基于此，必须深入分析西宁市发展生物医药产业面临的机遇与挑战。

（一）发展机遇

1. 国家高度重视生物医药产业发展

在《中华人民共和国国民经济和社会发展第十三个五年规划纲要》、《中国制造 2025》、《关于促进医药产业健康发展的指导意见》、《中医药发展战略规划纲要（2016～2030）》、《健康中国 2030》等政策性文件中都明确提出了要大力发展生物医药产业，加快生物医药产业发展的步伐，将生物医药经济打造成为继信息经济后的重要新经济形态。党的十九大报告中也明确提出了“实施健康中国战略”，并对中医药事业及健康产业发展提出了要求。我国生物医药产业的政策导向，为西宁市生物医药产业的发展带来了难

得的历史机遇。

2. 青海省对生物医药产业高度重视

青海省明确提出了要在“十三五”期间进一步壮大生物医药产业规模，提升产业整体实力和市场竞争力，构建创新能力较强、产业链较为完整的现代生物医药产业体系。青海省委十三届四次全会“一优两高”战略部署中又提出了要充分发挥特色优势，延伸产业链条，融入国家发展战略和“一带一路”倡议，省委、省政府对生物医药产业的高度重视为西宁市生物医药产业发展奠定了政策基础。

3. 巨大的需求空间引领产业发展

生物医药产业是当今世界医药产业发展的重点。一方面，随着人民群众生活水平不断提高，健康理念、生活方式的不断更新，医疗卫生事业投入稳步加大，人口老龄化进程加快等，对生物医药产业的需求必将大幅度增加。另一方面，随着医疗模式由传统治疗型向预防、保健、治疗型转变，中藏药产品在肝胆肠胃、风湿、心脑血管、糖尿病等疾病治疗方面的独特作用，以及其特色生物产品在调节代谢、抗缺氧、提高免疫力、缓解精神压力等方面的预防和保健作用将进一步发挥，随之而来的就是对这些产品和服务的需求将大幅度增加。

（二）面临挑战

1. 周边地区生物医药产业发展带来的挑战

陕西、甘肃、云南、贵州、四川、西藏等西部地区都具有民族药资源优势，均把生物医药产业作为主导产业来培育和打造，先后出台了发展本地区民族药资源的发展规划，制定了更加优惠的政策。比如，云南省已经培育出一批领军型、示范性的生物医药龙头企业，设立了省级生物医药产业发展专项资金；甘肃省的生物医药研发生产在全国具有一定的水平和基础，特别是兰州已经形成了以生物制药、现代中药、生物医学工程和动物用药为重点的生物医药产业体系等，对西宁市发展医药产业形成了巨大的竞争压力。相比之下，西宁市生物医药产业规模偏小，且同质化生产现象较为严重，企业普遍竞争力不强；产业链条较短、高原特色药材总体加工利用率较低；研发新药能力较低，名牌“拳头”企业和品牌相对较少；缺少在国内具有较高知名度的大型企业集团，不能对整个产业发展起到引领带动作用；部分特色动植物资源，如，冬虫夏草、白刺果、沙棘等，没有得到药食同源的认可等问题的存在，给西宁市生物医药产业的发展带来了严峻的挑战。

2. 产业转型升级发展面临较大的挑战

完善的区域创新体系和高密度的创新要素集聚是生物医药产业发展的重要保障。然而，西宁市受地处西部高原地区、生物医药产业发展起步相对较晚等影响，人才、技术、服务等创新要素集聚方面面临的客观制约因素较多。尤其是生物医药产业发展所需的人才建设、配套服务等创新要素相对较少，创新驱动能力相对较弱。

3. 资源要素与政策比较优势逐渐减弱带来的挑战

随着土地、用电、用水、用气、用工、运输等生产要素价格上涨，以及国家对各地出台的优惠政策清理、规范，园区成本比较优势逐步减弱，政策“洼地”效应不再突出。在推动生物医药健康发展方面，园区从依托要素价格、优惠政策等传统竞争优势，逐步转向依托产业配套、创新体系、综合服务等新竞争优势，面临较大的严峻挑战。

三　西宁市生物医药产业发展的战略重点

在未来的发展中，西宁市生物医药产业应该抢抓机遇，加快构建以中藏药产业为支柱，以生物医药、生物健康产品和化学药产业为主导，以健康服务为延伸的产业新体系；以做响品牌、做强质量、做大规模和做优结构为中心，着力健全产业链条，有力提高生物医药健康产业的品牌影响力、技术创新力、人才聚集力等竞争力，建成凸显青藏高原特色、立足全省、辐射周边、带动西部、服务全国的国家中藏药产学研一体化基地、高原特色医药产业集群、特色医养健康服务示范区及中藏药产品出口基地。

（一）进一步完善产业布局，促进产业集聚

充分发挥青藏高原特色生物资源的优势，利用青藏高原独特的生物资源，重点打造“中藏药 GAP 种植基地—药材深加工（原料药材）—药材提取物—中藏药”产业链，加快推进中藏药材深度开发，支持中藏药研发和产业化，增强产业研发创新力度，加强中藏药规范化、标准化、品牌化生产，加快中藏药产业转型升级，提高产业附加值和技术含量，推动高端、精深加工产品发展，打造国家级藏药产学研基地。着力构建以高原特色生物医药、生物健康产品和医养健康服务为三大板块的生物医药健康产业新体系，促进产业集聚。

1. 进一步促进生物提取产业发展

依托丰富的高原动植物资源，提升资源精深加工利用水平，针对食品、药品、保健品、日化品、饲料产品等相关产业需求，研发动植物提取物新产品，扩展动植物提取物的使用范围。围绕冬虫夏草、沙棘、枸杞、白刺、菊芋、玛卡等优势植物资源，形成科研和产业合力，鼓励运用先进分离提取技术，提升有效成分和活性成分提取能力。鼓励运用生物合成技术，发展以植物提取物为主要原料的生化产品，推进发展对提高身体免疫力、降血脂、降低胆固醇和保护心脏等有特殊功效的高附加值植物原料药，打造一批品牌产品。围绕牦牛等动物资源，加快动物血液、脏器、骨骼的综合利用，突破有效活性成分的提取、骨骼粉碎降解等技术，发展全血氨基酸、脱毒牛血清、血红素、骨肽、骨素、胶原蛋白、肝素钠、胰酶粉等高附加值产品，促进特色资源的循环利用，提高产业附加值水平。

2. 促进生物健康产品延伸发展

要有效扩大中高端保健品生产规模，加大利用黄酮、胶原蛋白、羊胎素、多糖等有效成分研制保健品，有效扩大特色中高端保健产品的生产规模，打造知名品牌。充分发挥高原动植物资源无公害、绿色高质量安全优势，围绕沙棘、枸杞、黑枸杞、青稞、牦牛等药食同源食品，加快推进绿色健康食品的加工生产，突出绿色健康食品中的营养保健功能，做响西宁绿色

健康食品品牌，做大健康食品规模。积极引导和鼓励企业研发食疗保健品、食物营养品，发展药膳、茶酒、保健酒、饮料、食用油等高原特色绿色健康食品，发挥其强身健体、提高免疫力、健身益智、改善人体胃肠道清洁等方面优势，加快扩大生产规模，拓展市场范围。要加大天然化妆品的开发力度。高原特色生物资源普遍具有较好的抗氧化、抗衰老、养护皮肤等功能。积极引进和聚合区内外资源，实施补链式招商，建立高原特色化妆品研发中心，开发具有高原特色的高质量天然养颜护肤产品、养生保健精油及药用日化产品等衍生产品。依托沙棘、枸杞等植物资源开发利用产业链，加大开发沙棘籽油、黄酮等提取物，枸杞精华液等生产洁面乳、防晒霜、面膜、隔离霜等功能性化妆品的力度，扩大白刺、菊芋等提取物用于化妆品原料的开发利用规模。

3. 促进医养健康服务融合发展

要抓住健康服务业发展潜力巨大、新兴技术迅猛发展的历史机遇，发挥资源、环境、区位及藏医药绿色健康理念、“治未病”健康保健方法等优势，结合现代检验检测和防治新技术的应用，以康复疗养、健康管理、休闲养老、治疗保健、旅游体验等为重点，创新服务项目，完善服务体系，建立服务标准和提升服务质量，推动建设一批中高端健康医疗旅游项目，将园区打造成为全国知名的特色医养健康服务示范区。

（1）大力发展高原特色康体保健产业。积极利用高原特殊气候环境优势和藏医药发展优势，借鉴和引进国内外先进康复技术和服务模式，加快发展高原康复疗养服务。一方面，共同建立高原特色体能训练基地。加强与多巴国家高原体育训练基地合作发展，结合园区藏医药产业的发展优势，加快发展面向竞技体育的高原体能集训服务。整合相关资源，由园区牵头建立国内知名的高原体能训练基地、健身基地，提供体能训练、藏医保健和药物调理等综合性服务。另一方面，加快发展激活人体机能的高原康复疗养服务。利用短期低氧环境有利于激活生理功能，调整神经系统的功效，以唤醒人体自愈功能为突出特点，开发短期高原疗养服务。鼓励和支持社会资本投资开发高原康复疗养项目，提升一批药膳、药浴、针灸、艾灸、推拿等疗效明显

的特色健康养疗服务项目，建设一批亚健康调理中心、高端保健中心等。积极探索与青海大学附属医院合作，在园区建设“青海省基因检测技术应用示范中心”分中心。

（2）大力发展健康养老产业。充分发挥中藏药资源及特色诊疗在“治未病”和养生保健方面的独特作用，按照医和养相结合的思路，加快以藏医药为基础的医养结合健康养老服务体系建设。鼓励社会资本新建以藏医药健康养老为主的护理院、疗养院。创新医疗机构与养老机构合作的养老模式，推进构建养老服务综合体，以智能服务、功能康复、个性化适配为方向，建立养老服务标准体系和解决方案，鼓励企业开发老年人健康用品。建立“住、养、医、护、康”五位一体的养老服务新模式。积极推动省市与其他地方签订医疗保险异地转移协议，吸引更多外省市老年人到园区享受“候鸟”式养老保健服务。

（3）大力发展高原特色健康旅游产业。依托独特的生态、康养与旅游资源，推进大健康与大生态、大旅游深度融合，以促进参与者身体健康、精神愉悦为目的，围绕避暑、休闲、康养、生态体验等主体，加快发展休闲养生、滋补养生、休闲旅游等健康旅游业态，加快打造健康旅游集聚区，建成一批省级健康旅游示范基地，把园区打造成为知名的宜居颐养胜地。依托周边旅游资源，配套建设生活服务、运动保健、文化娱乐等设施，将园区建设成为西宁旅游度假基地。在园区建设星级酒店等旅游服务设施，建成具有资质的康体保健示范机构、健身康体保健旅游示范基地。

（二）提高创新能力，促进产业转型升级

1. 加大研发投入，提高技术创新能力

技术创新在生物医药产业形成竞争优势方面具有十分重要的作用。要构建以知识价值为导向的收入分配机制，加强与省内外科研机构和高校的合作，充分利用园区鼓励企业开展产学研用相结合的科研、生产、临床体系建设，加快现代生物技术与传统中藏药融合步伐。加大中藏药新药品种研发力度，支持和促进企业挖掘和研究名药名方，推动经典名药的二次开发及应

用。积极鼓励企业申报省级“一品一策”精准扶持，协调推动优势中藏药品种进入地方基本药物目录。加快各类制剂的开发，积极开展中藏药剂型的改造和二次创新，依托“藏药制剂国家地方联合工程实验室”，加大新型藏药制剂的开发投入，进一步加强制剂药物的开发。坚持以临床用药需求为导向，在肿瘤、心脑血管疾病、糖尿病等学科领域，加快中药制剂剂型改进与靶向治疗新药等研发。

2. 加强管理，提高管理创新能力

技术创新能力决定企业竞争力的强弱，但是企业的持续竞争力在很大程度上取决于与技术创新相匹配的企业管理创新、组织创新、文化创新和商业模式创新。因此，在加强技术创新的同时，要鼓励企业采用先进提取技术改进传统工艺，提升工艺技术水平，加强适合中藏药特点的制剂技术改造、创新和应用。鼓励企业开展智能工厂和数字化车间建设，提高生产工艺自动化、智能化水平。鼓励企业积极参与国家标准化项目，促进药品生产全过程质量控制标准和产品标准制定。支持企业参与建立中藏药材采收、包装、仓储、养护、运输行业标准，加强规范化管理。同时，积极协调其他部门，争取国家和省市支持，加强园区生物产品检疫检验监测体系建设，建立并完善动植物检疫、环境质量监测控制、中藏药有害残留物检测及注射剂安全性评价体系，实施全过程质量监测，提升中藏药产品质量。

3. 促进高原药材资源的保护和支撑

有效发挥高原药材资源加工和提取重要基地的引导和带动作用，鼓励龙头企业推行“公司 + 基地 + 合作社”、“公司 + 农场（农户）”等模式，支持大宗优质中藏药材生产基地建设，推动实现中药材从分散生产向有组织生产的转变，推动建设中藏药材规模化、规范化和标准化生产，从源头保障道地药材质量和稳定供应，保障中藏药企业生产提质扩产。

四　政策建议

生物医药产业的发展涉及各级政府、科研院所、生产企业、医疗单位、金融部门、销售企业、科技中介等等，为了进一步推进西宁市生物医药产业高质量发展，必须在以下方面下功夫。

（一）进一步加大财税扶持力度

统筹协调省市相关领域部门归口管理的财政预算资金，对资源研究保护、生产基地及配套设施建设、可持续创新、人才培训、市场开拓、品牌建设等进行联动支持。认真落实国家关于中小企业发展的税收优惠政策，切实降低实体经济税费负担。探索设立生物医药健康产业发展基金，吸引更多社会资本扶持医药创新、成果转化和新品推广等关键环节，支持创新成果在本地区实现产业化；探索后补助、奖励和风险补偿等多种支持方式，重点对创新药物审评审批、成果产业化、技术改造、中药（民族药）标准制定、品牌铸造、专利申请、高端人才引进、新产品新技术示范应用等给予支持；引导企业加快完成仿制药疗效和质量一致性评价工作，对通过一致性评价药品给予适当的奖励支持。进一步加大对基础研究的支持力度，加强知识产权保护，努力营造促进“大众创业、万众创新”的政策环境。充分发挥藏医药产业发展基金的作用，进一步提升藏医药企业经营管理和资本运作水平。

（二）进一步强化金融支持

引导金融机构加大对生物医药产业和企业集群的综合融资支持力度，逐步形成政府资金与社会资金、股权融资与债权融资、直接融资与间接融资有机结合的金融服务体系。鼓励企业、民间资本投资生物医药产业，支持符合条件的生物医药企业通过资本市场发行债券融资，拓宽企业融资渠道；建立企业融资补贴、风险补偿资金，鼓励银行、担保公司、股权投资等各类机构开展金融工具和服务创新；充分发挥科技成果转化、中小企业创新、新兴产业培育等方面基金的作用，引导带动社会资本投入生物医药产业创新；支持天使投资、创业投资、私募股权投资等对生物医药企业进行投资和增值服务，探索投贷结合的融资模式。引导和鼓励金融机构对生物医药产业方面重大科技产业化项目、科技成果转化项目等给予优惠的信贷支持，建立健全鼓励中小企业技术创新的知识产权信用担保制度和其他信用担保制度，为中小企业融资创造良好条件。

（三）进一步加大招商引资力度

要紧扣生物医药产业链条，围绕企业需求，引进研发、测试、孵化器等投资和建设主体；以产业链薄弱环节为重点确定目标企业，有针对性地进行招商；积极吸引国内外著名制药企业在园区设立研发中心或总部机构。围绕做大做强中藏药产业，要积极引进项目投资主体和经营管理团队，促进科技成果转化。围绕发展生物医药健康服务业，要积极引进金融服务、商业地产等高端生产性服务业。要进一步创新招商引资模式，突出高原生物资源特色与要素资源优势，强化特色资源与环境招商。加强与生物医药行业中龙头企业之间的沟通协作，通过采取以商招商、媒体招商、节会招商、专业招商等方式，拓宽招商渠道，提高招商概率。

（四）进一步加强平台支撑建设

加强科技研发平台建设，对建立博士后工作站或博士后创新实践基地的园区企业，在获得国家有关部门正式批准和认定后，除省市政府给予的支持外，由园区依据建设规模、研发设备、专业人员水平，再给予一次性资助。对经主管部门认定的国家和省级企业技术研发中心（包括工程技术研究中心），除国家和省上给予的支持外，园区再给予一定数额的资助。积极为当地龙头企业和先进科研机构搭建“桥梁”，使其在合作中承担更多国家级、省级研究项目。积极争取和对接一批国家级、省级研发平台、药物安全性评价中心（GLP）和临床评价中心（GCP）落户园区，加快建设药物筛选、成药性研究、保健品研发、转化医学、基因检测等一批专业化公共服务平台。完善给排水、供热、燃气、供电等基础服务功能，合理建设标准化厂房，加强污染物统一处理，完善园区公共服务体系。

（五）进一步强化人才队伍支撑

着眼于生物医药技术创新及国际化、中藏药传承与提升等方面需求，依托重大项目、重点实验室和国家地方联合工程研究中心，吸引海外高层次医药人才前来创新创业。加强生物医药类企业与高校、科研院所、专业机构等的人才合作。按照一定比例设立“生物医药类高层次人才专项基金”，用于鼓励生物医药类企业和机构大力引进人才。鼓励创办劳务派遣和人力资源中介服务公司，为企业提供人力资源、管理、职业技能培训等服务。创立面向生物医药类企业“创业人才学院”、“职业技能专科学校”，为企业提供人才培训，为大专院校毕业生提供就业前职业技能、创业素质和创业能力培训教育。完善企业优秀人才评选和奖励办法，使奖励逐步规范化，不断提高奖励实效。

（六）充分发挥行业中介组织作用

充分发挥行业中介组织的协调、服务和监管作用，建立健全生物医药行业发展和自律体系。依托青海省医药行业协会、青海省藏医药协会，利用好社会组织团体在服务行业发展、维护企业权益、与政府部门沟通协作等方面作用，共同推动生物医药产业持续健康发展。支持行业组织承担政府职能转移，承担生物医药行业统计、信息服务、行业调查研究、行业培训、国际交流与合作等方面任务。鼓励行业组织开展生物医药产业及各细分行业标准制定修订工作，建立完善失信企业惩戒制度。

参考文献

国务院：《中医药发展战略规划纲要（2016～2030年）》（国发〔2016〕15号），2016年2月22日。

青海省人民政府办公厅：《青海省“十三五”生物医药产业发展规划》2017年4月20日。

中共青海省委办公厅、青海省人民政府办公厅：《关于坚持生态保护优先推动高质量发展创造高品质生活的若干意见》，2018年7月23日。

B.12 西宁市高原生态文化发展现状与对策建议

张爱儒　靳常生*

摘　要： 西宁市作为西北中心城市之一，位于青藏高原东北部，有独特的高原生态文化资源优势。近年来，随着西宁市成为国家卫生城市和文明城市，城市环境（自然环境和社会环境）改善、城市管理水平日益提高，在构建高原生态文化体系过程中取得了显著成效。本文通过对西宁市生态文化发展现状的深入分析，指出西宁市高原生态文化发展中主要存在生态服务体系滞后、广播电视事业投入不足、文化市场发育不完善、产业化经营程度较低、特色文化产业开发滞后等五个方面的问题，从而得出若要推动西宁市高原生态文化发展，必须从加强和提升文化产业影响力、民族融合力，提高文化竞争力，盘活评价管理机制等方面制定具有针对性、可行性的措施及管理办法。

关键词： 高原生态文化　生态文明　西宁市

西宁市作为西北中心城市之一，位于青藏高原东北部，有独特的高原生态文化资源优势。近年来，随着西宁市成为国家卫生城市和文明城市，城市

* 张爱儒，青海大学研究生院党委书记，经济学博士，主要研究方向为中国区域经济关系与区域经济发展；靳常生，西宁市图书馆，助理馆员，研究方向为图书资料。

环境（自然环境和社会环境）改善、城市管理水平日益提高，在构建高原生态文化体系过程中取得了显著成效。

一　西宁市高原生态文化发展的现状及成效

近年来，西宁市通过争取国家投资、省市财政投入和自筹资金等方式，先后完成了精品剧目打造、乡镇文化站、文物库房建设、文物遗址保护修缮等项目，加强市属四区三县公共文化基础设施建设，较好地满足了人民群众的文化需求，为高原生态文化夯实了基础。

（一）西宁市生态文化发展现状

1. 基础设施建设稳步推进，建立了覆盖城乡资源共享的公共文化服务网络

目前，西宁市已初步构建了以“城市文化设施 + 区县文化场馆 + 乡镇综合文化站 + 农家书屋 + 社区文化活动中心”为主要内容覆盖全市公共文化服务体系。一是城市文化基础设施建设投入力度不断加大，先后建成青唐遗址公园，完成西宁市高原生态文化艺术服务中心、西宁市非物质文化遗产传承保护中心、街区自助图书馆、青海藏文化馆民族创意产业园、生物园区博物馆群、数字影院等一批新建项目，市级文化基础设施逐步完善；二是乡镇文化设施建设发展迅速，通过有线电视整体转换、广播电视“村村通”、乡镇文化站建设、农家书屋配送等为民办实事工程，基层文化基础设施建设逐步得到改善，全市已建成乡镇综合文化站 411 个，广播电视“村村通”工程全面完成，实现全市 20 户以上自然村通电全覆盖；三是城乡文化网络不断扩展延伸，通过开展文化下乡和民间艺术之乡、特色文化村、农家文化大院等创建活动，完善社区、农村文化基础设施，提升社区、农村自主开展文化活动能力，现有大通、湟中、湟源 3 个民间艺术之乡，群众业余文艺团队 511 支，已配备文化设备社区 143 个。

2. 公共文化产品日益丰富，公共文化服务供给能力不断提高

以统筹城乡文化发展、推动基本公共文化服务均等化为目标，实现重心

下移、资源下移、服务下移，群众性文体活动的经常化、体系化程度不断提高。一是以重大节庆为契机，开展“百姓大舞台广场演出季”、“社区文化艺术节”、“中小学生校园文化艺术节”、“元旦、春节、元宵节群众文化活动”等大型群众文化活动；以传统节日为依托，开展民间社火表演、曲艺、“花儿”、皮影演唱等群众文化活动；以文化下乡活动为抓手，举办各类慰问农民工、部队、学校、医院、农村的专场文艺演出，送书、送画、送戏到基层，丰富基层群众文化生活；二是以专业院团、青海大剧院为主体，打造出以大型音画舞蹈诗《天域天堂》、大型秦腔历史剧《邓训》等为代表的优秀艺术产品，引进《天鹅湖》《永远的红星》《灰姑娘》等经典剧目，多措并举，提升群众文化生活水平；依托市及区（县）图书馆、社区流动图书室开展图书公益性借阅服务，实现基本服务内容全部免费开放；以市群众艺术馆及各区（县）文化馆为阵地，举办各类群众性文艺培训，全面提升业余文化团队整体素质；三是认真开展“非遗”保护工作，成立市级非遗传承保护中心。湟源排灯、大通花儿、青海平弦、西宁贤孝等12个项目入选国家级非物质文化遗产保护名录。西宁八门拳、大通老爷山朝山会等29个项目入选省级非物质文化遗产保护名录。6人入选国家级非物质文化遗产项目代表性传承人名单，56人入选省级非物质文化遗产项目代表性传承人名单。

3. 公共文化服务保障机制不断完善，文化事业发展活力得到增强

西宁市为推动高原生态文化事业发展，在文化服务保障机制方面采取了一系列措施。一是高度重视公共文化服务体系建设，相继出台《关于加强公共文化服务体系建设的实施意见》《关于贯彻建设文化名省战略加快文化改革发展的实施意见》，制定《西宁市“十二五”文化广播电视事业发展规划》，每年将文化下乡服务农村、服务基层情况和群众满意度作为重要考核指标，纳入相关部门和单位年度考核内容，促进了文化事业快速发展；二是公开招录声乐、戏曲、舞蹈等不同领域专业从业人员，并安排专业人员下基层指导开展基层文化活动，通过专业从业人员“传、帮、带”，提升基层文化骨干业务水平，为西宁市高原生态文化工作发展增添活力；安排专业技术

人员到北京、成都等文化工作发展先进城市考察学习，邀请外地知名学者专家开展培训讲座，不断提升专业从业人员业务水平。

（二）西宁市高原生态文化建设取得的突出成效

充分发挥政府的协调推动作用，有效整合资源，合理规划布局，加大公共服务设施建设力度，统筹建设公共服务设施，实现公共服务设施共享共用。重点以国家“一带一路”、“文化名省”建设为契机，调整优化文化产业布局，完善文化产业构成，着力提升文化要素聚集力、文化产业带动力和文化产品供给力，发挥全省文化产业排头兵、增长极和辐射源作用。采取“走出去＋迎进来”的方式，加大文化交流与合作。引导具有竞争实力和发展潜力的文化企业，加快文化旅游融合发展路径。

1. 创新供给方式，推进基本公共文化服务均等化

一是全面完成创建国家公共文化服务体系示范区工作，公共文化服务设施网络建设全面升级。图书馆、群艺馆（文化馆）按照部颁三级馆的建设标准，达标率分别由创建前的37.5%、25%提升至87.5%和100%；乡镇（街道）综合文化站按照300平方米的建设标准，达标率由创建前的46.97%提升至93.5%；全市各级图书馆、群艺馆（文化馆）、乡镇（街道）均设置了公共电子阅览室，设置率、达标率达到100%，实现了无线网络全覆盖。二是制定出台《西宁市公共文化服务促进办法》《公共文化服务社会化发展促进办法》《社会力量购买公共文化产品和服务管理办法》《公共文化服务体系绩效评估》等12项制度，巩固了创建成果。三是制定出台《西宁市“十三五”文化发展规划》。明确了公共文化服务体系建设、文艺精品创作、文化遗产保护、文化产业发展等十大方面推动文化繁荣发展目标任务。四是创新文化服务发展路径。先后建成数字文化馆、图书馆、美术馆、博物馆，开通“西宁在线”（手机APP客户端）、文化语音热线、微信公众平台、新浪微博等网络平台及数字远程直播系统；创建“丝绸之路经济带西北五省区域文化发展战略合作联盟”和“青藏高原现代化中心城市文化旅游发展省市州文化（群艺）馆‘8＋1’战略联盟”，探索建立了跨行政区

域的文化交流机制；组织实施了“文化动车—丝路情西部行”、“市民文化艺术素养普及”等十项创新示范工程。五是积极引导社会力量参与公共文化投资建设。建成了街区自助图书馆、阳光书吧等一批公共文化设施。鼓励引导社会力量投资建设影剧院、民族风情演艺大厅、河湟文化博物馆、八瓣莲花艺术展示中心等全部投入运营。六是争取国家、省级专项资金 4000 万元，建设集宣传文化、党员教育、科学普及、普法教育、体育健身、文化遗产保护等功能于一体的基层综合性文化服务中心项目 236 个，成为西宁市构建现代公共文化服务体系建设的重要阵地和提供公共服务的综合平台。七是充分发挥“互联网 + 文化”作用，公共文化数字体验馆年均接待群众达 1.5 万人次，数字图书馆、文化馆、美术馆、博物馆网站访问量达 160 余万次，直播观看文化活动的人数达 5 万余人次。加强业务培训工作，每年完成舞蹈、戏曲、美术、图书推广等各类艺术培训 70 期，累计培训人数达 6200 人次。实施“星火计划”培训工作，累计培训村级文化专干 650 人次。八是扩大广播电视覆盖率，完成三县广播电视台节目开播事项，同时完成三县国标地面数字无线覆盖工程的 48 座国标地面数字电视发射台（站）移机搬迁任务。组建农村数字电影放映队 40 个，覆盖全市 917 个村，年均完成电影放映 1.1 万余场。根据《电影管理条例》，结合本市实际，出台《关于加强和规范电影放映市场管理工作的通知》，进一步规范了全市影院审批、年检年审等工作。

2. 打造文艺精品，推动艺术创作繁荣发展

坚持以人民为中心的创作导向，全面实施绿色发展“五个一”工程，加大文艺精品创作力度，激发西宁市文化艺术创作活力。一是完成了“幸福西宁・城市之歌”2017 原创歌曲征集大赛，得到社会各界的广泛关注。创排的大型秦腔现代戏《尕布龙》不仅受到省市主要领导的高度评价，更是代表青海省赴京参加全国基层院团戏曲会演，受到文化部领导的肯定；“生态西宁・大美之城”城市形象宣传片，在腾讯、优酷、爱奇艺、新浪、凤凰等各大网站投放，进一步扩大了西宁城市的影响力，提升了西宁城市知名度和美誉度；“流动的色彩”西宁美术作品展首次在北京举办，第二届“画家眼中的青海”成功举办，增进了西宁书画与全省、全国艺术家的交流

与合作、提升西宁美术创作整体水平。编排的儿童剧《熊猫奇侠传》《爱丽丝梦游仙境》更是受到家长和孩子们的喜爱；二是积极开展文化交流活动，陕西、河北、山西等9省区14座城市的文艺团体来宁举办专题演出活动；组织国内丝路沿线各省（区）文化工作者，举办丝路沿线大型写实摄影作品展；组织特色文化项目赴烟台、柳州、太原、银川等城市，开展“文化动车·丝路情·全国行”活动；组织参加了全国山歌邀请赛、民歌邀请赛、黄河文化艺术节等活动；三是组织创排“西宁之春·新年音乐会”、“迎新年综艺晚会”、高雅艺术“五进”深入生活、扎根人民主题实践活动、“结对子·种文化”等一系列文化惠民活动，年均完成文化惠民演出200场。选派优秀文化工作者深入湟中县等乡镇开展文化帮扶工作，指导创排了《看女》《杨门女将》等传统剧目，得到群众的一致好评。在湟中县土门关乡成立了“乡村文化合作社”；四是发挥专业院团优势，先后承办了中国（青海）藏毯国际展、“环湖赛”、“青洽会”开幕式、闭幕式、双拥文艺晚会、脱贫攻坚专题文艺晚会等重大节庆活动，得到社会各界的高度认可。

3. 加强文物保护，促进文物保护开发与利用

一是全面完成文物普查工作。扎实推进全国第一次可移动文物普查工作，完成了《西宁市第一次全国可移动文物普查工作报告》，开展“西宁市第一次全国可移动文物普查成果图片展”；二是全面实施长城保护工作。开展了长城沿线基层保护管理机构负责人、保护员、志愿者培训工作。与责任单位和责任人签订了《长城文物保护责任书》，长城保护各相关单位基本完成了长城修缮、抢险加固和保护设施等建设工作；三是建立完善的文物管理系统。对全市现有文物台账进行了整理和管理，建立了完善的防范措施和“三防”处理突发事件应急预案，开展文物安全大检查工作和不定期巡查工作，杜绝和防范了文物安全事故的发生；四是推进文物修缮修复工程。积极争取专项资金并协调省文物局完成了大通广惠寺、扎藏寺部分古建筑、湟源城隍庙壁画等文物修缮修复工程。组织完成了第八批国保单位和第十批省保单位初审、修改及申报工作；五是提高非遗保护传承水平。出台了《西宁市市级非物质文化遗产名录项目和评定工作暂行办法》，市政府规章《西宁

市非物质文化遗产保护管理办法》，全市非物质文化遗产传承保护工作步入规范化、法制化轨道；六是加强非遗传习基地建设。加大非遗进校园、进社区活动力度，先后在阳光小学、西宁世纪职业学校等开展青海汉族民间小调、青海贤孝、青海八门拳等非遗项目课程，年均完成256课时。在西宁市第二中学挂牌创建校园文化建设示范基地，全面提升校园特色文化建设。根据传承人的故事，完成了《西宁非遗》专题片拍摄工作。组织举办了6.10中国“首个文化和自然遗产日”西宁地区非物质文化遗产展览、展示活动的组织、策划、实施工作。

4. 调整产业布局，促进生态文化产业繁荣发展

一是加强项目库建设。更新全市文化领域项目库和企业信息库信息，建立项目及企业信息库163家，实现文化领域项目建设动态管理。争取中央补助地方公共文化服务体系建设专资项目19个，专项资金1867.5万元。争取省级文化产业专资支持项目6个，专项资金1800万元；二是加大招商引资力度。结合年度重点项目建设，组织召开文化项目推进会，制定招商方案，创新招商方式。梳理出特色小镇、遗址公园、民族文化产业园区、文化旅游景区提升等产业链项目，赴北京、成都、西安等地开展招商推介活动，利用“青洽会”“城洽会”等招商平台，签约招商投资总额达6.15亿元；三是加快推进重点项目。通过不懈努力，国家文物局正式批准通过了《沈那遗址保护规划》，市政府报请省政府正式公布。完成了保护范围内部分区域考古勘察工作；四是深化文化旅游融合发展。借助西宁至西安高铁联通之际，打造了“梦回丝路—西宁·西安首届双西文化旅游节”；完成了丝绸之路经济带西宁市高原生态文化产业发展、西宁市高原生态旅游产业融合发展、民营资本投资文化领域建设等调研规划。组织参加中国（深圳）文化产业博览会、青海文化创意设计大赛等活动，搭建文化旅游交易平台，文化企业竞争实力明显增强，文化产业销售收入年均增长18%。同时，实现了西宁市高原生态、生态旅游企业上市的零突破，青海香巴林卡文化旅游资源开发股份有限公司在新三板挂牌上市；五是开展了全市工艺美术行业统计调研工作，全市现有工艺美术行业企业、商店、个体作坊共558家，从业人员达4.3万

人，全市工艺美术产品年度销售收入达 13 亿元。全市共有文化企业 1405 个，其中，影视传媒业 131 个，娱乐经营单位 136 个，互联网经营单位 222 个，音像制品和出版物单位 296 个，工艺美术品经营单位 278 个，其他文化类经营单位 342 个。全市共有国家级文化产业示范基地 5 家，省级文化产业示范基地（单位）40 家，省级文化产业示范园区 2 家，市级文化产业示范基地 32 个，市级文化产业示范户 19 家。2017 年全市文化产业实现增加值 42.4 亿元，占全省文化产业增加值一半以上，占 GDP 比重为 3.4%。

二　西宁市高原生态文化发展中存在的主要问题

西宁市作为一个具有 2100 多年悠久历史的文化古城，具有和谐独特的民族文化、多元共存的宗教文化、开放包容的现代文化，在构建高原生态文化体系过程中取得了显著成效，但也存在以下问题。

（一）生态文化服务体系建设滞后

由于受经济条件限制，西宁市在公共文化服务体系建设方面投入不足，基层文化设施缺乏，无法满足群众日益增长的精神文化需求。随着城市建设规模不断扩张，公共文化服务设施的规模在减少，功能在减弱，作为城市公共文化服务体系建设中发挥着承上启下作用的市级“三馆”建设达不到国家标准，市图书馆目前存在有馆无址，没有固定办公场所，西宁市也是全国唯一没有图书馆的省会城市。市群艺馆也将面临拆迁，影响了群众文化活动的正常开展。图书更新速度无法满足读者日益增长的要求，为西宁市发展提供深层次的信息服务显得力不从心，市图书馆每年用于更新图书经费仅 7 万元，导致更新图书较少，藏书结构不合理。以兰州市图书馆为例，兰州市图书馆建筑面积 8318 平方米，有咨询检索、自学、电子、报纸、期刊、少儿、地方文献、港台赠书等 8 个阅览室，拥有 600 个阅览座席，年征订报刊 800 余种，藏书 40 万册。以银川市为例，仅 2017 年银川市投资 476 万元用于玉皇阁安防工程、海宝塔保护修缮工程和五虎墩长城抢险加固工程项目。

（二）广播电视事业投入不足

作为党政喉舌，西宁市属“两台”采、编、播设备由于长期投入不足，达不到国家相关标准，“超期服役”和“带病运行”现象较为普遍。县级广播电视基础设施比较薄弱，目前各高山台没有饮用水源，值机人员生活用水无法得到保障，存在严重消防隐患，市县两级财政需要进一步加大财政支持。以新疆伊犁为例，仅2017年就利用援疆资金建设1个县级主站和7个牧业村基站补点工程，极大改善了本县广电设施。市广播电台、电视台实行差额拨款的财政供养体制，在册人员30%的经费由台里自筹解决，同时，占“两台”一半以上的聘用人员的工资全部由台里供养。但台里的运转经费仅由广告收入和网络公司经营性收入两部分支撑，“两台”发展困难重重。随着全省网络公司的整合，西宁市网络公司全部经营收入划归省网后，“两台”面临着保正常运转的困境。

（三）文化市场发育不完善，缺乏统一规划

西宁市本级未形成统一规划和操作性强的政策措施，导致区（县）缺乏系统性指导和统筹性规划，多数地方文化产业市场培育仍处于自生自灭阶段。缺乏文化经营管理等复合型高层次专业管理人才，特别是既懂文化艺术，又懂文化市场营销的复合型专业人才，制约了西宁市高原生态文化资源的产业化开发、市场化经营和规模化发展。资金投入渠道单一、投资规模偏小，民营资本投资主要集中于娱乐、音像、网络服务、工艺品开发等业态。目前，西宁市娱乐、音像、网络服务业99%以上为民营企业，而投资规模在1000万元以上的不到10%，没有形成较大规模，文化产业缺少品牌产品和龙头企业。西宁市高原生态文化产业的总体状况呈竞争力弱、市场份额小、具有市场竞争力的品牌产品和龙头企业极少的局面。

（四）产业化经营程度较低

西宁市没有形成和旅游紧密结合统一的文化产品集散市场，工艺品经营大

部分局限于民间制作，包装档次不高，制作技术落后，加工较为粗糙，内容单一，原创性不足，加之价位较高，对游客吸引力不强，研发营销情况不理想，其他民俗商品，如民间刺绣、剪纸、皮影、根雕等与其他地方雷同，缺乏鲜明地方特色，民间工艺技能和民俗技艺濒临失传。目前，西宁市诸多民族民间文化濒临失传，如皮影戏、农民画等，民间艺术人才少而老，且没有稳定收入，严重影响艺人从业热情和创作态度，导致流失严重，出现断层现象，后继乏人。

（五）特色文化产业开发滞后

产业对民间工艺资源和民俗文化资源的开发利用不够，资源优势尚未转化为经济优势，大量珍贵有价值的文化遗存亟待进一步挖掘开发，文化资源缺乏规划性、连贯性和延续性。主要由于各区（县）及市属相关部门各自为政，缺乏相关文化产业统筹发展规划，对民间工艺资源和民俗文化资源的研究不够，宣传力度也有待于进一步加大。

三　西宁市高原生态文化发展对策建议

西宁市作为青藏高原区域中心城市，既有自然山水之大美，又有历史文化之魅力，更有高原精神之内涵，兼有现代城市之风貌，具备作为西宁市高原城市群建设核心的基础条件。针对西宁市目前高原生态文化发展的状况和存在的问题，提出如下对策建议。

（一）示范引领，提升核心影响力

西宁具备深厚的历史积淀，是中国西部多民族文化融合最具代表性的城市之一，也是黄河上游河湟文化的发源地，其文化多样性与包容性特色尤为鲜明，基本能够涵盖中国西北地区包括民族、宗教、历史、自然景观、饮食等各类文化内容，具有明显的示范辐射效应作用，将其作为文化示范城市，能够在有效带动青海省文化发展的基础上，进一步形成辐射西部、影响全国的西部文化集群和文艺交流中心。

（二）传承发扬，增强民族融合力

对民族宗教文化的认同、对于多民族聚居地区民族间融合以及经济文化发展具有极其重要的意义。西宁市少数民族众多，且以藏、回、撒拉等为主，充分反映了青海省及整个西北地区的民族组成类型，包含了各民族文化多样、古朴、丰厚、奇异、相融的深邃内涵，是西部最具比较优势的文化要素。因此，以西宁作为文化产业发展示范城市，加强少数民族文化的保护利用，将起到积极的示范带头作用，有利于西部少数民族文化脉络的不断传承和融合，并能够增强民族凝聚力和自豪感，推动汉、藏、回等多民族团结融合并走向繁荣发展。

（三）开发利用，提高文化竞争力

西宁文化历史虽然源远流长，底蕴深厚，涵盖广泛，但开发利用目前尚在初级阶段，众多民族民间文化资源有待于进一步发掘转化。同时，青海省乃至中国西北地区的文化发展也都是各自为政，缺乏有标志性的城市品牌引领带动，导致西北文化产业开发利用不力。因此，由于西宁作为青海省会城市在做好自身城市文化品牌建设、提升文化竞争力的基础上，可以推动青海省特色文化品牌的发展，对于中国西北部地区的民族民间文化的传承开发也将具有积极的辐射带动作用。

（四）引进人才，盘活评价管理机制

西宁市必须尽快研究出台优惠政策吸引既懂文化艺术，又懂文化市场营销的复合型文化产业专业人才落户，为本地文化产业发展提供有力坚实的高新技术人才保障。不拘一格引进急需高层次人才，通过免费师范生、专业人员招聘考试、研究生招聘等多种途径引进高层次人才，改善文化产业专业人才的工作生活环境，通过事业留人、感情留人、待遇留人等措施，建立充满生机与活力的生态文化人才管理体制。鼓励专业技术人才在文化区域范围内合理流动，努力改善人才结构和布局，引导人才逐步向优势生态文化产业聚集，使人才结构分布与区域文化产业结构分布相适应。

参考文献

邓彩霞、张子敬：《关于青海省东部城市群城市文化建设的思考》，《青海师范大学学报（哲学社会科学版）》2014 年第 4 期。

郑学良、刘洋：《惠民累累硕果成就幸福之城》，《内蒙古日报（汉）》2018 年 2 月 13 日。

陶建群、赵毅、艾秀廷、孙易恒：《实现社会效益与经济效益高度统一——安徽省话剧院繁荣文艺创作创新的实践探索》，《人民论坛》2018 年第 28 期。

樊为之：《陕西文化发展及文化产业研究报告》，《新西部》2018 年第 19 期。

杨晓燕：《青海文化市场发展态势分析》，《新西部（理论版）》2014 年第 19 期。

B.13 西宁市绿色金融支持绿色发展的实践与对策

刘尚荣*

摘 要： 绿色金融是实现绿色发展不可或缺的金融制度安排，也是着力推进生态文明建设的重要抓手。近年来，西宁市依托绿色金融服务体系，促进金融资源配置不断向绿色领域倾斜，有效化解了绿色发展的资金瓶颈问题，绿色发展呈现出良好的发展态势。但从西宁市打造绿色发展样板城市的总体要求来看，绿色金融发展面临的产业结构低下、信息不对称、创新力度不够、外部性和交易成本较高等突出问题，对绿色发展产生了明显的融资约束。为进一步推动绿色金融加大对绿色发展的投资力度，建议完善政策体系，推进绿色金融健康发展；强化绿色信贷力度，加快产业结构转型升级；促进资本市场融资，拓宽绿色发展融资渠道；普及绿色保险，为绿色发展保驾护航；健全绿色金融机制，降低绿色发展成本。

关键词： 绿色金融　绿色发展　西宁市

西宁地处青藏高原的河湟谷地，是历史上在高海拔环境下人类活动较为活跃的地区，是古“丝绸之路”南路和“唐蕃古道”的必经之地，生态环

* 刘尚荣，青海大学金融学教授，研究方向为区域金融发展。

境脆弱、自然灾害频发。打造高原绿色发展样板城市，是全面贯彻落实习近平总书记关于生态文明建设重要讲话精神，落实“四个扎扎实实”战略要求、推进经济发展方式转变的必然路径，是确保高原生态环境安全的有效途径，是扎实推进“一优两高”战略部署的内在要求，是建设和谐美丽新西宁、造福青海乃至全国人民的绿色发展之路。

金融既是现代经济的核心，也是经济活动的血液和社会资源配置的重要枢纽，还是调节经济运行的“杠杆”。西宁金融发展的内涵是绿色，发展的前景是绿色，发展的质量还是绿色。作为实现绿色发展不可或缺的绿色金融制度安排，也是着力推进生态文明建设的重要抓手。绿色金融发展会对自然环境、经济社会发展方式、经济结构、消费理念等产生重要影响和制约作用，从而使金融与生态环境之间形成更为协调的关系，经济发展不再单纯等同于经济增长。因此，必须大力发展绿色金融，以绿色金融助推绿色发展，实现绿色发展与绿色金融的互动双赢。

一　绿色金融的起源与发展

随着人类文明的进步，自然资源短缺和环境污染日益威胁着人类的生存和发展，“先污染，后治理”的模式阻碍了经济的可持续发展。发达国家首先开始了绿色金融发展探索实践，“十三五”以来，我国也将绿色金融上升为国家战略。

（一）绿色金融起源

绿色金融源于人类对于环境保护和可持续发展的重视。1962 年，蕾切尔·卡逊的《寂静的春天》引发了人类对于经济和环境关系的思考。1972 年，巴巴拉·沃德和雷丹·杜博斯在《只有一个地球》中把人类生存与环境的认识提高到一个可持续发展的新境界。同年，美国学者丹尼斯·米都斯在《增长的极限》中首次提出了“持续增长”和“合理的持久的均衡发展”概念。

随着经济金融全球化进程的不断加快，生态环境持续恶化和粗放型的经济发展模式越来越受到国际社会和各国政府的高度关注。发达国家政府通过制定和实施一系列的环保政策，运用行政和经济手段干预经济活动，以达到降低能耗、减少污染、保护环境的目的，引导经济活动向绿色、低碳、可持续转型。在国际社会倡导改善生态环境、实现可持续发展的大背景下，绿色金融的概念于1997年被首次提出。自此开始，西方发达国家的部分市场中介机构和非政府组织创新性地将金融因素引入到环保实践中，并从宏观和微观两个视角探索绿色金融的风险防控及其风险评估的程序和方法、绿色金融发展模式、绿色金融服务和产品创新与绿色金融指标体系的构建及其测度等，力求通过绿色金融引导金融资源配置到节能环保的绿色领域，实现经济效益、社会效益和环境效益的有机结合，通过运用信贷、证券、保险和碳交易等绿色金融工具，促进保护和改善生态环境，构建人与自然和谐共生体系。绿色金融发展二十多年来，已成为国际社会主流的金融发展趋势。金融机构和金融市场不断进行产品和服务的创新，努力吸引各种社会资源配置到绿色金融市场，进一步增强绿色金融的辐射力，实现绿色金融健康发展。2002年，“赤道原则”问世，该准则要求金融机构在为项目提供信贷支持时，首先要借助相关的指标和流程对项目可能产生的环境灾害进行全方位的评估，尽量把环境风险化解在萌芽状态，最大限度发挥项目投产后对生态环境、经济增长和社会福利等方面的积极作用。2016年，《巴黎协定》的签订及中国杭州G20峰会正式引爆了绿色金融的发展引擎，意味着绿色金融的发展必将是国际潮流，且难以逆转。

（二）我国绿色金融的发展

绿色金融在中国起步较晚，但是在政府的大力推动下，绿色金融许多领域已取得了快速的发展。2015年发布的《生态文明体制改革总体方案》第一次提出要建立和完善我国的绿色金融体系。“十三五”规划纲要强调要通过发展绿色信贷、绿色债券、设立绿色发展基金等构建绿色金融体系。2016年，中国人民银行等七部委联合发布的《关于构建绿色金融体系的指导意见》，对绿色金融设计了更加清晰和翔实的发展思路，绿色金融从此上升为国家战略。2016 年 9 月召开的 G20 杭州峰会，通过中国政府的呼吁和积极行动，会议议程中专门增加了“绿色金融”议题，在参会各方的共同努力下，最终形成了《G20 绿色金融综合报告》。2016 年 12 月的中央经济工作会议上，习近平总书记特别重申“要加快发展绿色金融，支持制造业绿色改造、引导实体经济向更加绿色清洁方向发展。”2017 年《政府工作报告》增添了绿色金融。2017 年 6 月，国家批准浙江、广东、新疆、贵州、江西五省区部分地区启动绿色金融改革创新试验区，昭示着我国绿色金融发展进入了“自上而下”的顶层设计与“自下而上”的基层探索紧密结合的新阶段。一年多来，在地方政府的积极探索与大力推动之下，以上五省区绿色金融发展初见成效。绿色金融创新层出不穷，市场激励约束机制初步建立。同时，绿色金融国际合作也逐步有效开展。依托“一带一路”、新开发银行、亚洲投资银行、南南气候合作基金等机制，推动绿色金融国际合作，支持绿色“一带一路”建设。

二　西宁市绿色金融支持绿色发展实践与成效

在十八届五中全会将绿色发展理念确立为国家发展战略的大背景下，西宁市紧紧围绕“服务实体经济”这一核心要素，全面推进绿色金融发展，助推绿色发展样板城市建设。

（一）绿色金融支持绿色发展实践

1. 建立绿色金融发展制度架构

2015 年 8 月，人民银行西宁中心支行出台《关于推动全省加快发展普惠金融、绿色金融、移动金融的指导意见》，形成了以循环经济、丝路经济为支持重点的绿色金融服务体系，构建了促进绿色金融发展的制度性架构。2016 年 8 月，人民银行西宁中心支行牵头制定《关于发展绿色金融的实施意见》，从制度建设、金融服务、风险防范、统计评估、基础设施建设等多个方面对绿色金融支持实体经济搭建了操作性架构。2016 年 10 月，转发七部委联合印发的《关于构建绿色金融体系的指导意见》，进一步理清了绿色金融发展的目标、要求和思路。2018 年 1 月，《西宁市金融支持绿色发展实施方案》正式发布，确立了西宁市绿色金融发展的制度架构。

2. 健全绿色金融工作机制

西宁地区各金融机构围绕绿色金融发展要求，通过制定绿色信贷年度实施计划、界定绿色项目、考核绿色信贷绩效、绿色贷款重新分类等多种手段探索符合自身实际的绿色金融工作机制。其中，工商银行青海省分行将环保型企业列为信贷服务对象，大力支持实力雄厚、工艺流程先进，且注重节能减排或能耗低、污染少的企业和项目。农业银行青海省分行以去产能、补短板、调结构、稳增长为目标，不断加大对新能源、新材料、战略性新兴产业等绿色行业和项目的融资支持力度，持续压降“两高一剩”行业存量客户授信额度。中国银行青海省分行将“绿色信贷”考核指标分别纳入辖内分支机构绩效考核及公司金融 KPI（关键绩效指标）考核中，稳步推进绿色金融。西宁农商行制定《2017 年信贷工作指引》，将贷款投向分类为支持类、倾斜类、审慎类和退出类，明确提出加大绿色农业、节能环保以及特色旅游、现代服务业信贷支持力度。

3. 创新绿色金融产品

各金融机构积极开发适应地方特色的绿色金融产品及服务，形成灵活、多元、有效的绿色金融服务模式。浦发银行西宁分行从绿色金融债、AFD（法开署中间信贷）、循环经济产业基金、PPP 等特色产品入手，提升绿色金融产品创新力度。民生银行西宁分行以“融资 + 融智”为模式，设立绿色产业引导基金，提升节能环保领域技术改造和项目建设能力。中国银行青海省分行建立信贷工厂制度，为绿色小微企业提供小额、快速、批量的信贷服务。

4. 形成评估监测绿色金融机制

人民银行进一步加大绿色金融资源的配置力度，开展绿色金融支持效果评估、监测统计工作，有效提升了绿色金融发展实效。2015 年，人民银行

西宁中心支行尝试出台了《青海省绿色金融统计制度（试行）》，初步统计了银行发放的绿色信贷总额，逐步形成了六大类、九小项的绿色信贷统计指标体系，获得了真实全面的第一手基础信息数据，为掌握绿色信贷实施情况和风险防范奠定了良好的基础。

（二）绿色金融支持绿色发展取得的成效

1. 信贷资源配置向绿色领域倾斜

2015 年以来，金融机构加大绿色发展支持力度，绿色信贷余额从 2015 年的 1665.87 亿元增加到 2017 年的 2186.70 亿元，绿色信贷余额占本外币贷款余额的比重接近 30%，绿色信贷覆盖率为 34.42%，高于全国平均水平，有力支持了循环经济、低碳经济及国家重大生态保护工程建设，推动了供给侧结构性改革和产业结构调整，促进了循环、低碳、绿色发展。17 家主要商业银行绿色项目涵盖光伏、水电、风电、绿色交通运输、可再生能源及清洁能源、工业节能节水等多个绿色生产行业。绿色信贷占比排名前 5 位的产业依次为绿色能源、绿色交通、绿色农林牧业开发、资源节约与循环利用、绿色建筑等。多家金融机构进行信贷项目审批时，采取环境污染“一票否决制”，对环保不达标的企业和项目杜绝发放贷款，遏制信贷资金流入污染项目和企业，进而倒逼绿色产业发展。交通银行青海省分行、中信银行西宁分行、民生银行西宁分行“两高一剩”贷款实现零余额，全部停止对高能耗、高污染产业的信贷支持，有力支撑了绿色转型发展。

2. 稳步推进非信贷绿色金融业务

一是实现了绿色债券“零”的突破。2016 年，非金融企业绿色债券成功发行，实现了绿色债券的首单突破，所募集的 2 亿元资金主要投向新能源电站建设，丰富了绿色企业融资渠道，实现了绿色债券“零”突破。2017 年，浦发银行西宁分行积极参与浦发银行总行绿色债券支持项目，包括清洁能源水力发电、绿色交通运输、资源节约与循环利用等 6 个项目被纳入项目范围，共计金额 2.86 亿元，在总行绿色信贷各项业务、财务及人力资源的支持下，贷款存续期内最高可为客户节省 235.2 万元的融资成本。与此同时西宁农商行积极探索绿色金融债业务，青海共和县倒淌河镇污水处理厂及配套污水管网建设项目和西宁市东川工业园区工业废水处理厂及配套管网工程两个项目已经进入绿色金融债发行的最后阶段，绿色金融债券发行的零突破指日可待。

二是开展绿色保险试点。完善“一个办法、三个指引”的环境污染强制责任保险制度，即《青海省环境污染强制责任保险管理办法》《风险评估操作规范指引》《投保操作规范指引》及《索赔操作规范指引》。先后分两批展开了环境污染强制责任保险试点实践，引导企业重视绿色发展、环境责任，强制高污染企业购买环境责任险，提高排污成本，开启了保险业促进绿色发展的新阶段。

三是设立绿色发展基金。2016 年，完成总规模为 80 亿元的“青海省循环经济发展基金”的设立。截至 2017 年末，青海银行成功办理产业基金业务十笔，累计投资金额 83.4 亿元，投资总规模达 122.25 亿元，投向目标企业主要以新能源、新材料以及绿色循环等领域为主，由浅绿项目到深绿项目不等。2017 年，浦发银行西宁分行的青海省战略新兴产业基金成功落地 5 亿元，并全部投入煤业尾气综合利用项目，成为首笔纯绿色基金业务。

四是 PPP 绿色融资效应凸显。在 PPP 项目融资的选择上，重点涉及公共交通、供排水、生态建设和环境保护、水利建设、可再生能源、教育、科技、文化、养老、医疗、林业、旅游等多个领域，无高污染、重排放项目，形成了从养老、医疗等浅绿项目到生态保护、林业、可再生能源、污水治理等深绿项目逐步过渡的多层次绿色 PPP 项目融资模式，有力支持了绿色发展。

3. 绿色产业发展形成明显优势

2015 年以来，绿色金融有力支持了西宁经济发展方式转变和传统产业改造升级，新能源、新材料、有色金属、化工、高原生物制品、中藏药、藏毯绒纺等绿色产业发展势头强劲，西宁市绿色发展步入“快车道”。以绿色产业为主体的西宁经济技术开发区经过 10 多年的发展，高原生物资源精深加工及中藏药产业增加值比重逐年提升，截至 2017 年，已超过 60% 成为开

发区的主导产业，还有20多户集群企业工业产值突破亿元。以新能源、新材料、生物医药、健康环保、信息技术五大绿色产业和科技创新孵化服务为特点的青海中关村基地，2014年，被APEC组织认证为西北唯一的“全球低碳小镇”，小镇内部实现废水、废气零排放，对入驻的163家企业实施严格的环保审查和监控。青海百能储能技术、青海明阳环保3D打印油墨技术等达到国际领先水平。新能源光伏产业作为重点发展的绿色优势产业之一，技术水平与产业体系完备，金融机构通过设计符合光伏发电项目的绿色金融产品，有力支持了光伏产业的快速发展。

三　西宁市绿色金融支持绿色发展存在的问题

2015年以来，西宁市绿色金融快速发展，有力地支持了绿色发展，但在绿色金融发展实践过程中，产业结构低下、信息不对称、创新力度不够、外部性和交易成本较高等问题也制约着绿色金融的可持续发展，进而影响绿色金融对绿色发展的支持效应。

（一）粗放型的产业结构制约绿色金融发展

近年来，绿色金融对绿色发展的作用日趋凸显。然而由于西宁市工业结构的特点，绿色金融发展遇到一定的阻力。西宁市工业以有色金属冶炼及压延加工业、化工、电力等重工业为主，高耗能产业比重大，造成能源、资源消耗量大，带来生态破坏和环境污染，经济发展方式依然呈现资源密集型、高消耗、高排放的粗放特征，产业转型升级难度大。西宁市现阶段的工业结构使绿色金融的发展面临着需要突破的瓶颈，如制度瓶颈、信息瓶颈、执行瓶颈等。

（二）信息不对称造成绿色金融实施难度较大

绿色金融对绿色发展的支持作用，需要金融机构与环保部门建立畅通的信息沟通机制。但从目前的情况看，金融机构与环保部门的沟通机制尚不健全，双方并未实现充分的信息共享，环保部门对信贷条件了解不够细化，而金融机构在对企业进行贷前评审环节中，由于缺乏可靠的环保信息，对企业的发展前景、预期的收益及风险难以做出科学的评判，进而影响银行信贷、债券发行等活动的正常开展，在一定程度上影响了绿色金融的发展质量，加剧了绿色发展资金供求的矛盾。

（三）创新不足导致绿色金融服务和产品单一

目前西宁市绿色金融市场主要以绿色信贷为主，间接融资在绿色发展中发挥主导作用，而绿色债券、绿色股权、绿色保险及碳金融尚处于起步阶段，直接融资在绿色发展中的影响力明显不足。绿色金融服务和产品体系单一，对绿色信贷的依赖程度高，以至于其发展潜力有限，而且金融风险过多集中在金融中介机构，从而对金融机构和绿色发展都会带来不利的影响。同时，面对绿色发展多元化的金融服务需求，在特色金融服务方面创新不足，以排污权、碳排放权和用能权为抵押的绿色信贷业务尚未开展，环境资源有偿使用制度相对滞后，削弱了金融对企业节能减排的支持作用。

（四）绿色金融发展面临交易成本约束

西宁市在绿色金融发展的实践过程中，也存在绿色金融发展的外部性和交易成本较高等问题，相比其他金融活动，绿色金融需要更多的配套制度安排来降低外部性和交易成本。西宁市生态资源丰富，但绿色标准的认定、绿色信息数据的处理、绿色项目库的建设、减排额度的设计等相关绿色金融制度安排建设滞后，绿色金融发展仍面临较高的交易成本约束。

四　西宁市绿色金融支持绿色发展对策建议

党的十九大报告指出，进一步建立和完善促进绿色产业发展的法律法规和政策保障体系，构建绿色发展的产业体系，借助绿色金融体系推动绿色产业发展。绿色金融是绿色发展的重要推动力，西宁市在建设绿色样板城市的进程中，要不断丰富绿色金融市场，引导和吸引更多的民间资本及外资投资绿色产业，通过直接或间接绿色金融方式，将金融资源配置到生态修复、节能环保、清洁能源、绿色交通、绿色建筑等绿色发展领域，为绿色发展提供可持续推动力。

（一）完善政策体系，推进绿色金融健康发展

1. 绿色金融配套扶持政策尽快落地

从绿色金融发展实践来看，目前实际落地配套的措施主要集中在绿色债券的绿色审批通道等方面，而对于七部委联合下发的《关于构建绿色金融体系的指导意见》（以下简称《指导意见》）等文件中提出的税收优惠、财政贴息、将绿色金融产品纳入人民银行再贷款合格抵押品以及政府支持设立第三方担保机制等措施，还未完全体现在绿色金融活动中。因此，应按照《指导意见》的要求，结合西宁市绿色金融发展实践，落实财政、税收等方面的优惠配套措施，切实激发各方实施绿色金融的积极性，明确绿色金融成为主要发展方向。

2. 出台推进绿色产业发展相关政策

针对西宁市高耗能企业占比较高的现实，尽快出台推进绿色产业发展的相关政策，完善政策支持体系，构建更加有利于绿色发展的市场环境。一是建立绿色项目清单，根据西宁市绿色发展样板城市建设的“六大行动”，结合货币金融政策，确定绿色发展重点领域、重点项目和重点产业，为绿色金融发展方向提供政策依据。二是加大财政扶持力度。以减免税、补助、贴息、奖励等方式，重点支持绿色产业项目建设、企业技术改造、科技创新、文化创意、上市融资、发行债券、市场拓展以及品牌、质量、标准化建设等领域。三是实行差异化信贷政策，对通过新技术、新工艺达到环保要求的传统产业停止信贷限制，对不符合环保要求的项目压降信贷规模并有序退出。

（二）强化绿色信贷力度，加快产业结构转型升级

1. 着力提高绿色信贷比例

围绕西宁市绿色发展样板城市建设的总体要求，引导和鼓励金融机构为西宁市绿色发展提供信贷服务，绿色信贷余额增速高于各项贷款余额平均增速，绿色信贷利率低于各项贷款利率平均水平，力争每年绿色产业信贷规模都有一定比例的增幅。建立市区（县）两级政策性融资担保体系，为绿色产业企业提供增信支持。信贷重点支持新兴产业发展、治理能力提升、“高原绿”建设、“西宁蓝”建设、“河湖清”建设、绿色人文建设六大行动，进而支撑创新驱动发展战略、乡村振兴战略和可持续发展战略的实施。

2. 不断创新绿色信贷服务和产品

根据西宁市建设绿色样板城市目标，全面实施《绿色信贷指引》《能效信贷指引》等政策制度，结合《绿色项目清单》，开发绿色信贷产品，积极发展能效信贷、节能减排技改项目贷款、林农小微贷款、中长期林业产业贷款、绿色装备供应链融资、低碳信用卡、绿色项目融资租赁、绿色保证保险贷款、新能源汽车消费信贷等业务，为企业和个人提供全方位的绿色信贷综合服务。努力提升绿色信贷服务水平，在贷款额度、审批流程、贷款期限、贷款利率、贷存比和贷款风险权重等方面实行优惠优先；借助财金联动平台，通过绿色贷款贴息、担保费率补贴、风险分担等方式，加大对绿色项目和绿色产业的信贷投放。

3. 加大绿色担保增信力度

信用担保作为连接金融机构和企业的纽带，通过发挥专业增信和风险管理功能，能够有效降低交易成本，助力破解融资“瓶颈”，改善金融和绿色经济的失衡。为此，应鼓励担保机构加大对绿色项目的担保力度，对符合政策条件的绿色项目优先配置担保资源，并适度降低担保费率。依托西宁市中小微企业风险池资金，加快推动设立市级绿色担保基金，建立完善政银担绿色信贷风险分担机制，防范绿色产业发展中的各种风险，支持、引导绿色产

业发展。开发基于碳排放权、用能权、水权、节能量、电力收费权等环境权益金融服务，积极打造环境权益类金融服务平台，助力生态文明建设。

（三）完善资本市场融资，拓宽绿色发展融资渠道

1. 推动绿色企业挂牌上市

培育和支持西宁市高新技术、节能环保、新材料、生产性服务业等绿色企业在主板、中小板、创业板上市融资，鼓励符合条件的企业在新三板市场和青海股权交易中心挂牌。探索设立“企业上市专项扶持资金”，对企业IPO发生的费用给予一定比例的补贴，同时加大对上市后备企业的培育、培训、上市推介力度等。需要注意的是，推动绿色企业股权融资，关键要解决绿色企业的概念和界定问题，即对绿色产业和绿色企业的认定标准和方法，在明确哪些企业是绿色企业的基础上，进一步明确对绿色企业上市融资的相关配套措施。

2. 扩大绿色债券发行规模

用好用足绿色债券发行审批的优惠政策，扩大绿色债券发行规模，增加绿色债券品种。鼓励金融机构试点发行绿色金融债券，拓宽绿色信贷资金来源；支持符合条件的企业发行绿色债券，拓宽企业融资渠道。尝试将风力发电、光伏发电、污水处理等绿色项目的收益权或应收账款作为基础资产，发行绿色资产支持证券，创新绿色项目和绿色企业融资渠道。

3. 设立绿色产业发展基金

整合一、二、三产平台产业发展引导基金，会同西宁经济技术开发区，发起设立西宁市绿色产业发展基金，引入金融机构及社会资本共同参与，吸引民间资本投资绿色产业，加快绿色产业发展。

（四）普及绿色保险，为绿色发展保驾护航

绿色保险是在开发保险产品时，将节能减排、生态环保等绿色发展理念贯穿到保险产品中，利用保险的灾害补偿、风险防范等功能，实现助推绿色发展的目的。通过差别保险费率机制，对参保企业获取金融服务和申请绿色

信贷给予优先保障，鼓励企业采用绿色环保设备、工艺和技术实施生产活动；引导消费者树立低碳生活理念，形成良好的绿色消费习惯；加大环境污染强制责任保险的宣传力度，将环境污染强制责任保险推广到更多的企业中，强化企业的绿色发展理念；推动政策性农业保险提标扩面增品，增强农业生产抗风险能力；建立统一的环保信息平台，尽快建立企业环境污染数据库，通过数据分析形成专题报告，定期向社会发布绿色保险发展状况和面临的潜在风险，以引起社会的关注和支持。

（五）健全绿色金融机制，降低绿色发展成本

探索建立绿色金融发展水平指标、完善绿色金融综合统计制度和市场化激励约束机制，有利于增强绿色金融工作规范性，提升支持绿色发展的质量。为此，应建立绿色金融发展测度标准的沟通协调机制，相关部门尽快出台和完善绿色金融发展指标体系；成立绿色金融信息数据处理中心，提升信息处理效率；以绿色项目清单为依据，建立绿色项目库，为金融支持绿色发展提供智力支持。

目前，西宁市处于打造绿色样板城市的关键时期，坚持生态保护优先成为实现经济社会可持续发展的基本要求，而绿色金融则是加快绿色发展必不可少的经济手段。在新的历史发展时期，必须将绿色发展理念普及到全社会，将绿色标准作为实现经济社会可持续发展的必备条件，全方位彰显绿色金融在推动绿色发展方面的引领作用。

参考文献

刘永合：《青海省绿色金融发展浅析》，《青海金融》2016 年第 6 期。

何佳：《青海省绿色金融发展探索与思考》，《青海金融》2017 年第 10 期。

郭濂等：《生态文明建设与深化绿色金融实践》，中国金融出版社，2014。

陈青松、张建红：《绿色金融与绿色 PPP》，中国金融出版社，2017 年 1 月。

指标体系篇

Indicator System Reports

B.14 西宁市在青海省绿色发展2016年度评价中的排名分析及对策建议

段国荣*

摘　要： 西宁市建设绿色发展样板城市是市委市政府做出的重大决策部署，对西宁实现绿色发展意义重大。本文根据《2016 年青海省各市（州）绿色发展年度评价结果公报》的有关指标指数和统计数据，分析了西宁绿色发展在全省的排位状况及成效，列出了西宁市在 2016 年度全省评价中环境质量指数差距较大、生态保护指数偏低、环境治理指数指标落后明显、公众对生态环境满意程度有待提高等五个方面的短板，针对问题提出了加强对重点领域的治理、重点解决各项制度的完善问题、构建全社会共同参与的环境治理体系等三个方面的相

---

* 段国荣，西宁市统计局能源统计处处长，研究方向为能源统计核算。

关对策建议。

关键词： 绿色发展　评价排名　西宁市

西宁市建设绿色发展样板城市的实施意见提出，到2020年西宁基本建成绿色发展样板城市。这是市委、市政府做出的重大决策部署，对西宁实现绿色发展具有重要意义和深远影响。2018年4月17日，省统计局、省发改委、省环保厅和省委组织部联合发布了《2016年青海省各市（州）绿色发展年度评价结果公报》（以下简称"公报"）。本文根据"公报"和相关统计数据，分析了西宁绿色发展年度评价在青海省的排位情况，阐述了西宁市绿色发展中取得的主要成效和存在的短板，结合西宁实际提出了推动建设绿色发展样板城市的对策和建议。

一　青海省各市（州）绿色发展年度评价结果

2016年青海省各市（州）绿色发展年度评价结果公报主要由年度评价结果排序和评价结果指数值组成（见表1、表2）。

表1　2016年青海省各市（州）绿色发展年度评价结果排序

地区	绿色发展指数	资源利用指数	环境治理指数	环境质量指数	生态保护指数	增长质量指数	绿色生活指数	公众满意程度
海南州	1	4	5	2	2	3	5	1
黄南州	2	2	1	6	3	6	6	2
西宁市	3	1	2	8	5	1	2	3
海东市	4	3	6	7	4	4	4	8
海北州	5	6	4	4	7	5	3	6
海西州	6	5	7	3	8	2	1	7
果洛州	7	7	3	5	1	7	8	4
玉树州	8	8	8	1	6	8	7	5

资料来源：《2016年青海省各市（州）绿色发展年度评价结果公报》。

表 2　2016 年青海省各市（州）绿色发展年度评价结果

地区	绿色发展指数	资源利用指数	环境治理指数	环境质量指数	生态保护指数	增长质量指数	绿色生活指数	公众满意程度
海南州	81.68	80.06	76.35	96.03	82.77	78.51	72.26	94.46
黄南州	81.24	82.71	86.27	87.36	82.58	67.99	67.62	93.50
西宁市	79.98	83.19	80.52	65.80	80.55	89.03	84.00	90.24
海东市	79.86	80.92	75.24	86.21	80.57	74.24	77.84	86.07
海北州	79.20	73.62	77.85	92.61	79.15	74.08	81.16	86.47
海西州	79.09	77.16	73.54	93.62	64.22	86.46	84.17	86.14
果洛州	76.63	72.34	78.06	89.70	85.72	67.66	60.00	88.94
玉树州	75.11	70.54	68.12	99.46	79.91	62.30	64.56	88.94

资料来源：《2016 年青海省各市（州）绿色发展年度评价结果公报》。

从青海省绿色发展评价结果指数值来看，全省各市（州）分数之间的相差不大，排名第一的海南州，得分为 81.68 分，最后一名的玉树州，得分为 75.11 分。由此可以预测，在“十三五”5 年的考核分数中，各市（州）之间的分数也会比较接近。

二　西宁市绿色发展年度评价在全省排位状况

（一）西宁市绿色发展年度评价总体情况

根据《2016 年青海省各市（州）绿色发展年度评价结果公报》，2016 年，西宁市绿色发展综合指数为 79.98，在全省 8 个市（州）中排第 3 位。西宁公众对生态环境质量满意程度 90.24%，也是列全省第 3 位。

在绿色发展指数的 6 项分类指数中，西宁排在第 1 位的有两项，即资源利用指数和增长质量指数；排在第 2 位的有两项，即环境治理指数和绿色生活指数；排在第 5 位的有一项，即生态保护指数；排在第 8 位的有一项，即环境质量指数（见表 3）。

表3　2016年西宁市绿色发展年度评价青海省位次表

项目	绿色发展指数	资源利用指数	环境治理指数	环境质量指数	生态保护指数	增长质量指数	绿色生活指数	公众满意程度
指标值	79.98	83.19	80.52	65.80	80.55	89.03	84.00	90.24
在全省排位	3	1	2	8	5	1	2	3

资料来源：《2016年青海省各市（州）绿色发展年度评价结果公报》。

从全省8个市（州）排位看，西宁绿色发展指数值比第1位的海南州（81.68）低1.7个百分点，比第2位的黄南州（81.24）低1.26个百分点，比最末位的玉树州（75.11）高4.87个百分点。从《青海省生态文明建设考核目标体系》和西宁分在同一组的海东、海西比较看，西宁绿色发展指数值比海东市（79.86）和海西州（79.09）分别高0.12个和0.89个百分点，差距非常小，一两个指标的变化就会影响最终排名。

从西宁绿色发展指数的各分类指数看，资源利用指数和增长质量指数值较高，分别为83.19和89.03，排序在全省均居第1位。分别比排在第2位的黄南州（82.71）、海西州（86.46）高0.48和2.57，比全省8个地区的平均值77.57和75.03分别高5.62和14，说明2016年西宁资源利用指数优势不是特别明显，地区之间差距较小，竞争比较激烈，增长质量指数则需要巩固提高；西宁环境治理指数和绿色生活指数值分别为80.52和84.00，排序在全省均排第2位。分别比排在第1位的黄南州（86.27）、海西州（84.17）低5.75和0.17，虽排名靠前，但仍有较大进步空间；环境质量指数和生态保护指数值分别为65.80和80.55，排序在全省分别为第8位和第5位，指数值偏低且排名靠后，尤其是环境质量指数，为西宁绿色发展的短板。

（二）西宁绿色发展分类指数情况

1. 资源利用指数

2016年，西宁资源利用指数为83.19，在全省8个地区中居第1位。资

源利用由15个二级指标构成，其中，居全省第1位的指标6个；居全省第2位的指标1个；居全省第3位的指标3个；居全省第4位的指标2个；居全省第5位的指标1个；居全省第7位的指标1个。另外还有1个指标为非地域性缺失：非化石能源消费占能源消费总量比重（见表4）。

表4　2016年西宁市资源利用二级指标全省位次

序号	指数名称	原始权数(%)	青海省位次
1	能源消费总量增长率	1.92	1
2	单位GDP能源消耗降低率	2.88	1
3	单位工业增加值用水量降低率	1.92	1
4	人均新增建设用地面积	2.88	1
5	单位GDP建设用地面积降低率	1.92	1
6	农用地膜回收率	0.96	1
7	农田灌溉水有效利用系数	1.92	2
8	单位GDP二氧化碳排放降低率	2.88	3
9	一般工业固体废物综合利用率	0.96	3
10	农作物秸秆综合利用率	0.96	3
11	用水总量增长率	1.92	4
12	万元GDP用水量降低率	2.88	4
13	能源产出率	1.92	5
14	耕地面积增长率	2.88	7
15	非化石能源消费占能源消费总量比重	2.88	—

资料来源：青海省统计局核定的《2016年西宁市绿色发展指数》。

2. 环境治理指数

2016年，西宁环境治理指数为80.52，在全省8个地区中居第2位。环境治理由8个二级指标构成，其中，居全省第1位的指标1个；居全省第2位的指标1个；居全省第3位的指标2个；居全省第4位的指标1个；居全省第8位的指标3个（见表5）。

表5 2016年西宁市环境治理二级指标全省位次

序号	指数名称	原始权数(%)	青海省位次
1	二氧化硫排放量降低率	2.88	1
2	污水集中处理率	1.92	2
3	氮氧化物排放量降低率	2.88	3
4	生活垃圾无害化处理率	1.92	3
5	危险废物处置利用率	0.96	4
6	化学需氧量排放量降低率	2.88	8
7	氨氮排放量降低率	2.88	8
8	环境污染治理投资占GDP比重	0.96	8

资料来源：青海省统计局核定的《2016年西宁市绿色发展指数》。

3. 环境质量指数

2016年，西宁环境质量指数为65.80，在全省8个地区中居第8位。环境质量由8个二级指标构成，其中，居全省第1位的指标1个；居全省第6位的指标1个；居全省第7位的指标5个；居全省第8位的指标1个（见表6）。

表6 2016年西宁市环境质量二级指标全省位次

序号	指数名称	原始权数(%)	青海省位次
1	地级城市集中式饮用水水源水质达到或优于Ⅲ类比例	1.92	1
2	单位耕地面积化肥使用量	0.96	6
3	细颗粒物(PM2.5)未达标地级及以上城市浓度降低率	2.88	7
4	地表水达到或好于Ⅲ类水体比例	2.88	7
5	地表水劣Ⅴ类水体比例	2.88	7
6	重要江河湖泊水功能区水质达标率	1.92	7
7	单位耕地面积农药使用量	0.96	7
8	地级及以上城市空气质量优良天数比率	2.88	8

资料来源：青海省统计局核定的《2016年西宁市绿色发展指数》。

4. 生态保护指数

2016年，西宁生态保护指数为80.55，在全省8个地区中居第5位。生态保护由8个二级指标构成，其中，居全省第1位的指标2个；居全省第5

位的指标 1 个；居全省第 6 位的指标 1 个；居全省第 7 位的指标 2 个。另外，2 个指标为地域性缺失：可治理沙化土地治理面积和新增矿山恢复治理面积（见表 7）。

表 7　2016 年西宁市生态保护二级指标全省位次

序号	指数名称	原始权数(%)	青海省位次
1	森林覆盖率	2.88	1
2	新增水土流失治理面积任务完成率	0.96	1
3	草原综合植被覆盖度	1.92	5
4	陆域自然保护区面积占陆地国土面积比例	0.96	6
5	乔木林单位面积蓄积量	2.88	7
6	湿地保护率	1.92	7
7	可治理沙化土地治理面积	1.92	缺失
8	新增矿山恢复治理面积	0.96	缺失

资料来源：青海省统计局核定的《2016 年西宁市绿色发展指数》。

5. 增长质量指数

2016 年，西宁增长质量指数为 89.03，在全省居第 1 位。增长质量由 5 个二级指标构成，其中，居全省第 1 位的指标 1 个；居全省第 2 位的指标 3 个；居全省第 4 位的指标 1 个（见表 8）。

表 8　2016 年西宁市增长质量二级指标全省位次

序号	指数名称	原始权数(%)	青海省位次
1	第三产业增加值占 GDP 比重	1.92	1
2	人均 GDP 增长率	1.92	2
3	居民人均可支配收入	1.92	2
4	规模以上工业企业研究与试验发展经费支出占 GDP 比重	1.92	2
5	工业战略性新兴产业总产值占规模以上工业总产值比重	1.92	4

资料来源：青海省统计局核定的《2016 年西宁市绿色发展指数》。

6. 绿色生活指数

2016 年，西宁绿色生活指数为 84.00，居全省第 2 位。绿色生活由 8 个二级指标构成。其中，居全省第 1 位的指标 5 个；居全省第 5 位的指标 2 个。另外，1 个指标为非地域性缺失：绿色产品市场占有率（高效节能产品市场占有率）（见表 9）。

表 9　2016 年西宁市绿色生活二级指标全省位次

序号	指数名称	原始权数(%)	青海省位次
1	绿色出行(城镇每万人口公共交通客运量)	0.96	1
2	城镇绿色建筑占新建建筑比重	0.96	1
3	城市(县城)建成区绿地率	0.96	1
4	农村自来水普及率	1.92	1
5	农村卫生厕所普及率	0.96	1
6	公共机构人均能耗降低率	0.96	5
7	新能源公交车保有量增长率	1.92	5
8	绿色产品市场占有率(高效节能产品市场占有率)	0.96	—

资料来源：青海省统计局核定的《2016 年西宁市绿色发展指数》。

（三）公众满意程度情况

公众满意程度调查由青海省社情民意中心参考国家生态环境调查内容制定调查问卷，问卷全面系统反映了人居环境健康的各个方面，重点关注居民反应强烈且与生活密切相关的空气、水、土壤以及其他生活环境等方面的满意程度，同时调查居民对垃圾污水处理、危险废物处置处理及噪声、光污染、电磁辐射等 14 个环境问题的主观态度。每个问题回答主要有 4 个选项：非常满意、基本满意、不太满意和很不满意（或没有污染、轻度污染、中度污染和严重污染）。西宁市共抽取各县区 2000 人进行调查，公众满意程度为 90.24%，居全省第 3 位。比第 1 位的海南州（94.46%）低 4.22 个百分点，比第 2 位的黄南州（93.50%）低 3.26 个百分点。

三　西宁市推动绿色发展的主要成效

从 52 个二级指标排位情况看，西宁排第 1 位的指标有 16 个，排第 2 位的指标有 5 个，排第 3 位的指标有 5 个，排名前 3 名的指标占全部指标的比重为 50%，说明西宁市在推动绿色发展方面取得了显著成效。

（一）经济发展保持良好态势，能源消费总量呈缓慢上升趋势

近年来，西宁经济发展不断加快，在全国省会城市中经济增速连续位列前三，经济总量持续攀升，能源消费增速总体低于地区生产总值增速。2017 年完成地区生产总值 1284.91 亿元，增长 9.5%，全社会能源消费总量 2016.86 万吨标煤，2015 ~ 2017 年，全市单位 GDP 能耗比累计下降 21.64%，顺利完成了“十三五”前两年单位 GDP 能耗降低 4.6% 的进度目标任务，年均降幅达 11.48%，比“十二五”时期的年均降幅 5.22% 扩大 6.26 个百分点，节能量达到 658.14 万吨标准煤。2017 年单位 GDP 能耗指标值为 1.4824 吨标准煤/万元（2015 年不变价），下降 8.66%，顺利完成年度下降 2.31% 的目标任务。2018 年上半年，单位 GDP 能耗下降 6.44%，较好地完成了年度阶段性节能降耗目标任务（见图 1）。

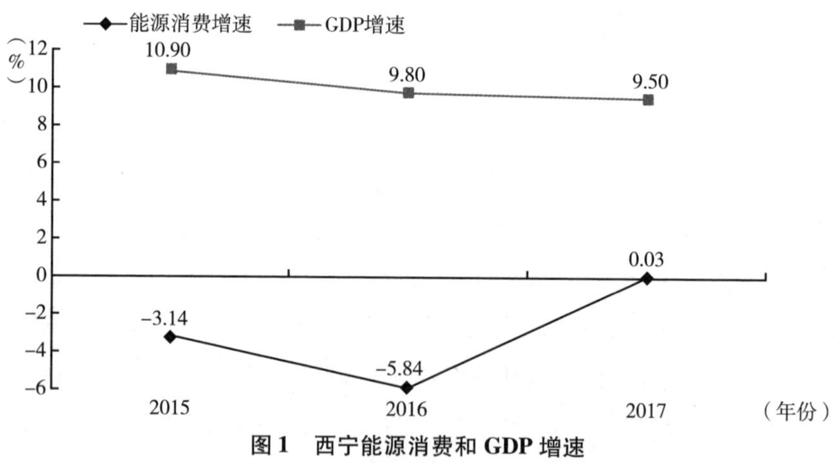

图 1　西宁能源消费和 GDP 增速

资料来源：《西宁统计年鉴（2018）》《2015 ~ 2017 年青海省能源统计进度监测资料》。

（二）产业结构不断优化，绿色经济稳中有进

近年来，西宁市主动适应经济发展新常态，坚持创新驱动转型升级，积

极打造千亿锂电产业基地，加快建设光伏制造中心，锂电池、太阳能电池、单晶硅、铝箔等产品产量不断增长，比亚迪、国肽生物等行业领军企业落户，单晶硅电池平均转换效率达到国际先进水平，电子级多晶硅、光纤预制棒、锂电正极材料等技术达到国内或世界领先水平。全市服务业对经济增长的贡献率不断提高，生产性服务业正在向专业化和价值链高端延伸，生活性服务业正在向精细化和高品质转变。生态农牧业加快发展，高原绿色有机品牌影响不断扩大，农产品电商、乡村旅游、生态农业观光等成为拉动农村经济发展的新业态。2017 年，三次产业结构比由 2015 年的 3. 3∶48. 0∶48. 7 调整为 3. 3∶43. 3∶53. 4，第三产业比重较 2015 年提高 4. 7 个百分点。全年第三产业增加值 686. 67 亿元，增长 8. 7%，对 GDP 贡献率为 44. 2%，较 2015 年提升 3. 18 个百分点，拉动 GDP 增长 4. 2 个百分点。

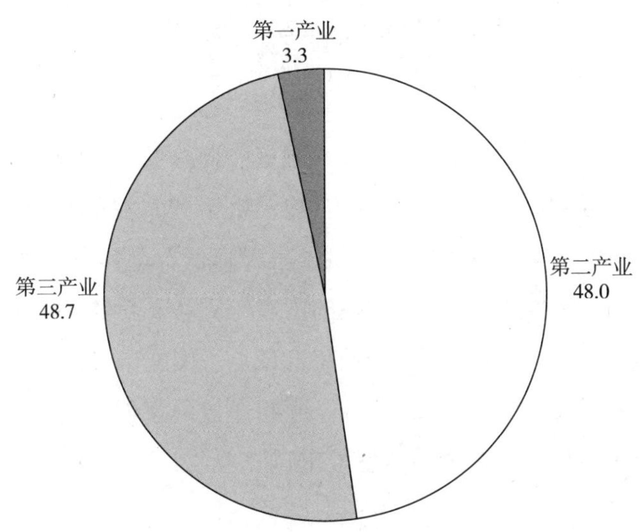

图 2　2015 年西宁市三次产业结构比

（三）大力发展战略性新兴产业，绿色发展新动能加速转换

近年来，西宁市强力推动新能源、新材料、节能环保产业等战略性新兴产业发展，积极培育高端成长性产业，加速推动动能替代，推动绿色经济发

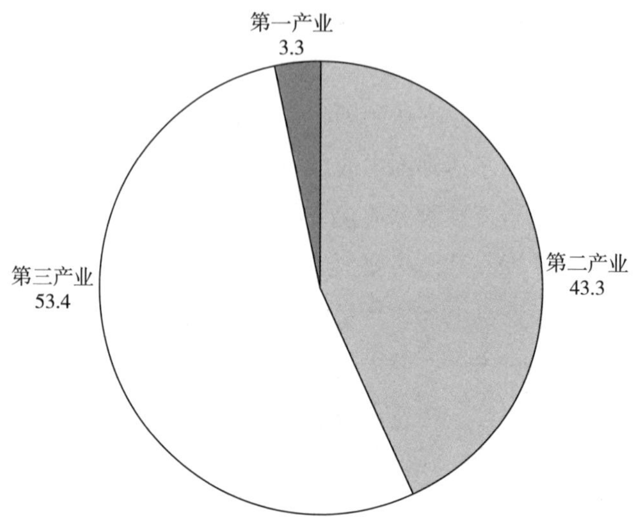

图 3　2017 年西宁市三次产业结构比

资料来源：《西宁统计年鉴（2018）》。

展。切实加强节能降碳统筹协调工作，制定能耗总量和强度“双控”制度，2017 年关停大通煤矿落后产能 120 万吨，粗铅和水泥的产量分别下降了 77.2% 和 27.4%。落实减税降费政策，累计降低企业各类成本 17.2 亿元。三江源生态与高原农牧业和政企共建的国家光伏等重点实验室落户西宁，中藏药产业集群等列入国家创新型产业集群试点。实施市级以上科技项目 148 项，申请专利 2442 件，授权 1187 件。顺利通过国家创新型城市试点验收。2017 年，西宁顺利通过国家创新型城市试点验收，绿色发展新旧动能正在加速转换。

（四）着力解决突出环境问题，生态环境质量显著改善

1. 空气质量持续向好

近年来，西宁市重点开展了扬尘污染、工业污染、机动车尾气污染、煤烟尘污染等六个方面的一系列治理工作。2017 年，市区环境空气质量优良天数达到 296 天，空气质量优良率上升到 81.1%，同比提高了 0.7 个百分

点，空气环境质量持续向好。

2. 水环境质量全面提升

2017 年，西宁市纳入国家和省政府考核的湟水流域（西宁段）干、支流断面中，达到或优于Ⅲ类断面的占比达到 87.5%，超过比例目标 50% 的要求，无劣Ⅴ类水质，湟水流域（西宁段）地表水水质状况为“良好”。出境断面小峡桥年均氨氮浓度同比下降 28.2%、年均化学需氧量浓度下降 14.3%、年均总磷浓度同比年下降 25.9%。依据全年监测结果，地下水水源符合国家《地下水质量标准》Ⅲ类水质要求；地表水水源符合国家《地表水环境质量标准》Ⅲ类水质要求。

3. 声环境在不断改善

一是区位环境噪声。2017 年，西宁市区域声环境质量监测点共 224 个。区域环境噪声中交通噪声占比 56.7%、社会生活噪声占比 43.3%、工业企业噪声占比 0.89%。2017 年全市昼间区域噪声平均值为 53.8dB（A），较 2016 年度上升了 0.4dB（A），达到城市区域环境噪声总体水平二级，属“较好”，西宁市区域环境噪声总体污染水平较上年稳中有增。

二是道路交通噪声。2017 年，西宁市昼间交通干线噪声平均值为 69.4dB（A），同比下降 0.35dB（A），达到道路交通噪声强度二级等级，属“较好”，全市 35 条干线中有 28 条路段达标。

三是功能区噪声。2017 年，西宁市昼间等效声级 Ld 年均值与 2016 年相比，1 类声环境功能区师大测点下降 2.8 dB（A）；2 类声环境功能区商业巷测点无变化；3 类声环境功能区矿山测点下降 2.0dB（A）；4 类声环境功能区七一路测点下降 1.0 dB（A）。

4. 绿色环境质量显著改善

2017 年，人均城市道路面积达到 9.75 平方米，人均公共绿地面积达 12.47 平方米，分别比 2015 年增长 30.7% 和 3.92%。总面积为 15870 公顷的西宁环城国家生态公园获批建设，一批环城森林旅游精品项目，将为西宁市民提供更多的具有高原特色的旅游休憩空间。

（五）公民环保意识明显增强，绿色生活能力不断提升

随着经济社会持续健康发展，西宁的老百姓真正得到实惠，享受到绿色发展带来的“红利”，人们收入水平不断提高，对生活质量的要求也随之提高。个人环保意识、环保态度不断提升，生态文明素养不断加强，加快打造绿色发展样板城市，促进绿色交通发展，生活方式绿色化，呈现了人们绿色生活指数的可视化。2017 年，人均地区生产总值达到 5.48 万元，实际增长 8.5%；西宁城市建成区绿地率 40.5%，同比提高 1.4 个百分点；农村自来水普及率 86%，同比提高 1.83 个百分点。

（六）国土绿化规模空前，生态保护取得积极成效

2017 年，西宁市林业生态工程造林达到 36 万亩，南北山高标准造林 7 万亩，28 年的绿化成果得到国家充分肯定。园博园完成总规编制和绿化整地。新改建游园、街头绿地 14 处、道路绿地 25 条，提升绿道景观 75.8 公里，新增城区绿地面积 1147.5 亩。大气质量持续改善，严格落实五个“100%”，GPS 定位管理渣土车，淘汰黄标车 4324 辆，“煤改气”191.5 蒸吨。出台新能源汽车推广应用方案，新建充电桩 1034 个，新增纯电动公交车 55 辆。全年空气优良率为 81.1%，空气质量指数在西北省会城市排名第一。水污染治理成效突出，建立完善四级复合型河长组织体系，实现河长管理全覆盖。全国水生态文明城市建设试点通过验收。关停、搬迁禁养区规模化畜禽养殖场 66 家，整治湟水河干支流排污口 75 个。以中央环保督察为契机，强力推进环保问题整改，规范整治各类污染企业 838 家，解决污染问题 1000 余个，一大批群众关心的环保问题得到有效解决。

四　西宁市绿色发展中存在的短板

从本次评价结果来看，16 个约束性指标中有 8 个排名居全省后 2 位，其中化学需氧量排放量降低率、氨氮排放量降低率和地级及以上城市空气质

量优良天数比率 3 个指标排名垫底，绿色发展仍存在一些短板和挑战（见表 10）。

表 10　约束性指标在全省位次

序号	二级指标序号	指数名称	原始权数(%)	指标类型	指标值	测算权数(%)	指数值	在全省位次
1	2	单位 GDP 能源消耗降低率	2.88	正向	14.22	2.88	100.00	1
2	10	人均新增建设用地面积	2.88	逆向	2.91	2.88	100.00	1
3	18	二氧化硫排放量降低率	2.88	正向	4.66	2.88	100.00	1
4	32	森林覆盖率	2.88	正向	32.00	3.61	100.00	1
5	3	单位 GDP 二氧化碳排放降低率	2.88	正向	-1.51	2.88	68.08	3
6	19	氮氧化物排放量降低率	2.88	正向	7.13	2.88	85.76	3
7	6	万元 GDP 用水量降低率	2.88	正向	6.25	2.88	63.90	4
8	9	耕地面积增长率	2.88	正向	-0.30	2.88	67.78	7
9	25	细颗粒物(PM2.5)未达标地级及以上城市浓度降低率	2.88	正向	0.00	2.88	60.00	7
10	26	地表水达到或好于Ⅲ类水体比例	2.88	正向	75.00	2.88	60.00	7
11	27	地表水劣 V 类水体比例	2.88	逆向	25.00	2.88	60.00	7
12	33	乔木林单位面积蓄积量	2.88	正向	61.54	3.61	66.35	7
13	16	化学需氧量排放量降低率	2.88	正向	-1.85	2.88	60.00	8
14	17	氨氮排放量降低率	2.88	正向	-1.34	2.88	60.00	8
15	24	地级及以上城市空气质量优良天数比率	2.88	正向	75.40	2.88	60.00	8
16	4	非化石能源消费占能源消费总量比重	2.88	正向	无数据	2.88	60.00	—

资料来源：青海省统计局核定的《2016 年西宁市绿色发展指数》。

（一）环境质量指数差距较大，全省排名第8位

环境质量指数在六个一级指标中分值仅低于资源利用指数，占比 17.3%，是西宁市短板最集中的一项。西宁 8 个二级指标中的 7 个排全省第 6 位及以后，其中，单位耕地面积化肥使用量全省第 6 位，细颗粒物（PM2.5）未达标地级及以上城市浓度降低率、地表水达到或好于Ⅲ类水体比例、地表水劣 V 类水体比例、重要江河湖泊水功能区水质达标率和单位

耕地面积农药使用量5个指标全省第7位，地级及以上城市空气质量优良天数比率全省第8位。西宁环境质量指数为65.80，比第1位的玉树州（99.46）低33.66，比第7位的海东市（86.21）还低20.41。西宁的绿色发展综合指数排全省第3名，主要原因就是环境质量指数太低，而且与其他7个市（州）差距很大。这些指标严重影响西宁绿色发展综合指数值在全省的位次，如果西宁的环境质量指数能达到第7位海东市的水平，测算西宁的绿色发展综合指数得分就能达到83.51，比排第1位的海南州（81.68）还要多1.83。

（二）生态保护指数偏低，全省排名第5位

生态保护指数在六个一级指标中占比14.5%，也是西宁市短板比较明显的一项。8个二级指标中，除可治理沙化土地治理面积和新增矿山恢复治理面积2个指标为地域性缺失外。其他6个指标有4个指标排名低于第5位，乔木林单位面积蓄积量和湿地保护率排全省第7名，这些指标影响了西宁生态保护指数在全省的位次。

（三）环境治理指数3项指标落后明显

环境治理指数二级指标中，化学需氧量排放量降低率、氨氮排放量降低率和环境污染治理投资占GDP比重等3个指标居全省第8位。

（四）公众对生态环境满意程度有待提高

调查数据显示，影响西宁市生态环境质量满意程度的因素主要集中在与人民生活状况息息相关的环境方面，公众对生态环境满意程度有待提高。

五　对西宁市建设绿色发展样板城市的建议

保护生态环境就是保护经济社会发展的潜力和后劲。因此，应以生态理念为统领，牢固树立“生态似水、发展如舟”的理念，构建全社会

共同参与的环境治理体系，为西宁建设绿色发展样板城市注入新的活力和动力。

（一）加强对重点领域的治理

青海省统计局等四部门发布的《2016 年青海省各市（州）绿色发展年度评价结果公报》显示：52 个二级指标排全省前 2 位的指标西宁有 21 个，居后 2 位的指标有 12 个。西宁市短板集中，特别是约束性指标得分较低。16 个约束性指标中有 8 个排名居全省后 2 位，其中耕地面积增长率、细颗粒物（PM2. 5）未达标地级及以上城市浓度降低率、地表水达到或好于Ⅲ类水体比例、地表水劣Ⅴ类水体比例和乔木林单位面积蓄积量 5 个指标居全省 8 个地区第 7 位，化学需氧量排放量降低率、氨氮排放量降低率和地级及以上城市空气质量优良天数比率 3 个指标排名垫底。少数排名靠后且权重大的指标严重影响西宁绿色发展总指数排位。各县（区）及市级有关部门应加强对这些领域相关工作的监管整治力度，抓住核心重点，推动西宁绿色发展再上新台阶。

（二）重点解决各项制度的完善问题

一是做好绿色经济市场导向的研究，并建立形之有效的环境监督执法体系，使环境行为主体自觉遵守环境法规与标准，在全市范围内构建完善的绿色经济和生态文化发展氛围。二是每年不同时期针对绿色发展现状研究制定阶段性的可行性计划和规划，提出具体的目标任务、可操作性措施及责任单位，使绿色发展工作项目化、项目工作目标化，坚持长效管理，逐步推进绿色发展工作落实到位。三是加强和落实绿色发展责任考核。改变以经济总量和速度指标为中心的考核办法，进一步加大促进经济增长、保护生态环境、提高资源利用效率等综合性指标考核比重，建立“职责分工明确、目标任务量化、项目措施落实、监督考核过硬、奖励惩处兑现”的目标责任机制。

（三）构建全社会共同参与的环境治理体系

2016 年，西宁市环境污染治理投资占 GDP 的比重仅为 0. 65%，在全省排名倒数第一，与省会城市的地位不相匹配。西宁建设绿色发展样板城市，要提升全民环境保护意识、建立健全生态补偿机制、提高环保执法监管水平、调动公民和社会组织参与环境治理的积极性、完善环境舆情的监测，加大环境污染治理投资，构建以环境质量为核心的管理体系，建立水、大气、土壤污染治理模式，打造让人民群众满意的天蓝、地绿、水净的优质生态环境。

参考文献

中共西宁市委西宁市人民政府：《西宁市关于建设绿色发展样板城市的实施意见》，2017 年 4 月 6 日。

青海省统计局、青海省发展改革委、青海省环境保护厅、中共青海省委组织部：《2016 年青海省各市（州）绿色发展年度评价结果公报》，2018 年 4 月 17 日。

西宁市统计局、国家统计局西宁调查队：《西宁统计年鉴（2018）》，2018 年 7 月。

西宁市环境保护局：《西宁市 2017 年环境质量状况公报》，2018 年 6 月 2 日。

B.15
西宁市绿色发展指标体系及评价方法研究

丁生喜　赵秋荣　段国荣*

摘　要： 国家统计局制定了全国绿色发展评价指标体系，并进行了发布，为各省、市（州）开展评价工作提供了可复制的方案和可借鉴的经验。本研究遵循“在青海省绿色发展指标体系框架内，体现西宁实际特点”的原则，建立了西宁市绿色发展指标体系，并对2016年西宁市与其他州市绿色发展水平进行了评价，在此基础上，分析了西宁市绿色发展在环境质量指数、生态保护指数、环境治理指数、公众满意度等方面存在的问题，提出了西宁市进一步加强环境治理、提高思想认识、完善各项配套措施等对策建议。

关键词： 绿色发展　综合指数　评价指标体系　西宁市

21世纪以来，世界经济发展受金融危机、气候变化以及资源短缺的严重影响，从传统经济增长为重心的发展模式向以经济与资源环境协调发展为重心的绿色发展模式的转变，日益受到国际社会的广泛关注，“绿色经济”已经成为实现可持续发展的战略选择。中央经济工作会议指出，稳定经济增长，要更加注重供给侧结构性改革，促进绿色经济发展。青海省地处青藏高

* 丁生喜，青海大学教授，研究方向为区域经济发展评价；赵秋荣，西宁市统计局局长，研究方向为国民经济核算；段国荣，西宁市统计局能源统计处处长，研究方向为能源统计核算。

原，只有切实遵循绿色发展理念，才能保护生态环境，实现可持续发展。习近平总书记视察青海时指出："扎扎实实推进生态环境保护，坚决筑牢国家生态安全屏障，确保一江清水向东流"。西宁市地处青海省河湟谷地，是省内自然生态条件相对较优的地区。本文将探索建立西宁市绿色发展评价指标体系，并进行绿色发展水平评价，指出西宁市绿色经济发展存在的主要问题，提出政策建议。

一　西宁市绿色发展指标体系建立依据与原则

西宁市是青海省的省会城市，人口比较密集，产业结构综合性较强。西宁市绿色发展评价指标体系的构建，要充分依据国家层面和省级层面绿色发展的一般要求，并在此基础上增加西宁市绿色发展的个性化指标。

（一）西宁市绿色发展指标体系建立依据

1. 国家层面

2015 年 11 月，国家统计局开展了"生态文明综合评价体系"研究工作，初步设计指标类型分为一级指标、二级指标和三级指标，共 45 个指标。青海省被列为全国 11 个省（市、区）试点地区之一，参与此项工作。2016 年 4 月，国家统计局编制了"绿色发展指标体系"，先后两次征求各省意见，在此基础上，国家统计局编制了《绿色发展指标体系》（修改稿），指标类型为一级指标、二级指标，共 56 个指标。2016 年 12 月，国家发展改革委、国家统计局、环境保护部、中央组织部制定了《绿色发展指标体系》，作为生态文明建设评价考核的依据。

2. 省级层面

青海省统计局根据《中共青海省委、青海省人民政府关于贯彻落实〈中共中央国务院生态文明体制改革总体方案〉的实施意见》工作任务安排，即"加快建立符合青海特点的生态文明目标体系"改革任务要求，作为全国试点地区，2015 年 10 月启动"青海省绿色发展指标体系"研究工作，2015 年 12 月启动“生态文明综合评价指标体系”研究工作。青海省“绿色发展指标体系”研究工作按照国家统计局的时间表、路线图推进。2017 年 4 月，青海省统计局、青海省发展改革委、环境保护厅、省委组织部制定了《青海省绿色发展指标体系》，作为青海省生态文明建设评价考核的依据。

（二）西宁市绿色发展指标体系建立原则

2016 年 4 月，西宁市统计局成立了《西宁市绿色发展指标体系》领导小组，积极开展学习和研究工作。先后组织召开 12 家市级部门、县区统计局和 4 个工业园区工作会议 3 次。在大家的共同努力下，经过前期调研摸底、征求意见、研究讨论等各项工作的开展，如期制定了较为符合西宁市情的《西宁市绿色发展指标体系》。指标体系构建原则是遵循科学性、导向性、操作性、差异性、公认性原则，以绿色发展为途径，以生态文明建设为目标，旨在综合评价西宁市绿色发展的现状、进程和目标。

二　西宁市绿色发展指标体系的制定思路与特点

西宁市绿色发展评价指标体系的制定是紧密围绕绿色经济发展理念和内涵的基础上，借鉴和引用国家级、省级绿色经济发展共性指标，补充西宁市特色指标，考虑资源环境系统性，客观反映西宁市绿色发展水平。

（一）制定指标体系的基本思路

全面反映绿色发展的本质内涵，牢固树立绿水青山就是金山银山的理念，系统体现生态文明建设的具体要求，重点突出“十三五”规划约束性指标的作用，大力促进人与自然和谐共生，全面节约、集约和高效利用资源，加大环境治理力度，明显改善环境质量，筑牢生态安全屏障，提升经济增长质量，倡导绿色生活方式，不断提高公众对生态环境质量的满意度，为加快生态文明建设、实现绿色发展发挥重要作用。

（二）指标体系的特点

一是参考国家和本省指标体系，突出“十三五”规划纲要和生态文明建设重要文件提出的目标任务要求进行监测评价。二是强调山水林田湖草为统一的生命共同体，聚焦资源节约集约循环利用、污染治理和生态保护等重点问题，关注体现人与自然和谐共生，注重发挥其引领导向作用。三是兼顾指标选择的科学性与可行性、代表性与可比性，全面客观地反映绿色发展的总体进展情况。

（三）指标体系设置过程

西宁市统计局多次组织相关人员研究讨论绿色发展问题，参考国家和省级指标，初步设计了西宁市绿色发展评价指标体系，整理归类，制表后按部门发给相关单位征求意见。2016 年 9 月 8 日，组织召开《西宁市绿色发展指标体系（初稿）》征求意见会议。西宁市统计局与各部门就相关指标和工作进行了一对一、点对点对接，规范了指标名称、对各部门和单位提出的相关建议进行整理记录。最后，联合西宁市发改委、环保局和市委组织部印发了《西宁市绿色发展指标体系》（以下简称《体系》），《体系》明确了西宁市绿色发展的指标数量、名称、考核分值权重等。

三　西宁市绿色发展评价指标体系内容

根据绿色发展的内涵和本质特征，借鉴国家统计局和青海省统计局及省内其他地区的实践经验，结合西宁实际，西宁市绿色发展领导小组经过研究，完成了《西宁市绿色发展综合评价指标体系》的建立与发布工作，包含指标体系和评价体系两部分，并制订了西宁市绿色发展指数计算方法。

（一）西宁市绿色发展指标体系

在参考青海省统计局相关指标体系的基础上充分考虑西宁市绿色发展的

实际情况，拟定了“西宁市绿色发展指标体系”，包含资源利用、环境治理、环境质量、生态保护、增长质量、绿色生活和公众满意度 7 个一级指标、53 个具体指标，指标体系的设置具有较强的可操作性（西宁市绿色发展评价指标体系与指标权重见表 1）。

表 1 西宁市绿色发展评价指标体系与指标权重

一级指标	序号	二级指标	计量单位	指标类型	权数
一、资源利用（权重 31.7%）	1	能源消费总量	万吨标准煤	◆	1.92
	2	单位 GDP 能源消耗降低率	%	★	2.88
	3	单位 GDP 二氧化碳排放降低	%	★	2.88
	4	非化石能源占一次能源消费比重	%	★	2.88
	5	用水总量	亿立方米	◆	1.92
	6	万元 GDP 用水量下降	%	★	2.88
	7	单位工业增加值用水量降低率	%	◆	1.92
	8	农田灌溉水有效利用系数	—	◆	1.92
	9	耕地保有量	亿亩	★	2.88
	10	新增建设用地规模	万亩	★	2.88
	11	单位 GDP 建设用地面积降低率	%	◆	1.92
	12	资源产出率	万元/吨	◆	1.92
	13	一般工业固体废物综合利用率	%	△	0.96
	14	农作物秸秆综合利用率	%	△	0.96
	15	农用地膜回收率	%	△	0.96
二、环境治理（权重 17.3%）	16	化学需氧量排放总量减少	%	★	2.88
	17	氨氮排放总量减少	%	★	2.88
	18	二氧化硫排放总量减少	%	★	2.88
	19	氮氧化物排放总量减少	%	★	2.88
	20	危险废物处置利用率	%	△	0.96
	21	生活垃圾无害化处理率	%	◆	1.92
	22	污水集中处理率	%	◆	1.92
	23	环境污染治理投资占 GDP 比重	%	△	0.96
三、环境质量（权重 17.3%）	24	城市空气质量优良天数比率	%	★	2.88
	25	细颗粒物（PM2.5）浓度下降	%	★	2.88
	26	地表水达到或好于Ⅲ类水体比例	%	★	2.88
	27	地表水劣 V 类水体比例	%	★	2.88

续表

一级指标	序号	二级指标	计量单位	指标类型	权数
三、环境质量（权重17.3%）	28	重要江河湖泊水功能区水质达标率	%	◆	1.92
	29	城市集中式饮用水水源水质达到或优于Ⅲ类比例	%	◆	1.92
	30	单位耕地面积化肥使用量	千克/公顷	△	0.96
	31	单位耕地面积农药使用量	千克/公顷	△	0.96
四、生态保护（权重14.5%）	32	森林覆盖率	%	★	2.88
	33	森林蓄积量	亿立方米	★	2.88
	34	草原综合植被覆盖度	%	◆	1.92
	35	湿地保护率	%	◆	1.92
	36	陆域自然保护区面积	万公顷	△	0.96
	37	新增水土流失治理面积	万公顷	△	0.96
	38	可治理沙化土地治理率	%	◆	1.92
	39	新增矿山恢复治理面积	公顷	△	0.96
五、增长质量（权重9.6%）	40	人均GDP增长率	%	◆	1.92
	41	居民人均可支配收入	元/人	◆	1.92
	42	第三产业增加值占GDP比重	%	◆	1.92
	43	战略性新兴产业增加值占GDP比重	%	◆	1.92
	44	研究与试验发展经费支出占GDP比重	%	◆	1.92
六、绿色生活（权重9.6%）	45	公共机构人均能耗降低率	%	△	0.96
	46	绿色产品市场占有率（高效节能产品市场占有率）	%	△	0.96
	47	新能源公交车保有量增长率	%	◆	1.92
	48	绿色出行（城镇每万人口公共交通客运量）	万人次/万人	△	0.96
	49	城镇绿色建筑占新建建筑比重	%	△	0.96
	50	城市建成区绿地率	%	△	0.96
	51	农村自来水普及率	%	◆	1.92
	52	农村卫生厕所普及率	%	△	0.96
七、公众满意程度	53	公众对生态环境质量满意程度	%	—	—

（二）西宁市绿色发展评价体系

构建评价体系是一项科学、严谨、富有探索性的工作。评价体系主要由评价指标、指标权值、评价方法和差异化处理等四部分组成。其中评价指标包含总指标、分类指标和个体指标；指标权值包含分类指标权重和个体指标权数；评价方法采取加权算术平均数指数法，用以度量和分析评价指标的综合变动和综合差异。

绿色发展总指数采用综合指数法计算，以2015年为基期，结合“十三五”规划纲要目标和相关部门规划目标，计算绿色发展总指数以及资源利用指数、环境治理指数、环境质量指数、生态保护指数、增长质量指数、绿色生活指数等6个分类指数。通过计算各县区分类指数，反映县区的绿色发展状况，并将评价结果纳入生态文明建设目标考核评分体系。

指标权数共分三类：第一类是“十三五”规划纲要中规定的有关约束性指标；第二类是“十三五”规划纲要和《中共中央、国务院关于加快推进生态文明建设的意见》提出的主要监测评价指标；第三类为其他有关绿色发展的重要监测评价指标。三类指标的权数之比为3∶2∶1。公众满意程度为主观调查指标，该指标不参与总指数的计算，进行单独评价与分析，其分值纳入生态文明建设考核目标体系。6个一级指标的权数分别由其所包含的二级指标权数汇总生成。这样的权数分配，由于约束性指标的权数较重，增强了绿色发展指标体系与生态文明建设考核目标体系的兼容性和协调一致性。

（三）西宁市绿色发展指数计算过程与方法

绿色发展指数采用综合指数法进行测算，分四个步骤进行。

1. 完成数据收集、审核、确认

按照《西宁市绿色发展指标体系》设计规定，计算绿色发展指数所需数据来自13个部门的年度统计，由市发改委、环保局、机关事务管理局、经信委、国土局、规划建设局、交通局、水务局、农牧局、林业局、四区三县统计局及四个工业园区等部门提供数据，并对数据质量负责。

2. 计算绿色发展统计指标

由西宁市统计局专门负责绿色发展评价的部门整理绿色发展基础统计数据，计算评价指标，同时对数据缺失的指标进行处理。其中，40 个绿色发展指标不需要进行转换，直接参与个体指数计算；9 个需要转换的绿色发展指标分为以下两种情况：一是根据《西宁市绿色发展指标体系》规定，需要将 6 个绝对数指标转换为地区间可比的相对数指标；二是资源产出率等 3 个缺少 2016 年分地区数据的指标，按照负责部门的意见，暂时使用与原指标高度相关的指标替代。

3. 对绿色发展统计指标值进行标准化处理,计算个体指数

绿色发展指标按属性分为正向和逆向指标，正向型指标，即指标值越大，其个体指数值越高；逆向型指标则反之。按指标数据性质分为绝对数和相对数指标，需对各个指标进行处理。具体处理方法是将绝对数指标转化成相对数指标，将逆向指标转化成正向指标，然后再计算个体指数。

4. 计算分类指数和绿色发展指数

通过个体指数加权，计算 6 个分类指数；通过分类指数加权，计算绿色发展指数。

四　西宁绿色发展评价结论与存在的问题分析

西宁市统计局成立了领导小组，市统计局能源处统筹负责“研究建立西宁绿色发展指标体系”工作，实现了分管领导、内设机构和工作人员“三固定”，在此基础上以 2016 年各部门统计数据为基础，计算出绿色发展指数。

（一）评价结论

根据 2016 年青海省各市（州）绿色发展年度评价结果，西宁绿色发展综合指数为 79. 98，在全省 8 个市（州）中排第 3 位，居全省中等偏上水平（见表 2、表 3）。

表 2　青海省各市（州）2016 年度绿色发展评价结果排序

地区	绿色发展指数	资源利用指数	环境治理指数	环境质量指数	生态保护指数	增长质量指数	绿色生活指数	公众满意程度
海南州	1	4	5	2	2	3	5	1
黄南州	2	2	1	6	3	6	6	2
西宁市	3	1	2	8	5	1	2	3
海东市	4	3	6	7	4	4	4	8
海北州	5	6	4	4	7	5	3	6
海西州	6	5	7	3	8	2	1	7
果洛州	7	7	3	5	1	7	8	4
玉树州	8	8	8	1	6	8	7	5

表 3　青海省各市（州）绿色发展 2016 年度评价结果

地区	绿色发展指数	资源利用指数	环境治理指数	环境质量指数	生态保护指数	增长质量指数	绿色生活指数	公众满意程度
海南州	81.68	80.06	76.35	96.03	82.77	78.51	72.26	94.46
黄南州	81.24	82.71	86.27	87.36	82.58	67.99	67.62	93.50
西宁市	79.98	83.19	80.52	65.80	80.55	89.03	84.00	90.24
海东市	79.86	80.92	75.24	86.21	80.57	74.24	77.84	86.07
海北州	79.20	73.62	77.85	92.61	79.15	74.08	81.16	86.47
海西州	79.09	77.16	73.54	93.62	64.22	86.46	84.17	86.14
果洛州	76.63	72.34	78.06	89.70	85.72	67.66	60.00	88.94
玉树州	75.11	70.54	68.12	99.46	79.91	62.30	64.56	88.94

（二）存在的问题

1. 环境质量指数差距较大，全省排名第8位

环境质量指数在六个一级指标中权重值为 17.3，仅次于资源利用指数。评价结果显示西宁市环境质量指数的 8 个二级指标中，有 7 个排在全省第 6 位之后。其中，单位耕地面积化肥使用量全省第 6 位，细颗粒物（PM2.5）浓度降低率、地表水达到或好于Ⅲ类水体比例、地表水劣 V 类水体比例、重要江河湖泊水功能区水质达标率和单位耕地面积农药使用量等 5 个指标列

全省第7位，空气质量优良天数比率居全省第8位。西宁环境质量指数为65.80，比第1位的玉树州（99.46）低33.66，比第7位的海东市（86.21）低20.41。西宁的绿色发展综合指数排全省第3名，主要原因就是环境质量指数太低，而且与其他7个市（州）差距很大。

2. 生态保护指数偏低，全省排名第5位

生态保护指数在六个一级指标中占比14.5%，此项指数西宁市得分偏低。构成生态保护指数的8个二级指标中，除可治理沙化土地治理面积和新增矿山恢复治理面积2个指标为地域性缺失外，其他6个指标有4个指标在全省排名第5位以后，乔木林单位面积蓄积量和湿地保护率排全省第7名，这些指标影响了西宁生态保护指数在全省的位次。

3. 环境治理指数3项指标落后明显

环境治理指数二级指标中，化学需氧量排放量降低率、氨氮排放量降低率和环境污染治理投资占GDP比重等3个指标得分在全省排名第8位。

4. 公众对生态环境满意程度有待提高

调查数据显示，影响西宁市生态环境质量满意程度的因素主要集中在与人民生活息息相关的环境方面，公众对生态环境满意程度有待提高。

五　西宁市绿色发展对策建议

针对2016年西宁市绿色发展年度评价结果分析中存在的不足，提出以下对策建议。

（一）加强对排名落后指标的治理

2016年西宁市绿色发展二级指标中，大多数指标都处于较好或中等偏上水平，少数指标排名落后，且这些排名落后的少数指标大多位居全省后两位，有些权重还较大，严重影响西宁绿色发展总指数。各县（区）及市级有关部门应加强对这些指标相关工作的监管整治力度，抓住核心重点，推动西宁绿色发展再上新台阶。

（二）重点要解决思想认识问题

习近平总书记强调“小康全面不全面，生态环境质量是关键”。建立绿色发展评价体系的目标是提高资源利用效果，促进环境治理，提升经济增长质量。西宁市工业能源消费高耗能企业占比较大，在产业转型升级方面具有很大空间，因此要坚决按照国家规定淘汰落后产能，大力发展第三产业，促进产业结构优化升级，使产业逐步走上科技含量较高、经济效益提升、资源消耗降低的绿色发展道路，努力改善单位 GDP 能耗降低率、单位二氧化碳排放降低率、单位工业增加值用水量降低率、化学需氧量排放量降低率、PM2.5 浓度降低率等降低率指标，提高绿色发展质量。

（三）着力解决减排导向问题

一是减排要出效益，促进节能环保型企业发展。减排效益包括经济效益、社会效益、生态效益，严格控制各县（区）及园区、企业排污总量，为节能环保产业创造有利发展环境，倒逼传统产业转型升级，使西宁市节能环保产业步入快车道。

二是减排要出成效，加快推进城乡宜居宜业环境建设。以乡村振兴战略为契机，加快美丽乡村建设，加强绿色文化建设，加强节能环保新技术运用。与此同时，扶持发展生态农业和农村绿色产业，降低农村面源污染总量，推动西宁城乡各行业的全面“绿色化”。

三是减排要出实招，统筹西宁经济社会协调发展。要把减排工作与县（区）及园区经济增长结合起来，大力引进“大而新”和高科技、高附加值、低能耗、低污染的“两高两低”产业，禁止落后的产能落户，防止污染产业回归。通过上述措施，使落后指标逐个得到治理，环境不断改善，提高西宁市的公众满意程度。

（四）不断完善各项配套措施

一是做好绿色经济市场导向的研究，并建立行之有效的环境监督执法体系，使环境行为主体自觉遵守环境法规与标准。二是研究酝酿再出台一系列与《西宁市关于建设绿色发展样板城市的实施意见》相配套的措施，研究制定阶段性的可行性计划和规划，提出具体的目标任务、可操作性措施及责任单位，使生态文明建设工作项目化、项目工作目标化，坚持长效管理，逐步推进生态文明建设工作落实到位。三是加强生态文明建设责任考核。逐步改变以经济总量和速度指标为中心的考核办法，进一步加大促进经济增长、保护生态环境、提高资源利用效率等综合性指标考核比重，建立“职责分工明确、目标任务量化、项目措施落实、监督考核过硬、奖励惩处兑现”的目标责任机制。

参考文献

戴鹏：《青海省绿色发展水平评价体系研究》，《青海社会科学》2015 年第 3 期。

任海静、丁生喜、王霞：《青海省绿色经济发展研究》，《价值工程》2018 年第 30 期。

宁吉喆：《积极开展绿色发展评价，着力助推生态文明建设》，《中国信息报》2016 年 12 月 16 日。

郭艳丽：《“青海省绿色发展的指标体系”的构架和介绍》，《青海统计》2017 年第 7 期。

国家统计局能源统计司：《绿色发展指数计算方法》，《中国信息报》2017 年 12 月 29 日。

中共西宁市委、西宁市人民政府：《西宁市关于建设绿色发展样板城市的实施意见》，2017 年 4 月 6 日。

张晓容：2018 年西宁市政府工作报告，2018 年 2 月 7 日。

西宁市统计局、国家统计局西宁调查队：《西宁统计年鉴 2018》2018 年 7 月。

B.16

西宁市绿色发展符合性评价制度建设状况及主要内容

曲 波 王骊宁*

摘 要： 开展绿色发展符合性评价工作是推动绿色发展从末端治理向源头治理拓展的重要举措。西宁市重视发挥绿色发展符合性评价制度建设的保障作用，采取在工业建设项目、基础设施建设项目领域，制定绿色发展符合性评价办法以及评价标准等制度创新措施，有效推动了绿色发展符合性评价工作。

关键词： 符合性评价办法 符合性评价标准 绿色发展 西宁市

习近平新时代中国特色社会主义思想特别是生态文明思想为新时期实现新发展指明了方向和奋斗目标，党的十八大、十九大对加快建设社会主义生态文明，实行最严格的环境保护制度提出了明确要求。绿色发展符合性评价制度是缓解资源环境约束与经济社会发展之间矛盾、推动经济绿色转型的内在要求。

一 西宁市绿色发展符合性评价制度建立的背景

2016 年 8 月，习近平总书记视察青海，提出了“四个扎扎实实”重大

* 曲波，青海大学财经学院教授，研究方向为制度经济；王骊宁，中共西宁市委绿发委干部。

要求。中共西宁市委遵照习近平总书记重大要求，结合西宁特色和实际，提出了打造“绿色发展样板城市”的战略举措，出台了《关于建设绿色发展样板城市的实施意见》，制定了具体的工作措施。中共西宁市委绿色发展委员会会同市发改委、市规建局、市经信委等部门按照“先行先试”的原则，依照国家、省、市环保准入、节能减排等法律法规和规章制度，建立了绿色发展符合性评价制度，在政府投资项目立项、规划建设项目审批环节、工业产业项目建设领域试行了绿色发展符合性评价，科学地分析开发建设活动可能对城市绿色发展的影响，从源头上控制高能耗、高污染、高排放项目，把关政府投资项目、规划建设项目、工业建设项目决策的“最先一公里”，推动绿色发展从末端治理向源头治理拓展。

二　西宁市绿色发展符合性评价制度建设状况

西宁市在明确绿色发展符合性评价主要依据的基础上，制定出台了绿色发展符合性评价的相关制度，明确了开展绿色发展符合性评价的相关标准，推动绿色发展符合性评价工作深入开展。

（一）明确绿色发展符合性评价的依据

绿色发展符合性评价是一项具有创新性的工作。西宁市在开展绿色发展符合性评价的工作过程中，主要从以下方面明确了评价工作依据：一是坚持顶层设计，积极贯彻落实中共西宁市委、市政府《关于建设绿色发展样板城市的实施意见》的措施要求；二是坚持规划引领，有效衔接《西宁市国民经济和社会发展第十三个五年规划纲要》及西宁市“十三五”各类专项发展规划，认真对接《青海省主体功能区规划》《西宁市土地利用总体规划》《西宁市城市总体规划》，并与西宁市各片区控制性详细规划、重点片区修建性详细规划、城市重点区域及重要节点城市设计等各专项规划进行了衔接；三是坚持合法合规，严格贯彻执行《环境保护法》《固定资产投资项目节能审查办法》《工业节能管理办法》等法规制度和国家发改委、国家工信部、国家环保部等相关文件规定以及相关项目建设行业规范标准。

（二）确定绿色发展符合性评价的具体范围

一是将经由市发改委立项审批的基础设施、工业环保、社会事业、农林牧水和利用外资等政府投资类项目纳入绿色发展符合性评价范围。二是通过绿色发展会商机制，将城乡总体规划、“多规合一”以及市域重大项目、重点片区、重要领域等规划方案纳入绿色发展专题研究范围。三是将提交市规划审批领导小组会商研究的土地储备条件、土地出让规划条件和拟建项目选址纳入绿色发展符合性评价范围。四是将市经信委负责审批的拟建各类工业建设项目纳入绿色发展符合性评价范围。

（三）细化落实绿色发展符合性评价专项制度

自2016年打造绿色发展样板城市战略决策确定以来，西宁市委绿发委会同市发改委、市规建局依照有关政策法规和标准，从基础设施、建筑节能、清洁生产、能源资源、产品能效、环境排放等六个方面建立指标体系，制定了《西宁市政府投资项目绿色发展符合性自评价报告》《西宁市政府投资项目绿色发展符合性评价意见书》等绿色发展符合性评价规范性文件，并开展了相应的符合性评价工作。

为进一步扩大绿色发展符合性评价范围，2018年市委绿发委会同市经信委制定了工业产业项目绿色发展符合性评价办法和标准。2018年9月，中共西宁市委绿色发展委员会、西宁市经济和信息化委员会联合下发了《关于印发〈西宁市工业建设项目绿色发展符合性评价办法（试行）〉及〈西宁市工业建设项目绿色发展符合性评价标准〉（试行）的通知》、中共西宁市委绿色发展委员会、西宁市发展和改革委员会联合下发了《关于印发〈西宁市基础设施建设项目绿色发展符合性评价办法（试行）〉及〈西宁市基础设施建设项目绿色发展符合性评价标准（试行）〉的通知》，在工业建设项目和基础设施建设项目方面，开展绿色发展符合性评价工作，提出了具体的评价办法。从2017年开始至今，按照“先试先行、不断完善”的原则，在探索、实践、总结、完善的基础上，按照“无异议”“不予评价”“会商研究”等三种意见对114项政府投资项目和21项规划审批项目提出了绿色发展符合性评价意见。

三　西宁市工业建设项目绿色发展符合性评价制度建设

西宁市制定了工业建设项目绿色发展符合性评价办法以及评价标准，为在工业建设项目领域开展绿色发展符合性评价工作奠定了基础。

（一）制定《西宁市工业建设项目绿色发展符合性评价办法（试行）》

1. 明确制定目的及适用范围

制定《西宁市工业建设项目绿色发展符合性评价办法（试行）》（以下简称《办法》）的目的主要是贯彻落实西宁市委、市政府打造绿色发展样板城市决策部署，从源头上控制高污染、高能耗、高排放项目建设。在西宁市工业建设项目开展绿色发展符合性评价工作适用该《办法》。

2. 规范评价流程

第一，工业建设项目实施单位在办理建设手续时，应当开展绿色发展符合性评价工作，需要依据《西宁市工业建设项目绿色发展符合性评价标准（试行）》中规定的内容逐项对标评价，并准备相应印证资料。第二，项目实施单位符合条件并做出承诺后，向市经信委提交《自评价报告》及相关印证资料。第三，市经信委依据国家、省、市环境保护、节能减排法律法规及规章制度以及《西宁市工业建设项目绿色发展符合性评价标准（试行）》，结合项目建设行业标准及本部门工作实际，做好前置审核把关工作，对项目实施单位的《自评价报告》进行逐项审核，对不符合标准的予以退回；对符合标准的，提出审核意见。第四，项目评估及初审通过后，由市经信委提出初审意见，并向市委绿发委发函征求项目绿色发展符合性评价意见。市委绿发委依据市经信委审核意见及项目实施单位提供的《自评价报告》、项目可研报告、环评、能评初评意见及相关印证资料等文件，依照相关法律法规、行业标准以及《西宁市工业建设项目绿色发展符合性评价标准（试行)》，结合全市绿色发展的要求，综合分析研究后，做出无异议、会商研究、不予评价等三种绿色发展符合性评价结论。第五，市经信委参考市委绿发委做出的绿色发展符合性评价结论，对项目进行备案、核准或批复。

（二）制定《西宁市工业建设项目绿色发展符合性评价标准（试行）》

1. 明确制定目的及适用范围

制定《西宁市工业建设项目绿色发展符合性评价标准（试行)》（以下简称《标准》）的目的是贯彻国家技术经济政策，规范西宁市工业建设项目的绿色建设和绿色评价工作，推进可持续发展。该《标准》适用于西宁市工业建设项目在策划、审核、备案阶段的绿色评价。对西宁市工业建设项目在项目前期准备阶段的绿色评价是按照项目绿色建设指标的要求，结合项目建设方案，对项目全寿命周期进行的预评价。

2. 确定评价标准的基本内容

西宁市工业建设项目的绿色评价应以独立的建设项目为评价对象。评价单项工程或单位工程时，凡是涉及整体和系统性的指标，应当基于该单项工程或单位工程所属工程项目的总体进行评价。西宁市工业项目的绿色评价，根据不同需要可分为项目准备阶段的预评价、设计阶段评价、建设阶段评价和运营阶段评价。本标准适用于项目建设准备阶段的预评价，其评价结果可作为项目策划、核准、备案的依据。西宁市工业建设项目在项目准备阶段的绿色建设预评价是基于预判项目绿色化水平、引导项目绿色化建设的目的，主要是从具有时代先进性的建设方案、技术、工艺、产品、理念等方面选择评价指标。项目建设应符合现行阶段各种法律法规、标准、规范的要求。建设单位应编制项目绿色建设自评价报告（项目前期阶段预评价）。评价机构

应按本标准的有关要求，对建设单位提交的项目绿色建设预评价报告进行审查，确定等级，出具项目绿色评价意见书。西宁市工业建设项目中民用建筑的绿色评价，执行《青海省绿色建筑评价标准》（DB63 \ T1110 －2015）；西宁市工业建设项目中的工业建筑的绿色评价，执行《绿色工业建筑评价标准》（GB \ T50878 －2012）。

3. 提出西宁市工业建设项目绿色评价指标体系

该指标体系由绿色建设控制性指标以及绿色资源、环境、效益、科技、文化等6类指标组成。绿色建设控制性指标不参加评分，为一票否决性指标。绿色资源、绿色环境、绿色效益、绿色科技、绿色文化等5类指标的评分项总分均为100分，合计为500分。西宁市工业项目绿色建设预评价分为优良、良好、合格、不合格4个等级。项目绿色评价需要满足所有控制项要求，而且每类指标得分不能低于40分。当绿色建设控制性指标中的任意一项不满足要求或项目绿色评价总得分低于50分，或者任意一类指标的评分项得分低于40分时，项目绿色评价等级为不合格。

4. 强化绿色建设控制性指标

绿色建设控制性指标对于建设项目具有重要意义，指的是项目在建设前必须具备的相关条件，主要包括：建设工程规划许可证、建设用地规划许可证、建设项目选址意见书、通过环境影响评价评审、项目节能评估报告通过评审、项目可行性研究报告通过评审。

5. 对绿色资源的要求

该《标准》从以下九个方面提出了绿色资源符合性要求。一是工业项目的建设区位应符合国家现行产业发展、区域发展、工业园区或产业聚集区规划的要求。二是应当符合国家的行业准入条件。三是工业生产的资源利用指标需要达到国内基本水平；各种污染物排放指标需要符合国家现行标准。四是建设项目用地不属于国家禁止用地范围。五是开展既有建筑更新或改造时，需要对总体规划进行局部或全面调整。六是需要制定水资源利用方案。七是建筑材料及制品的选用需要符合国家和地方标准；配套建筑造型要素应当简约，且无大量装饰性构件。八是工业建设项目的交通规划设计应当符合

《建设项目交通影响评价技术标准》（CJJ/T 141－2010）的要求。九是明确了具体的评价标准，包括：资源节约规定及评分项、绿色能源规定及评分项、循环经济规定及评分项。

6. 对绿色环境的要求

该《标准》从以下八个方面提出了绿色环境符合性要求。一是项目的环境保护设计需要执行环境影响报告书（表）编审制度以及防治污染及其他公害的设施与主体工程同时设计、同时施工、同时投产的“三同时”制度。二是建设单位绿色预评价报告应当对建设项目建成投产后可能造成的环境影响进行简要说明。三是建设项目的选址或选线，必须全面考虑建设地区的自然环境和社会环境，制定最佳的规划设计方案。四是严禁在城市规划确定的生活居住区、文教区、水源保护区、名胜古迹、风景游览区、温泉、疗养区和自然保护区等界区内选址。五是对没有污染防治方法或虽有方法但其工艺基础数据不全的建设项目不得开展设计。生产方法、工艺流程不能满足国家或省规定的排放标准的，不得用于设计。六是对于建设项目有可能造成重大环境影响事件的，应当对危险源进行预测，并制定相应的应急预案。七是所选场地无严重自然灾害等威胁；无排放超标的污染源，并对项目的绿化率提出了符合性要求。八是明确了具体的评价标准，包括：工艺设计规定及评分项、废气废水排放规定及评分项、固体废弃物及危险物排放规定及评分项、环境保护修复规定及评分项、绿色空间规定及评分项。

7. 对绿色效益的要求

该《标准》从以下四个方面提出了绿色效益符合性要求。一是为了切实提高项目绿色建设水平，工业建设项目在项目的决策设计阶段、建设阶段、运营阶段、回收阶段，需要保证足够的资金、技术、人力投入。二是工业建设项目在决策设计阶段进行财务评价时，应当充分预测项目按照绿色建设标准而产生的经济效益，并作为项目绿色建设决策的重要依据。三是工业建设项目在前期准备、决策阶段，应当进行社会公众满意度调查。四是明确了具体的评价标准，包括：绿色投入规定及评分项、绿色效益规定及评分项、社会影响规定及评分项。

8. 对绿色科技的要求

该《标准》从以下四个方面提出了绿色科技符合性要求。一是在项目的设计、建设、运营阶段不得选用落后淘汰的各种技术、材料、设备和装备。二是在项目的设计、建设、运营阶段选用的各种技术、材料、设备和装备，其技术水平、科技含量和价格应与项目所在区域的社会经济发展水平协调，不宜过度追求技术、工艺、材料的超前消费。三是在项目的设计、建设、运营阶段选用的各种技术、材料、设备和装备，需要保证技术成熟，相关技术应当有在其他项目使用的经验或者充分的实验资料支撑。四是明确了具体的评价标准，包括：绿色产品规定及评分项、绿色技术规定及评分项、人力资源规定及评分项。

9. 对绿色文化的要求

该《标准》从以下四个方面提出了绿色文化符合性要求。一是在项目建成投入使用时，应当制定员工绿色文化教育培训制度、培训大纲及培训计划。二是在项目建成投入使用时，应当制定员工绿色生活方案。三是在项目建成投入使用时，应当制定员工绿色实践行动方案。四是明确了具体的评价标准，包括：绿色教育培训规定及评分项、绿色生活规定及评分项。

四　西宁市基础设施建设项目绿色发展符合性评价制度建设

（一）制定《西宁市基础设施建设项目绿色发展符合性评价办法（试行）》

1. 明确制定目的及适用范围

制定该《西宁市基础设施建设项目绿色发展符合性评价办法（试行）》的目的是通过对西宁市基础设施建设项目开展绿色发展符合性评价工作，从源头上控制高污染、高能耗、高排放项目建设，从而贯彻落实西宁市委、市政府打造绿色发展样板城市的决策部署。

2. 规范评价流程

一是西宁市基础设施项目建设单位在办理建设手续时，应当开展绿色发展符合性评价工作，并依据《西宁市基础设施建设项目绿色发展符合性评价标准（试行）》中规定的内容逐项对标评价，准备相应印证资料。二是项目建设单位符合条件并做出承诺后，向西宁市发改委提交《自评价报告》及相关印证资料。三是市发改委做好前置审核把关工作，对项目建设单位的《自评价报告》进行逐项审核，对不符合标准的予以退回；对符合标准的，提出审核意见。四是项目评估及初审通过后，由市发改委提出初审意见，并向市委绿发委发函征求项目绿色发展符合性评价意见。五是西宁市委绿发委依据市发改委审核意见及项目建设单位提供的《自评价报告》、项目可研报告、环评、能评初评意见及相关印证资料等文件，综合分析研究后，做出无异议、会商研究、不予评价等三种绿色发展符合性评价结论。六是西宁市发改委参考市委绿发委做出的绿色发展符合性评价结论，对项目进行备案、核准或批复。

（二）制定《西宁市基础设施建设项目绿色发展符合性评价标准（试行）》

1. 明确制定目的及适用范围

制定《西宁市基础设施建设项目绿色发展符合性评价标准（试行）》（以下简称《基建标准》）的目的是贯彻国家政策，遵循因地制宜的原则，结合西宁市的气候、环境、资源、经济及文化等特点，对西宁市基础设施建设项目在项目前期准备阶段开展绿色评价，从而规范西宁市建设项目的绿色建设和绿色评价工作，推进可持续发展。该《基建标准》适用于西宁市基础设施建设项目在策划、审批阶段的绿色评价，性质上是按照项目绿色建设指标的要求结合项目建设方案对项目全寿命周期进行的预评价。

2. 明确评价标准的基本内容

一是明确了评价对象。西宁市基础设施项目的绿色评价是以独立的建设项目为评价对象，评价单项工程或单位工程时，凡涉及系统性、整体性的指标，需要基于该单项工程或单位工程所属工程项目的总体进行评价。西宁市基础设施建设项目的绿色评价，根据不同需要可分为项目准备阶段的预评价、设计阶段评价、建设阶段评价和运营阶段评价。该《基建标准》适用于项目建设准备阶段的预评价，其评价结果可作为项目策划、核准的依据。二是明确了评价的基本要求。西宁市基础设施建设项目在项目准备阶段的绿色建设预评价是基于预判项目绿色化水平、引导项目绿色化建设的目的，主要是从具有时代先进性的建设方案、技术、工艺、产品、理念等方面选择评价指标。项目建设应当符合现行阶段各种法律法规、标准、规范的要求；建设单位应当编制项目绿色建设预评价报告。三是明确了对评价机构的要求。评价机构应当按照该《基建标准》的有关要求，对建设单位提交的项目绿色建设预评价报告进行审查，确定等级，出具项目绿色评价意见书。西宁市基础设施建设项目中民用建筑的绿色评价，执行《青海省绿色建筑评价标准》（DB63 \ T1110 –2015）。四是提出了西宁市基础设施建设项目绿色评价指标体系并明确了评价等级。

3. 强化绿色建设控制性指标

绿色建设控制性指标指的是项目在建设前必须具备的相关条件，主要包括：建设工程规划许可证、建设用地规划许可证、建设项目选址意见书、项目环境影响评价通过评审、项目节能评估报告通过评审、项目可行性研究报告通过评审。

4. 对绿色资源的要求

该《基建标准》从以下五个方面提出了绿色资源符合性要求。一是项目选址应当符合项目所在地城乡规划，且应符合各类保护区、文物古迹保护的建设控制要求。二是供暖系统应当设置热量计量装置；各房间或场所的照明功率密度值不得高于现行国家标准《建筑照明设计标准》GB50034 中的现行值规定。三是应当制定水资源利用方案，统筹利用各种水资源；给排水系统设置应当合理、完善、安全，并采用节水器具。四是不得采用国家和地方禁止和限制使用的建筑材料及制品；配套建筑造型要素应当简约，且无大量装饰性构件。五是明确了具体的评价标准，包括：资源节约规定及评分项、绿色能源规定及评分项、循环经济规定及评分项。

5. 对绿色环境的要求

该《基建标准》从以下五个方面提出了绿色资源符合性要求。一是环境保护设计必须按国家规定的设计程序进行，执行环境影响报告书（表）编审制度及“三同时”制度。二是建设单位绿色发展评价报告中应当根据建设项目的性质、规模、建设地区的环境现状等有关资料，对建设项目建成投产后可能造成的环境影响进行简要说明。三是建设项目的选址或选线，需要对选址或选线地区的地理、地形、地质、水文、气象、名胜古迹、城乡规划、土地利用、工农业布局、自然保护区现状及其发展规划等因素进行调查研究，并在收集建设地区的大气、水体、土壤等基本环境要素背景资料的基础上进行综合分析论证。四是场地内不能有排放超标的污染源；对于有可能造成重大环境影响事件危险源的建设项目，应当做出预测并制定相应的应急预案。五是明确了具体的评价标准，包括：工艺设计规定及评分项、废气废水排放规定及评分项、固体废弃物及危险物排放规定及评分项、环境保护修复规定及评分项、绿色空间规定及评分项。

6. 对绿色效益的要求

该《基建标准》从以下四个方面提出了绿色效益符合性要求。一是为了切实提高基础设施建设项目绿色建设水平，在项目的决策设计阶段、建设阶段、运营阶段、回收阶段，应当保证足够的资金、技术、人力投入。二是基础设施建设项目在决策设计阶段进行财务评价时，应当充分预测项目按照绿色建设标准而产生的经济效益，并作为项目绿色建设决策的重要依据。三是基础设施建设项目在决策设计阶段、建设阶段、运营阶段、回收阶段，应当进行社会公众满意度调查。四是明确了具体的评价标准，包括：绿色投入规定及评分项、绿色效益规定及评分项、社会影响规定及评分项。

7. 对绿色科技的要求

该《基建标准》从以下四个方面提出了绿色科技符合性要求。一是在项目的设计、建设、运营阶段，不得选用落后淘汰的各种技术、材料、设备和装备。二是在项目的设计、建设、运营阶段，选用的各种技术、材料、设备和装备，其技术水平、科技含量和价格应与项目所在区域的社会经济发展水平协调，不应过度追求技术、工艺、材料的超前消费。三是在项目的设计、建设、运营阶段，选用的各种技术、材料、设备和装备，应当保证技术上的成熟，其可靠程度需要在其他项目中有使用的经验或者充分的实验资料支撑。四是明确了具体的评价标准，包括：绿色产品规定及评分项、绿色技术规定及评分项、人力资源规定及评分项。

8. 对绿色文化的要求

该《基建标准》从以下四个方面提出了绿色文化符合性要求。一是在项目建成投入使用时，应当制定员工绿色文化教育培训制度、培训大纲及培训计划。二是在项目建成投入使用时，应当制定员工绿色生活方案。三是在项目建成投入使用时，应当制定员工绿色实践行动方案。四是明确了具体的评价标准，包括：绿色教培规定及评分项、绿色生活规定及评分项。

参考文献

梁宵、邱晟晏：《中国发展低碳经济的困境与“新常态”下的新机遇》，《求是学刊》2016 年第 5 期。

李斌：《绿色发展中的政府角色定位探究》，《经济论坛》2013 年第 6 期。

范少虹：《绿色金融法律制度：可持续发展视阈下的应然选择与实然构建》，《武汉大学学报》（哲学社会科学版）2013 年第 2 期。

胡鞍钢、周绍杰：《绿色发展：功能界定、机制分析与发展战略》，《中国人口·资源与环境》2014 年第 1 期。

理论政策篇

Theoretical Policy Reports

B.17
生态脆弱区绿色发展的理论模型构建与西宁市加快绿色发展对策

县 炜 县永平*

摘 要： 本文立足生态脆弱区主要特征和西宁现状，创造性构建了自内向外由目标、原则、路径、方法和监管五环组成的绿色发展“靶向”模型，由此指出目标、原则、路径、方法和监管各体系的基本路径，并提出加强顶层制度建设、推进工作机制、强化财金政策、健全考评体系、完善配套政策、加大绿色生态文化等方面加快西宁市绿色发展的对策建议。

关键词： 绿色发展 理论模型 西宁市

* 县炜，青海民族大学硕士研究生，研究方向为技术经济与管理；县永平，西宁市绿色发展研究院院长，西宁市委绿色发展委员会副主任，博士，研究方向为区域经济。

近年来，随着习近平总书记“两山论”不断深入人心，加快生态文明建设、走出一条区域绿色发展之路已成为各地区推进高质量发展的潮流。2016年以来，西宁市以打造绿色发展样板城市为目标，推动绿色发展取得了明显进展。但绿色发展指数相对于全国全省比较靠后，因此，立足生态脆弱区的基本特点，构建绿色发展的理论模型和发展路径体系，对加快西宁市绿色发展具有一定的理论指导和现实意义。

一　生态脆弱区的主要特征及西宁市绿色发展状况分析

（一）生态脆弱区的主要特征

生态脆弱区是生态环境变化明显的区域，一般是指两种不同类型生态系统交界过渡区域，这些交界过渡区域具有特殊的生态环境特点，一般具有气候极端、植被生物数量锐减、自然灾害频繁等表现，是生态保护的重要领域。具体来说，一是系统抗干扰能力弱。生态脆弱区生态系统结构稳定性较差，对全球气候地质条件变化相对敏感，容易受到外界的干扰发生退化演替，而且自我修复能力较弱。二是边缘效应显著。生态脆弱区因处于不同生态系统之间的交接带或重合区，是物种相互渗透的群落过渡区和环境梯度变化明显区，具有显著的边缘效应。三是环境异质性高。生态脆弱区的边缘效应使区内气候、植被、景观等相互渗透，并发生梯度突变，导致环境异质性增大。生态脆弱区的绿色发展，事关国家经济社会发展的大局，事关国家的民生福祉和根本利益，在全国生态文明建设中占有十分重要的地位。

西宁市地处黄土高原和青藏高原的过渡地带，位于青藏高原东北隅，水土流失严重，属于黄土丘陵沟壑区，地区生态环境表现出脆弱性和自我修复能力低下的特性，是典型的生态脆弱区。其要素特征，一是水土流失问题较为突出。西宁市总面积7690.11平方公里，水土流失面积5124.8平方公里，占总面积的66.64%；西宁市城区总面积为350平方公里，水土流失面积280平方公里，占总面积的80%。相比于全省49%和全国37%的水土流失面积比例，水土流失问题突出。二是水资源缺乏。西宁市人均水资源600立方米，分别为全国和全省平均水平的1/4和1/20，属于资源型中度缺水城市。三是可用森林资源较少。目前西宁地区共有林地20324.3公顷，森林覆盖率33%，人工林比重大，且多为近二十年培育起来的林分，幼、中龄林多，可用资源较少。四是土壤质量有退化趋势。过度放牧使天然草地发生严重的退化，大约有70%～80%的草场有不同程度的退化，农田土壤有机质含量普遍较低，农田耕地的化肥施用水平高于全国平均水平的20%，使得土地质量日益退化。五是大气污染治理还有待加强。以土壤风沙尘、建筑水泥尘、城市扬尘、道路尘土为主的开放源是西宁空气污染的第一大污染源，第二是以燃煤排放源和工业源为主的固定源，第三是以机动车尾气为主的移动源。2017年空气质量优良天数296天，相比前几年空气质量状况持续好转，但仍需巩固提高。

（二）西宁市绿色发展的工作成效和存在的问题

西宁市常住人口超百万，是青藏高原人类活动强度最大的地区，人地矛盾突出，生态环境的约束尤为突出。党的十八大以来，西宁市深刻认识到“两山论”的伟大意义，坚持以习近平新时代中国特色社会主义思想为指引，把绿色发展作为西宁生态脆弱地区实现长足发展的根本路径，紧紧把握“生态似水、发展如舟”的成长坐标，经济增速连续多年在省会城市中排名第二。在2016年西宁市第十四次党代会上提出了“打造绿色发展样板城市、建设幸福西宁”等战略目标，制定出台了《关于建设绿色发展样板城市的实施意见》等制度，组织实施了“高原绿、西宁蓝、河湖清”等建设行动，涌现出了一大批示范性项目和标志性工程。先后创建并获得了全国文明城市、国家森林城市、国家园林城市、国家卫生城市、全国水生态文明城市、全国民族团结进步示范城市等一系列称号，成功举办绿色发展论坛，中国生态环保大会落户西宁，探索走出一条生态脆弱欠发达地区整体实现绿色发展的新路。

近年来西宁市围绕打造绿色发展样板城市，绿色发展取得了明显成果。

但受经济下行和资源环境约束，“叠加碰头”的态势日益明显，生态环境本底脆弱，土地资源、水资源紧缺，资源环境承载力仅为0.02，远低于全国平均水平，绿色发展的程度和水平还不高，整体性和协调性还不够，体制机制及政策保障还不足。一是从全国绿色发展指数看。自2010年起“中国绿色发展指数”系列报告开始发布，最新发布的《2016年中国绿色发展指数报告——区域比较》测算了我国31个省（区、市）和100个重点城市的绿色发展指数排名，其中以资源环境承载潜力、经济增长绿化度、政府政策支持度为一级指标。报告指出青海省位列第25名，绿色发展水平低于全国平均水平，西宁市在100个重点城市中经济增长绿化度排名73，绿色发展综合指数排名98，经济增长绿化度和政府政策支持具有明显劣势，但是资源环境潜力具有一定优势，有效拉动绿色发展水平的提升，但仍远低于全国平均水平。二是从省内绿色发展指标评价看。根据《青海省绿色发展指标体系》，2016年西宁市绿色发展指数测算结果为79.98分，在全省排名第三名，与位居前列的州市虽有差距但并不大。其中构成绿色发展指数的一级指标分别是增长质量（9.6%）、绿色生活（9.6%）、生态保护（14.5%）、环境质量（17.3%）、环境治理（17.3%）资源利用（31.7%）6项，西宁市分别位列全省第1位、第2位、第5位、第8位、第2位、第1位。可见环境质量指标西宁市位列全省最后，指数评分为65.80分，全省其他地区环境质量指标平均分为92.14，是造成绿色发展指数总体偏低的主要因素。

（三）西宁市绿色发展水平排名靠后的原因分析

首先从发展要素上看。经济增长方式粗放，总量小、基础弱、转型压力大。产业结构偏重偏粗偏短的格局尚未根本扭转，高新技术和战略性新兴产业比重小，生产环节能耗高而单位产出率较低，污染物排放强度大而资源回收再利用率低，社会交易率低而交易成本较高。西宁市以1%的地理空间承载着全省近50%的人口，生态空间回旋余地小，生态承载能力弱，对外开放程度不高，绿色发展缺乏坚实的物质基础和保障。

其次从体制机制上看，相关政策法规、技术标准不完善，生态监测、评估与预警机制落后，相关监管部门效率低下、信息沟通不畅，社会公民和各界力量参与不足，难以为环境管理与决策提供良好的技术支撑。

最后从政策支持看，政策支持度不高。虽然近年来西宁市坚持以新水平新时代中国特色社会主义思想为指引，把打造绿色发展样板城市作为推进“两个绝对”具体化的重要内容，制定了一系列推进绿色发展的政策措施，提升了西宁市绿色发展的能力和水平，但也存在着政策措施与西宁市绿色发展结合不紧密，针对性不强，推进落实不够，扶持力度不强等问题，具体表现在：一是财政扶持额度与环境保护的需要不协调，财政扶持资金的扶持、引导作用未能有效发挥。二是对生态建设与保护长期而稳定的资金投入机制尚未建立，制约了生态环境保护的持续向好。三是绿色发展偏好的政策干预度不足。现有绿色发展指标考核评价体系过多强调的是技术层面指标，对各地区、各部门的人为治理等非技术性指标考核评价缺失，导致绿色发展的行为自主性不强。四是绿色发展与经济社会增长的目标融合不足，在政策制定方面还缺乏系统性、针对性和有效性。

二　生态脆弱区绿色发展模型构建和基本路径

（一）生态脆弱区绿色发展模型构建和基本发展路径

为进一步探索生态脆弱区实现绿色发展的模式，针对现有绿色发展指标考核评价体系不足、绿色发展与经济社会增长目标融合不当、政策制定缺乏系统性、针对性和有效性，创造性地建立绿色发展的“靶向”模型和基本路径矩阵。绿色发展靶向模型整合与绿色发展有关的活动和各个主体，具体包括以下五个方面：一是发展目标，明确绿色发展的总体方向是实现经济内生增长、环境友好和社会包容；二是基本原则，指导区域绿色发展进程中的各项工作及目标的实现；三是发展路径，明确区域绿色发展的实现途径；四是方式方法，保证全领域绿色发展目标的实现；五是监管体系，监测评价和跟踪保障绿色发展的进程。如图 1 所示。

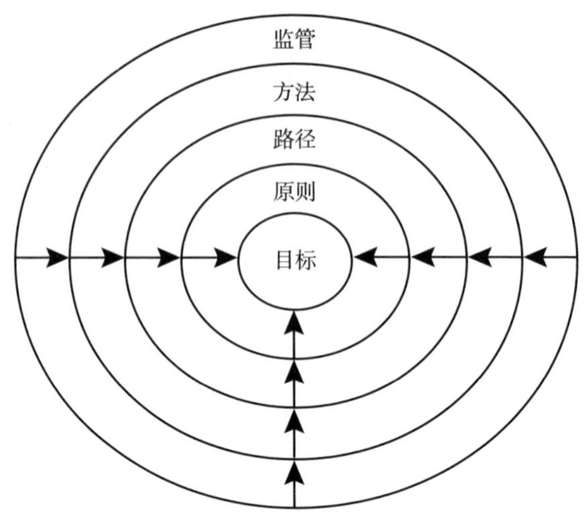

图 1　绿色发展的靶向模型

根据绿色发展的靶向模型的五个方面要点，研究并导出建立绿色发展的基本路径体系矩阵，其中：一是目标，分为一个总体目标和六个具体目标；二是原则，包括政府主导、区域差异、相互协同、权责对等、理性决策、长期规划、市场与非市场机制相结合等七个方面；三是路径，包括生态保护扶贫开发、绿色能源资源开发、产业绿色转型、空间绿色拓展、体制机制完善等五个方面；四是方法，分为政府管制、市场调节、法律制度等三个方面；五是监管，分为环境评估、关键环节监测评估、第三方全过程监管、公众参与、区域资本综合评估等五个方面，如表 1 所示。

从以上绿色发展的靶向模型和基本路径体系矩阵分析可以看出，当前西宁市绿色发展从目标、原则、路径、方法、监管等方面已基本建立起了完整的发展战略体系，从整体上有效促进了全市的绿色发展，探索走出了一条生态脆弱、欠发达地区整体实现绿色发展的新路。但对标模型和基本路径体系矩阵中的目标、原则、路径、方法、监管等方面的具体内容，在有些方面还有欠缺，特别是在立法、投入、改革等政策因素上还有较多的空白，影响了西宁市绿色发展的整体性、协调性，尤其需要在政策层面加大工作力度。

表1　生态脆弱区绿色发展基本路径体系

<table>
<tr><td colspan="14">绿色发展基本路径体系矩阵</td></tr>
<tr><td rowspan="2">目标</td><td colspan="4">总体目标</td><td colspan="9">具体目标</td></tr>
<tr><td>内生增长</td><td colspan="2">生态友好</td><td>社会包容</td><td>生态管护</td><td colspan="2">能源利用资源开发</td><td colspan="3">扶贫与劳动者素质</td><td>空间绿色拓展</td><td>产业绿色转型</td><td>经济增长社会公平</td></tr>
<tr><td>原则</td><td>政府主导</td><td colspan="2">区域差异</td><td>相互协同</td><td colspan="2">权责对等</td><td colspan="3">理性决策</td><td colspan="2">长期规划</td><td colspan="2">市场与非市场机制相结合</td></tr>
<tr><td>路径</td><td colspan="2">生态保护扶贫开发</td><td colspan="2">绿色能源资源开发</td><td colspan="4">产业绿色转型</td><td colspan="3">空间绿色拓展</td><td colspan="2">体制机制完善</td></tr>
<tr><td rowspan="2">方法</td><td colspan="4">政府管制</td><td colspan="7">市场调节</td><td colspan="2" rowspan="2">法律制度</td></tr>
<tr><td>规划</td><td colspan="2">立法</td><td>转移支付</td><td colspan="2">碳交易市场</td><td colspan="3">排放权市场</td><td colspan="2">自然资源定价改革</td></tr>
<tr><td>监管</td><td colspan="2">环境评估</td><td colspan="2">关键环节监测评估</td><td colspan="5">第三方全过程监管</td><td colspan="2">公众参与</td><td colspan="2">区域资本综合评估</td></tr>
</table>

三　加快西宁市生态脆弱区绿色发展的对策建议

（一）加强生态文明顶层制度建设

首先把西宁市绿色发展的立法、标准、体制“三位一体”的生态文明制度顶层设计作为协调生态保护与经济发展关系的一种有效制度安排，是打造绿色发展样板城市的根本保证。为此，我们要始终坚持以制度建设作为破解生态困境的关键措施，以技术创新铸就绿色发展的根本动力，不断提升绿色发展的能力和水平。加快“绿色立法”。充分用好地方立法权限，将生态文明建设、绿色发展纳入法治化轨道，加快制定出台《西宁市建设绿色发展样板城市条例》《西宁西堡生态森林公园建设管理办法》等系列地方性法规和政府规章等，形成协同配合、良性互动的绿色发展政策保障体系，构建绿色发展的“法治屏障”。建立“绿色标准”。要积极探索建立健全治水治气、治城治乡、治土治山标准体系。深入推进“标准化+节能减排”，完善产业准入能耗、物耗、水耗等标准。推广农产品标准化生产管理模式，推动农业标准化作业和可持续发展。健全“绿色指标”。突出质量、效益，兼顾宏观、微观，涵盖总量、结构，加快构建能够体现西宁特色的多维度绿色发展指标体系，同时适时将具备条件的指标纳入国民经济和社会发展中长期规划、年度计划，充分发挥绿色发展指标对各项工作的“指挥棒”“方向盘”作用。理顺“绿色体制”。要充分发挥全市建设绿色发展样板城市领导小组会、部门联席会、主任办公会总揽全局、部门协调、内部衔接的作用，通过交叉任职的方式，着力解决体制不顺畅、责任不明确、工作无重点、落实打折扣的问题，推动工作形成合力。各单位成立绿色发展领导小组并设立办公室，各县（区）设立党委统一领导的绿色发展委员会，切实解决好政策落实层层传导最后“一公里”的问题。市委绿发委要着力发挥好“研究所、召集人、督战队、护绿员”作用，发挥参谋助手作用，进一步健全统一监管、统筹推进的绿色发展管理体制。要强化人大、政协专题询问、专项视察、执法检查等督导促进作用，努力形成党委统一领导，人大、政府、政协协同配合，相关部门共同落实的绿色发展工作体制。

（二）建立绿色发展推进工作机制

制定推进绿色发展的工作保障措施，建立联络员制度，定期召开会商会研究解决绿色发展中出现的各种问题，形成工作合力，统筹推进绿色发展各项工作。一是形成绿色发展研究机制。在绿色发展面临资源和环境问题的现实压力下，全市各领域重点以如何实现“生态经济化”和“经济生态化”为研究总纲，具体以绿色发展的支撑体系、实现路径以及政策保障机制等为研究对象，找准障碍症结，积极研究谋划新时代绿色发展各项工作，为绿色发展提供决策建议。如基于生态补偿机制涉及全市水域、山体、林地及不同部门、地区和行业，依靠单独的部门难以完成，域内各高校、研究机构充分发挥“智库”作用，共同开展市域生态补偿机制的研究，为生态补偿顶层设计提供基础支撑。这种综合研究机制的形成，解决了过去研究“碎片化”、关联度低和成果应用受限等难题。二是形成重大问题会商机制。会商工作机制主要对目前绿色发展方面存在的体制机制问题和突出矛盾进行全面梳理分析，制定问题清单，实施动态管理，建立推进绿色发展联席、会商等制度，加强部门联动，形成政策合力，共同推进绿色发展。这种会商机制的形成调动了相关部门参与会商工作的积极性，实现了部门由被动会商向主动会商的转变，实现了“1 +1 >2”的整体功效。三是在政府投资立项和规划建设环节形成项目绿色发展准入机制。如基于当前西宁市固体废弃物处置设施不足、布局不合理、资源再利用程度不高、静脉产业链条尚未形成的现状，西宁市充分发挥市委绿色发展委员会统筹协调作用，在相关管理部门建立联络员制度，突破发改部门投资、规建部门选址、城管部门管理等方面各自的局限性，对全市固体废弃物处置循环再利用进行综合谋划，探索建立项目绿色准入标准。这种准入机制的形成解决了过去各批各管，互相推诿的问题，让项目决策、布局、监管等工作实现了有机衔接、激励相容。四是形成绿色发展目标考核机制。建立完善绿色发展目标责任考核体系，推行差别化考核，制定建设绿色发展样板城市目标责任考核办法，搭建综合性生态保护和绿色发展投诉举办平台，将生态文明建设年度评价工作与建设绿色发展样板城市主要任务有机结合，建立合理的生态环境保护公众参与机制，包括环境信息公开透明制度、平等有效的参与沟通机制、公平合理的公共补偿机制、切实透明的监督机制、快速反应的舆情机制，发挥公众参与和监督作用，对存在的问题及时督导整改落实。切实增强绿色发展的制度约束和体制机制保障，形成环境污染防治的有效约束和推动力。

（三）强化财政金融政策的引导扶持作用

积极拓展资金来源渠道，壮大绿色产业发展引导基金，发挥好财政资金引导、扶持的作用。制定并完善绿色发展相关的优惠政策，对生态建设相关项目在税收及项目审批上给予政策支持，引导和鼓励社会资本参与绿色发展。如制定《西宁市绿色产业发展引导基金管理办法》，统筹使用绿色产业发展引导基金，并每年增长 10%，形成稳定增长的绿色财政投入机制。如制定《西宁市引进社会资本推进绿色发展的实施意见》，发挥财政资金保底作用，引导和吸引更多的社会资本进入绿色产业，扩大绿色产业发展引导基金规模，为绿色发展提供动力。落实和完善金融扶持政策，建立多元化投融资机制，全面增强绿色信贷对绿色发展的促进作用。把生态成效作为理财期权，探索新业态、新产品和新模式。如依托《西宁市金融支持绿色发展实施方案》，围绕打造绿色发展样板城市，制定《“六大行动”项目清单》，开发绿色信贷产品，专项用于绿色发展样板城市建设。积极创造条件，争取将西宁市列入第二批全国绿色金融改革创新试验区范围，不断提升金融支持绿色发展的能力和水平。

（四）发挥绿色指标考核评价体系的导向作用

与传统 GDP 政绩考核一味重视经济总量和速度的增长不同，“绿色 GDP”考核指标体系将根据不同区域、不同行业、不同层次的特点，建立各有侧重的核算体系，实现绿色发展目标的可量化、可监测、可评估以及可考核性。比如研究制定《西宁市双维度绿色发展指标体系》，即除国家、省上确定的要素刚性指标外，增加非技术性柔性指标，即增加绿色发展治理体系完备性、绿色发展运行机制有效性等政策、人为因素指标，形成组合式指标体系，进行自上而下偏好干涉和左右衔接沟通完善，经过逐级传导和同级扩散，发挥绿色偏好的多米诺效应，引导、提高全市各地区、各部门和广大民众绿色发展的积极性，既体现与国家、全省绿色发展标准的一致，又客观体现出西宁绿色发展的特色、实际以及取得的成果。

（五）完善配套政策的促进作用

积极推进行政审批标准化建设，如集中行政审批权，建立绿色发展投资项目牵头部门“一窗受理”制度，逐步实行以绿色评价为主的“多评合一”，涉及国土、建设、环保、规划等部门的，由牵头部门代跑，真正实现企业项目投资审批“最多跑一次”。创新欠发达地区人才引入机制，如全面落实《西宁市引进和培养高层次创新创业人才的意见（试行）》，实施“引才聚才 555 计划”，提供有竞争力的引入条件，大力引进高层次科技创新型人才，进一步降低落户门槛和条件，积极吸引各类人力资源和高素质专业人才落户，加快形成绿色发展的人才优势和人口红利。

（六）加大绿色生态文化牵引作用

实施最严格的水资源管理制度，建设节水型城市。推进绿色生产、绿色包装、绿色制造、绿色流通、绿色采购、绿色消费、绿色回收等系统建设，降低生产和流通中的能源资源消耗和污染物排放，实现生产系统和生活系统循环链接。深入推进绿色低碳出行、绿色文明祭祀、植绿护绿等志愿服务活动，倡导简约适度、绿色低碳的生活方式，抓好创建节约型机关、绿色家庭、绿色学校、绿色商场、绿色社区和绿色出行等工作，开展节水护水、超市限塑、抵制污染、美化环境、垃圾分类回收等环境保护行动，提升公众参与度。充分发挥媒体导向，大力宣传绿色发展、爱护生态、勤俭节约的典型经验和人物，激发广大群众投身于建设绿色发展样板城市的积极性、主动性。深入开展全社会反对浪费行动，加大监管和打击力度，在全社会营造绿色生活的良好氛围。

参考文献

中共西宁市委西宁市人民政府：《西宁市关于建设绿色发展样板城市的实施意见》，2017 年 4 月 6 日。

王晓：在西宁市生态环境保护大会上的讲话，http：//www. qhnews. com/swld/system/2018/06/22/012638539. shtml。

青海省统计局、青海省发展改革委、青海省环境保护厅、中共青海省委组织部：《2016 年青海省各市（州）绿色发展年度评价结果公报》，2018 年 4 月 17 日。

县永平、钟经道：《打造绿色发展样板城市推进“十三五”规划实施——以青海省西宁市为例》，《中国经贸导刊（理论版）》2017 年第 20 期。

蒋尉：《西部地区绿色发展的非技术创新系统研究——一个多层治理的视角》，《西南民族大学学报（人文科学社会版）》2016 年第 9 期。

郭艳丽：《〈青海省绿色发展指标体系〉的架构和介绍》，《青海统计》2017 年第 7 期。

尹传斌、蒋奇杰：《绿色全要素生产率分析框架下的西部地区绿色发展研究》，《经济问题探索》2017 年第 3 期。

B.18
西宁市绿色发展制度建设的成效、经验与构想

张海盛　曲　波*

摘　要： 加强制度建设是推动西宁绿色发展的重要保障。论文回顾了西宁市绿色发展制度建设历程，总结了取得的成效和经验，指出还存在缺乏综合性调控立法、立法体系不够完善、制度建设实效有待增强等问题，并提出了加强科学民主依法立法、加快制定《西宁市建设绿色发展样板城市促进条例》、强化执法等措施建议。

关键词： 绿色发展　制度创新　法治思维　西宁市

加强绿色发展制度建设是贯彻落实习近平总书记在全国生态环保大会上提出的“加快制度创新，强化制度执行，让制度成为刚性的约束和不可触碰的高压线”重大要求的必然举措，是落实西宁市委“不断优化绿色发展的制度机制”要求的具体部署。

一　西宁市绿色发展制度建设历程

西宁市相继出台了彰显绿色发展理念的地方性法规和政府规章，为经济

* 张海盛，研究生学历，西宁市政府法制办公室综合处处长；曲波，青海大学财经学院教授，研究方向为制度经济。

社会可持续发展提供了有力的法制保障。1989 年全省启动南北山绿化工程，1990 年省人大常委会批准颁布了《西宁市南北两山绿化条例》，1991 年市政府颁发了《西宁南北两山绿化条例实施细则》。截止到 2018 年 8 月，省人大共批准颁布涉及西宁市绿色发展的地方性法规 9 件，其中《西宁市南北两山绿化条例》《西宁市餐厨垃圾管理条例》《西宁市水资源管理条例》各修订 1 次，《西宁市城市园林绿化管理条例》修订 2 次，《西宁市城市市容和环境卫生管理条例》修订 3 次①；市政府批准颁布涉及绿色发展的政府规章 15 件②。

从制度建设成果来看，2016 年，制定出台了《西宁市饮用水水源保护管理办法》《西宁市地下综合管廊管理办法》《西宁市城市公共厕所管理办法》。2017 年，制定出台了《西宁市“门前三包”区域责任制管理办法》《西宁市绿道管理办法》《西宁市绿色建筑管理办法》。2018 年，制定出台了《西宁市安全生产办法》《西宁市生活饮用水二次供水管理办法》《西宁市非物质文化遗产保护办法》《西宁市生活垃圾分类管理办法》，同时将《西宁市建设绿色发展样板城市促进条例》《西宁西堡生态森林公园建设管理办法》《西宁市电动自行车管理办法》《西宁市食品安全监督管理办法》《西宁市电梯安全管理办法》等 5 个项目列为年度立法提交项目，将《西宁市环境保护条例（修订）》《西宁市城市园林绿化管理条例（修订）》《西宁市文明行为促进条例》《西宁市养犬管理条例（修订）》《西宁市河长制规定》等 8 个项目列为年度立法调研项目，促进绿色发展立法工作步入快车道。

二　西宁市绿色发展制度建设取得的成效和经验

西宁市坚持把制度建设作为绿色发展的重要保障，着力通过制度建设来

---

① 资料来源：青海省人民代表大会常务委员会网站“青海省地方性法规库”检索。

② 资料来源：西宁市政府法制办公室政府规章汇编。

破除制约生态文明建设的体制机制障碍，特别是注重发挥法治在绿色发展制度建设中的引领作用，在立法促进绿化事业、强化环境保护、推动资源节约利用等方面取得了显著的成效和经验。

（一）取得的成效

1. 绿化立法成效突出

从1989年青海省委做出“绿化西宁南北两山、改善西宁生态环境”的战略决策，到2016年市委提出建设绿色发展样板城市，做好绿化工作意义重大。

1990年8月，由西宁市人大通过《西宁市南北两山绿化条例》，该条例是专门为两山绿化立法，具有前瞻性。《西宁市南北两山绿化条例》明确地方各级政府及相关部门在南北山绿化中的职责任务，对绿化建设、权益保障、保护管理做出规范，并严格法律责任，在青海省环境保护法制建设史上具有里程碑意义。1991年，市政府颁布了《西宁市南北两山绿化条例实施细则》。2013年，在条例颁布实施23年后，市人大组织人大代表、法律专家，就如何修订《条例》进行全方位调研，并于2014年修订完成，为南北山绿化永续发展奠定了坚实的制度保障。2014年3月，市政府制定出台《西宁北山美丽园永久性绿地管理办法》，推动绿地管护走向法制化、规范化。西宁森林覆盖率由1989年的7.2%提高到目前的75%，人民日报头版为此进行了专题报道。

2. 环境保护制度建设成果显著

西宁市出台了《西宁市环境保护条例》《西宁市城市市容和环境卫生管理条例》；在环境污染防治方面，出台了《西宁市大气污染防治条例》《西宁市机动车排气污染防治管理办法》《西宁市环境噪声污染防治办法》，其中2015年制定的《西宁市大气污染防治条例》是青藏高原首个城市大气污染防治条例；在饮用水保护管理方面，出台了《西宁市饮用水水源保护管理办法》《西宁市生活饮用水二次供水管理办法》；在固体垃圾、废弃物处置方面，出台了《西宁市餐厨垃圾管理条例》《西宁市再生资源回收管理办法》《西宁市生活垃圾分类管理办法》等。

3. 资源节约利用制度建设加快推进

西宁市重视通过制度建设推进节水工作。近年来相继出台了《西宁市水资源管理条例》《西宁市节约用水管理条例》《西宁市饮用水水源保护管理办法》和《西宁市生活饮用水二次供水管理办法》等地方性法规规章，将节约用水、水源保护纳入法制化、规范化轨道，旨在多措并举深入推进节水型社会建设。面对西宁市生活垃圾收运体系和终端处理体系的压力日益增大，环境隐患逐渐凸显的问题，积极推行生活垃圾分类试点工作。2018 年 4 月，市政府通过了《西宁市生活垃圾分类管理办法》，明确了生活垃圾分类设施的规划、建设及分类容器的设置、管理等要求，确定了西宁市生活垃圾采用“四分法”，对生活垃圾分类收集、运输、处置等进行了规范，为西宁市绿色发展奠定了基础。

4. 特色立法支撑绿色发展

迎合绿色建筑发展趋势，2017 年底，制定出台了《西宁市绿色建筑管理办法》，从规划、建设、验收、运营、改造等各个方面，对推动绿色建筑发展做出了一系列创新性规定，为推动产业和城市转型升级、打造绿色发展样板城市提供了重要制度保障。着眼于解决地下基础设施建设滞后问题，通过制度建设超前谋划开展地下管廊建设，2016 年 7 月，市政府出台了《西宁市地下综合管廊管理办法》，对综合管廊的规划、建设、运营与维护、安全保护、法律责任等进行了明确规定，切实解决了管廊建设管理工作中存在的实际问题，使管廊建设管理有章可循。聚焦绿道建设这一全市人民瞩目的亮点工程，着力于解决绿道建设标准不统一、管理和维护责任主体不清、配套设施不完善甚至擅自占用、挖掘绿道、损毁配套设施等问题，2017 年 7 月，市政府审议通过了《西宁市绿道管理办法》，对绿道规划、建设和管理做出了全面规范，明确禁止一些破坏绿道环境、影响安全的行为，使绿道真正成为市民的“健身休闲之道”、城市“绿色发展之道”。

5. 制度建设不断完善

2017 年，按照国务院和省政府文件精神要求，对照全国人大和国务院

2013 年以来“放管服”改革涉及修改的 71 部法律、179 部行政法规以及 96 件文件①，扎实开展涉及“放管服”改革和生态保护建设的法规、规章及规范性文件专项清理工作，废止《西宁市旅游市场管理办法》《西宁市科学技术奖励办法》2 件政府规章，并修改了《西宁市城市园林绿化管理条例》《西宁市城市市容环境卫生管理条例》等 5 件地方性法规相关内容，用法治思维和法治方式为绿色发展保驾护航。

（二）基本经验

一是政治站位高，坚持绿色发展价值取向不动摇。坚决贯彻践行习近平总书记“绿水青山就是金山银山”的科学论断，突出“生态优先”，坚守“绿色发展”，高度重视生态环境保护，强化绿色发展的制度建设特别是法治保障，以绿色制度建设体现市委、市政府的改革发展决策。

二是充分发挥地方性立法的保障作用。在已有环保立法的基础上，着力研究制定和完善与国家法律相配套、与生态文明建设实践相适应、支撑引领西宁绿色发展的相关制度，精心谋划立法项目，科学制定立法计划，重视调查研究，严格立法程序，很好地实现了立法目的。

三　西宁市绿色发展制度建设存在的问题

虽然西宁市绿色发展制度建设取得了显著成绩，但是以下方面的问题还需要引起重视并加以解决。

（一）缺乏综合性调控立法

从西宁市的立法成果看，先后制定了环境保护、大气污染防治、水资源保护、园林绿化、城乡规划建设、绿道、绿色建筑等单行的关于促进绿色发展的

① 资料来源：西宁市政府法制办公室 2017 年地方性法规、政府规章和规范性文件专项清理工作统计。

地方性法规和政府规章。这些法规规章在解决具体的争议中起到了重要的作用。然而在统筹发展方面，还存在城乡之间、区域之间不衔接、不协调的状况，一定程度上影响了绿色发展的统一秩序和工作效率。绿色发展样板城市建设是一项长期而艰巨的系统工程，还需要增强制度建设的系统性、科学性和前瞻性。

（二）立法体系不够完善

绿色发展理念包括绿色经济发展理念、绿色环境发展理念、绿色政治生态发展理念、绿色文化发展理念和绿色社会发展理念。因此，推进绿色发展制度建设就需要把涉及经济、环境、政治、文化和社会发展领域的新要求整合起来，有计划地协调整合相关法规规章，研究制定《西宁市建设绿色发展样板城市促进条例》等。目前，在系统贯彻绿色发展理念，形成协作配合的绿色发展制度体系方面，特别是落实到具体的条款条文当中，还存在难度，还没有形成有助于绿色发展样板城市建设的强大制度合力，还需要通过制度建设把思想观念、经济发展、城市运营、文化价值、市民生活等各个方面与自然环境实现有机融合，把握好"保护生态"和"加快发展"的关系。

（三）制度建设实效还有待增强

"天下之事，不难于立法，而难于法之必行。"法律的生命力在于实施，法律的权威也在于实施。西宁市虽然制定出台了一系列涉及绿色发展的法规规章，但从近三年行政处罚情况看，情况不容乐观，有些法规规章出台后，束之高阁；有关部门重立法、轻执行，立法与执法脱节，不仅损害了立法机关的形象和法律的尊严，更是违背了立法的本意；法规规章虽然规定得很严格，但是一些地方、一些部门不严格执法，不依法执法，在贯彻落实全面依法行政加快建设法治政府方面还不到位。

四　完善西宁市绿色发展制度建设的构想

完善绿色发展制度，就是要贯彻落实习近平总书记在全国生态环

境保护大会上的重要讲话精神，让制度成为刚性约束和不可触碰的高压线。

（一）牢固树立“四个意识”，科学民主依法立法

一是增强科学的绿色制度建设理念。绿色发展不仅注重实现自然生态系统的平衡与可持续发展，而且强调通过环境污染防治来实现环境质量的改善；不仅包括形成绿色发展方式与生活方式，而且也包括对环境违法行为的规制。今后西宁市还应当结合优化产业结构、塑造高质量生产方式、营造高品质生活方式等各领域的具体要求，与时俱进更新立法理念，实现制度建设对于绿色发展的有效推动。

二是发挥公众参与的作用。各级机关在制度体系建设中，应当积极听取公众利益诉求，通过召开专家论证会、公众征求意见会等方式，主动发挥公众参与制度建设的积极作用，切实将有关保障公众发展利益的要求贯彻到制度建设中。

（二）突出重点，加快制定《西宁市建设绿色发展样板城市促进条例》

全面贯彻落实省委“一优两高”战略，紧紧围绕打造绿色发展样板城市工作目标，拟定《西宁市建设绿色发展样板城市促进条例》，用制度建设确保绿色发展实践取得明显成效。

一是明确立法目的、适用范围、基本原则、职责分工、权利和义务、绿色生活与消费、宣传教育和表彰等内容。确定全市绿色发展应当坚持生态优先、绿色发展、统筹规划、政府主导、社会参与、协同推进的立法原则，明确政府、各有关部门以及社会公众的责任，并规定专门机构负责全市绿色发展的指导、协调、考核等工作。

二是将绿色发展指标纳入国民经济和社会发展规划，组织实施主体功能区规划，严格按照主体功能定位发展，完善开发政策，合理控制开发强度。构建绿色空间规划体系，实行“多规合一”，科学划定三类空间以及三条

红线。

三是按照西宁市委、市政府《关于建设绿色发展样板城市的实施意见》绿色产业、治理能力等“六大建设行动”的要求，规定生态山水城市、城市生态屏障、宜居宜业宜游生产空间格局，推进美丽乡村，厕所革命，城市双修，海绵城市，综合管廊、绿道、绿色建筑，绿色交通，开展“高原绿”、“西宁蓝”、“河湖清”、绿色人文建设行动及智慧城市建设等。

四是规定绿色产业体系转型与发展的相关制度，包括结构性产业调整、循环低碳经济要求、资源配置量化管理、产业发展和科技创新驱动、环境经济政策改革、人才引进等内容。明确建立投资项目绿色发展符合性评价机制，实施市场准入负面清单制度。对重大项目在招商引资阶段实行生态环境影响预评估，农牧业、工业、服务业产业发展和园区循环化改造做出明确规定。

五是明确加强自然生态系统保护和修复，建立生态系统检测体系和环境承载力监测预警机制，确立环境污染第三方治理、环境污染强制责任保险和生态补偿等制度，在生态环境领域采取加强各类自然资源保护、水土流失治理、土壤环境防治、垃圾分类、生态殡葬、食品安全、节约使用资源等措施。

六是构建绿色发展监督体系，建立体现绿色发展要求的目标体系，提供财政保障，吸引社会资本融资，建立相应的评价考核机制，实行自然资源资产离任审计和生态环境损害责任追究制。推进严格规范公正文明执法，建立绿色发展信息档案，将单位和个人失信行为记入信用体系，实行信息公开，依法公开有关绿色发展的政府信息。

七是健全法律责任。要充分发挥行政处罚的主体作用，民事处罚的补充作用，加大处罚力度，实行严格的绿色发展样板城市建设制度。

（三）强化执法监督，确保制度建设实效

一是深入推进环境保护法律法规贯彻实施。大力宣传贯彻环境保护法等相关法律法规，督促各级公职人员切实承担起贯彻实施的责任，全面落实相

关法律法规要求，依法严惩破坏生态、污染环境等违法犯罪行为，强化西宁市绿色发展立法在“一芯两屏三廊道”“高原绿、西宁蓝、河湖清”建设方面的应用与转化，真正使制度建设为高质量发展奠定基础。

二是扎实做好绿色发展相关立法的执法检查工作。充分发挥人大常委会的监督作用，围绕大气、水污染等突出问题开展重点检查，适时开展地方性法规贯彻落实情况监督检查。

参考文献

崔爱鹏：《绿色发展理念指导下的生态文明立法问题研究》，《湖南生态科学学报》2016 年第 6 期。

舒绍福：《绿色发展的环境政策革新：国际镜鉴与启示》，《改革》2016 年第 3 期。

田文富：《制度均衡下的绿色发展及其机制创新》，《河南社会科学》2016 年第4 期。

王丹、熊晓琳：《以绿色发展理念推进生态文明建设》，《红旗文稿》2017 年第1 期。

中共西宁市委、西宁市人民政府：《西宁市关于建设绿色发展样板城市的实施意见》，2017 年4 月6 日。

B.19
西宁市绿色发展政策实效分析与完善路径

张延虎　毛江晖*

摘　要：　政策体制创新是推动绿色发展的主要动力和保障。近年来，西宁市在体制机制创新和法规制度保障上开展了卓有成效的工作。本文通过《2016 中国绿色发展指数报告——区域比较》提出的评价指标体系分析了西宁市绿色发展的政策实效，厘清了当下存在的问题，并就进一步完善绿色发展政策体系，提出了政府支持、绿色生产、绿色生活、生态治理等方面的路径。

关键词：　绿色发展　政策体制创新　西宁市

绿色发展的主要动力和保障取决于经济结构转型和政策体制创新。西宁市在技术条件、产业基础和政策环境等方面与发达地区相比存在差距，迫切需要以绿色发展样板城市建设作为实现绿色发展的根本性战略，加快构建绿色发展公共政策体系，形成长期、持续性的绿色发展战略和新的制度安排，尽快实现绿色繁荣。本文依据《2016 中国绿色发展指数报告——区域比较》得出的评价结果，提出相关政策建议。

---

* 张延虎，中共西宁市委绿色发展委员会副主任，高级工程师，研究方向为城市规划；毛江晖，青海省社会科学院生态环境研究所所长，副研究员，研究方向为生态经济、自然地保护与发展。

一　西宁市绿色发展政策概况

两年来，西宁市严格遵循习近平总书记视察青海时提出的“四个扎扎实实”重大要求，坚持生态优先、绿色发展，努力打造绿色发展样板城市，将“四个扎扎实实”重大要求细化为西宁的具体实践，在体制机制创新和法规制度保障上开展了卓有成效的工作。

2017年3月，《关于建设绿色发展样板城市的实施意见》（以下简称《实施意见》）制定出台。《实施意见》提出：到2020年，西宁市将以建设幸福西宁为总目标，大力推进绿色发展实践，形成与生态文明新时代相适应的制度机制、空间格局、产业结构和生产生活方式，在一些领域走在全国前列，基本建成绿色发展样板城市。

2017年6月，经青海省编办批准，西宁市撤销市委政研室，组建中共西宁市委绿色发展委员会。西宁绿发委将立足“研究所、召集人、护绿员、督战队”的职能定位，构建其与发改、财政、经信、城管等部门的有机兼容、激励相容的工作机制。制定并实施绿色发展总体规划、年度计划，并指导和督导相关部门及各县（区）在推进绿色发展样板城市建设各个领域、层面的具体工作。

2018年5月，《西宁市建设绿色发展样板城市促进条例（征求意见稿）》面向全社会征求意见，于2018年10月25日西宁市第十六届人民代表大会常务委员会第十四次会议通过，11月28日青海省第十三届人民代表大会常务委员会第七次会议批准，自2019年1月1日起施行。2018年7月，《西宁市人民代表大会关于修改、废止〈西宁市大气污染防治条例〉等十一部地方性法规的决定》（以下简称《决定》）在青海省十三届人大常委会第三次会议上获批。《决定》对西宁市关于大气污染、防御雷电灾害、殡葬管理、全民义务植树、城市房屋拆迁管理等项法规进行了修改和废止，为打造绿色发展样板城市、新时代建设幸福西宁提供了法制支持。

自做出打造绿色发展样板城市重大战略部署以来，市属有关部门在中长期规划、专项规划编制过程中，严格落实主体功能区规划和《西宁市建设绿色发展样板城市的实施意见》要求，全市共完成1个市级规划纲要、36个专项（区域）规划、7个县级规划纲要。与此同时，还建立了政府投资项目绿色发展符合性评价机制，会同相关部门制定《西宁市生态文明建设目标评价考核办法（试行）》、《西宁市绿色发展指标体系》。为深化资源价格改革，推动形成绿色生产生活方式，制定出台一系列办法措施，逐步建立了主要由市场决定资源价格的机制。为形成节约资源和保护环境的绿色生产生活方式，制定出台《调整西宁市城市污水处理费征收标准》、《西宁市新能源汽车充电服务费收费标准》、《西宁市农业水价综合改革工作绩效评价办法》、《西宁市农业用水价格管理办法》，拟定了《西宁市建立居民生活用气阶梯价格制度方案》、《西宁市建立城镇居民用水阶梯价格制度方案》。

二　西宁市绿色发展政策实效分析

为客观评价西宁市在推进绿色发展相关政策成效，我们通过《2016中国绿色发展指数报告——区域比较》（以下简称《报告》）提出的评价指标体系分析西宁市绿色发展的政策实效。根据该《报告》，中国城市绿色发展指数以经济增长绿化度、资源环境承载潜力、政府政策支持度为一级指标。其中，政府政策支持度反映的是政府处理解决资源、环境与经济发展矛盾的水平和力度，具体体现在绿色投资比重、基础设施改善程度、环境治理成效三方面所涉及的环境支出占财政支出的比重、人均绿地面积、工业二氧化硫去除率等14个主要参考指标。

在全国100个城市绿色发展指数排名中，西宁市排在全国第98位（倒数第3位），其中经济增长绿化度指标排名第73位，环境资源承载潜力指标排名第75位，政府政策支持度指标排名第98位。从中可以看出受以前粗放式发展带来的产业结构不合理、高原地区资源环境禀赋制约等因素形成的“硬伤”，需要通过供给侧结构性改革，推动产业转型升级和生态环境保护，才能不断提高经济增长的“绿化度”，这是个长期而又阵痛的过程，不可

“一蹴而就”。政府政策支持度指标可以充分发挥政府在市场经济中的调节作用，通过各项政策工具的干预，实现绿色经济资源的最优配置，引导经济社会实现绿色发展。但从排名来看，该项指标却成了影响综合排名最失分的领域，进而也反映出西宁市在绿色发展政府政策支持度方面存在的差距和短板。

在政府政策支持度指标中，西宁市绿色投资指标排名第45位，基础设施指标排名第80位，环境治理指标排名第100位，政府政策支持度指数为0.113，远低于0.1663的全国平均水平。究其原因，一是绿色发展的资金支持还不能满足需求，如环境保护支出、教科文卫支出占财政支出比重较低；二是城市基础设施建设对城市绿色发展的支撑力不强，如建成区绿化覆盖率、城镇生活污水处理率较低；三是城市环境保护、生态治理水平相对较弱，如工业废水化学需氧量去除率、工业废水氨氮去除率等很低。

在以往的发展中，区域政策的“靶向”更倾向于实现城市经济规模的快速增长，对绿色发展的关注度不够。同时又受制于经济发展的巨大压力，全社会对于生态环境的重视程度不高。尽管自身经济发展在培育绿色竞争力、推进城市绿色发展方面比较积极，成效显著，但对于西宁市这种典型的西部城市而言，其资源承载力较低，约束较强，同时生态环境较为脆弱，决不能走“先污染后治理”的老路。因此，未来在加速城市绿色发展转型的过程中，面临的客观阻力和劣势会更多。政府支持作为推动绿色发展的内生动力具有巨大的“行政优势”，因此必须秉承“生态优先、绿色发展”的基本原则，不断加强对绿色发展的支持力度，才能进一步带动社会各界在绿色发展理念上做出根本性的转变，实现城市的高质量发展。

三　进一步完善西宁市绿色发展政策的路径选择

西宁市为深入贯彻落实国家战略要求，进一步推进生态文明建设，必须走符合“一优两高”战略部署的创新体制机制，完善制度框架，倡导绿色生活和强化生态治理的最优路径。

（一）加强政府支持

1. 完善政策机制

完善有机兼容、激励相容的推动绿色发展的体制机制。坚持“多方参与，社会受益”的原则，积极加大政府支持城市绿色发展力度，鼓励、支持各类社会主体参与城市绿色建设，通过构建多部门、多渠道、多方式的绿色发展协调机制，加快推进城市生态文明建设。建立健全绿色发展综合性评价机制和标准，在项目规划选址和可行性研究阶段综合评价政府性投资项目的绿色符合度和潜在影响，并逐步延伸至社会投资项目。完善有利于环境、资源承载能力监测、预警机制的政策体系，严格编制自然资源资产负债表。构建以绿色发展为导向的评价考核体系，确立环境、资源的核心地位，树立“一优两高”的战略意识，在全社会强化绿色发展理念，构建全方位、多层次的经济社会发展评价体系，建立绿色发展的引导机制。科学规范领导干部自然资源资产离任审计程序和项目，确保各项事关绿色发展的政策措施落到实处，取得实效。

2. 完善市场机制

通过经济类、社会类的规制推动绿色发展，增加生态环境损害的违法成本；另外，设计有效的激励机制，通过税收、价格、财政补贴、绿色信贷、排放交易等经济政策工具，实现外部成本和效益内部化，使市场机制发挥正向激励作用，引导市场主体绿色生产和消费，调动全社会保护生态环境的积极性。在进行重大政策选择和重大技术推广时，应从社会整体利益出发，对不同领域和行业的技术路线方案，通过市场手段进行全寿命期的资源利用效率和环境影响效果比较，以防止局部优化而整体不优的现象。

3. 完善法规制度

建立健全相关法规制度，依法行政，严格执法，严厉打击破坏城市绿色发展和生态文明建设的违法行为。加快出台“自然保护地建设管理办法”，研究制定西宁市的“用水总量控制管理办法”等地方性法规。逐步探索构建符合自身实际的绿色农产品、食品、工业产品及绿色小镇、社区等绿色标准体系。在全省统一标准的基础上，制定实施更加严格的综合能耗、用水消耗、用地消耗、“三废”排放、环境质量评价等方面的“西宁标准”，严格控制源头防范、过程管理、后果惩戒等关键环节。严格落实《中华人民共和国环境保护法》（修订版），严格对生态环境保护进行统一监管和综合执法，整合一切力量，开展全方位立体化的环保督察巡视。加强环境司法保护，健全行政执法与刑事司法衔接机制。加强环境风险防范，实时监测报告，科学分析评价，及时公布重大环境信息，完善突发环境事件应急机制，提高环境管理能力，实现环保督察常态化运行。

4. 加大财税支持

拓宽绿色发展投资渠道，在西宁市及“四区三县”财政设立绿色发展专项资金，建立绿色产业发展引导基金。在资金使用上，避免任务平均、资金分散的使用模式，通过整合项目资金，突出重点，实现重点区域、重点产业、重要环节的高标准绿色发展。认真落实节能减排、资源综合利用和环境保护等有关税收优惠政策，研究制定鼓励绿色产品提高市场占有率的政策措施。加大绿色产品生产、加工、营销金融支持力度，引导金融机构切实降低绿色转型企业融资成本。鼓励各类私营企业、资本与西宁市各级政府进行合作，拓宽城市绿色发展等公共服务领域 PPP 项目多元融资渠道，引导社会资本投向资源节约和生态保护修复等领域。综合运用绿色金融、绿色税费、绿色财政、政府绿色采购等激励性政策，保障生态产品供给所必需的基础平台与条件手段。

5. 深化对外开放

建立招商项目准入机制，进一步规范招商项目准入，切实提高招商引资质量和绿色水平，引进了一批符合绿色发展要求的大项目、好项目，培育形成了一批新的经济增长点。把握“一带一路”建设机遇，加强西宁与丝绸之路沿线国家相关城市经贸合作，全面提升绿色发展的国际交流层次和开放合作水平，做大做强优势传统产业和战略性新兴产业。采用境外投资、工程承包、技术合作、装备出口等方式，推动绿色制造和绿色服务率先走出去。钢铁、建材等行业注重以循环经济模式进行合作，石化化工行业加强境外绿色生产基地建设，积极参与风电、太阳能、核能、电网等国际新能源项目的投资、建设和运营。强化绿色科技国际合作。紧跟全球绿色科技和产业发展动向，加强工业绿色发展国际交流与合作，加快建立国际化的绿色技术创新平台，鼓励研发机构与世界一流科研机构建立稳定的合作伙伴关系，广泛开展科研人员交流培训，在更高层次和更广领域推动国际绿色科技合作，形成对外交流合作长效机制。

（二）大力推进绿色生产

1. 加强科技创新

科技创新是应对生态环境挑战、支撑绿色发展的利器，唯有科技创新才是走向高质量发展未来的根本路径。未来，西宁市要培育发展新型建材、资源综合利用、环保等重点领域节能环保技术与装备、节能环保产品、节能环保服务，推进节能环保重点工程建设，淘汰落后设备工艺，推进传统支柱和优势产业转型，加快传统制造业绿色改造升级。支持绿色制造产业核心技术研发，广泛开展科学技术研究，突破一批关键共性技术、开发节能环保设备，大力推进科技成果转化。强化绿色设计，加快开发绿色产品，全力打造全国重要的锂电、光伏制造中心，着力延伸特色优势产业链，使科技创新成为推动城市绿色转型升级和生态文明建设的重要支撑。探索引入第三方机构对相关技术成果进行评价和转化机制，加快成熟适用绿色技术和绿色品种的示范、推广、应用。学习借鉴国际和其他城市绿色、有机发展经验，加强国际和城市间绿色科技成果交流合作。

2. 发展绿色经济

构建绿色发展产业链 + 价值链体系，提升质量效益和竞争力，是发展绿色经济的必由之路。未来，西宁市要加快传统产业转型升级，以资源精深加工和智能制造为方向，主攻金属冶炼及延伸加工、特色化工、装备制造、藏毯绒纺、高原生物健康等产业，推进产业链延伸和产业融合，培育壮大循环经济，从源头减少污染物产生。大力发展新兴产业，积极引领新兴产业高起点绿色发展。打造千亿锂电产业基地和光伏制造中心，全力推进新型包装材料、金属新材料、新能源汽车、汽车零部件等重点产业集群建设，培育壮大新能源、新材料、节能环保和新型建材等新兴产业，积极推进新能源产业链建设，大力发展节能环保产业，提高全社会资源产出率。充分利用地处青藏高原“超净区”的环境、资源、品牌优势，打好“生态牌”，念好“草木经”，积极发展旅游度假、生物医药、健康养生等特色产业，打造全域旅游和国际旅游目的地，释放观光资源的绿色效益。加快发展现代农业，狠抓农产品精深加工和农业物流体系建设，推动沙生植物产业生态化、生态产业化，实现生态保护治理和促进富民兴业双赢的绿色发展。创新发展生产性服务业，构建“支柱产业高端化、传统产业品牌化、新兴产业规模化、生产性服务业与制造业协调发展”的“3231”现代工业体系，加快推进信息化建设，推动产业转型升级。建立循环型工业体系，推动生产循环化改造和废物综合利用，降低能源消耗，提高资源利用率。连接生产系统和生活系统，形成从生产环节到生活环节的全过程循环，最大限度回收再利用资源。聚焦促进产业链延伸和资源综合利用，打造千亿元生态工业园区。支持开发区引领示范绿色低碳循环发展，重点实施好国家循环化改造示范试点和低碳工业园区试点方案，推动形成资源利用节约高效、空间布局科学合理、发展方式绿色低碳的“大生态”格局。

3. 坚持“两化”融合

以新一代信息技术应用和“两化”融合为突破口，着眼产业发展共性需求，着力完善基础环境、攻克共性技术、打造公共平台，深化信息技术应用，促进生产与需求的无缝对接、传统产业与新兴产业的有机融合，在更广泛的领域，促进“互联网+”的精深化、专业化、多样化、协同化发展。培育发展新兴业态，深化信息技术集成应用，推进制造业服务化，逐步推进“两化”融合向广度延伸和深度拓展，提升西宁城市绿色发展水平。

（三）倡导绿色生活

1. 培养绿色文化

加强舆论宣传引导，开展多层次、多形式的宣传教育，积极开展公益性宣传活动，通过建立科普知识馆、科普宣传栏、科普标识牌等设施和场所，充分发挥生态科普教育资源的宣教功能，大力传播绿色发展理念。充分发挥各类媒体、公益组织、行业协会、产业联盟、公众参与、舆论监督等积极作用，营造良好舆论氛围，引导和激励个人广泛参与生态环保行动，培养和提高个人生态意识。创新合作模式，举办“绿色发展样板城市”论坛，邀请国内外绿色发展领域的先进地区开展国际化交流合作。充分利用好中国环境保护年会永久举办地设在西宁的有利契机，组建万人志愿者队伍，推进全民参与，共建美丽“夏都”。

2. 引导绿色消费

积极培育绿色消费，提高过度消费成本，针对过度包装、一次性产品泛滥等情况，加大收费力度，切实提高使用成本，形成浓厚的绿色消费氛围。以绿色消费带动绿色生活，引导个人树立绿色消费理念，着力推动生活方式变革，在衣、食、住、行等各方面提倡适度消费、低碳消费，大力倡导绿色生活方式。逐渐停售、淘汰传统燃油车，全面推广新能源电动汽车。开展人居环境整治行动，加强生活垃圾分类和回收处置，启动垃圾焚烧发电项目，全面提升生活垃圾规范化处理水平，促进消费品循环使用和共享使用，提高资源利用效率，减少浪费。

（四）强化生态治理

1. 加强污染监管

转变环境管理理念，实现从以往污染的“分散治理为主”转向“集中控制与分散治理”相结合，从“末端治理”为主转向全过程控制和清洁生产，从单一的“浓度控制”转向“浓度控制”与总量控制相结合，从区域管理为主转向“区域 + 流域管理”相结合的转变。建立并完善环境污染物排放标准及污染物控制相关法规条例，严格执行环境管理制度。加大环境监督及执法力度，精准定位、深度治理工业企业废气、面源污染，实施重点行业污染治理专项行动，对所有重点工业污染源实行 24 小时在线监控，对污染排放不达标的企业，坚决“关、停、并、转”，按照“谁污染、谁治理，

谁损害、谁赔偿”的原则，依法严查环保违法行为。强化机动车尾气治理，对黄标车、渣土车进行全天候无缝隙监管，加大“煤改气”治理，天然气管网覆盖区域燃煤锅炉全面清零，加强餐饮油烟治理。推进区域污染防治协作，积极有效应对防控污染扩散。

2. 扎实开展“高原绿、西宁蓝、河湖清”建设行动

弘扬尕布龙两山绿化精神，坚持生态保护，尊重自然、顺应自然、保护自然，严控开发活动。推进湟水国家湿地公园和环城国家生态公园建设，引进专业化的生态修复和管护队伍，全面提升养护水平。对各类绿地分等级进行养护管理，塑造一批河湟骨干、示范工程。加快涉及城市河道、水环境、规划用地、生态廊道、道路交通系统等城市基础设施建设。建成“城市、城郊、市域”三级绿道系统，促进绿色网络与自然环境融为一体，实现“水清、流畅、岸绿、景美”治理目标。

参考文献

《2016 中国绿色发展指数报告——区域比较》，北京师范大学出版社，2017。

黄茂兴、叶琪：《马克思主义绿色发展观与当代中国的绿色发展——兼评环境与发展不相容论》，《经济研究》2017 年第 6 期。

曾凡银：《绿色发展：国际经验与中国选择》，《国外理论动态》2018 年第 8 期。

王文明：《公民绿色发展生活方式研究》，《黄河科技大学学报》2018 年第 2 期。

梁瑞芳：《简述绿色发展及其实现途径》，《市场周刊（理论研究）》2018 年第 4 期。

程蔚：《着力全面创新　推动绿色发展》，《安徽科技》2018 年第 3 期。

李世杰：《绿色发展理念的形成和内涵解读》，《现代商业》2018 年第 13 期。

西宁市人民政府：《西宁市“十三五”工业和信息化发展规划》，2016 年 8 月。

专 题 篇

Thematic Reports

B.20

西宁市绿色发展组织创新的现状与展望

李广斌 颜玉梅*

摘 要： 近年来，西宁市紧紧围绕打造绿色发展样板城市的总目标，从领导班子建设、党员干部队伍建设和人才队伍建设等方面努力推动组织工作创新，取得了显著成就。但也存在对绿色发展的思想认识不到位，用绿色发展理念推动工作的能力素质不够高，基层组织建设服务绿色发展的力度不够等问题，今后，将进一步聚焦主业主责，狠抓改革创新，在建队伍、强组织、聚人才、明导向上狠下功夫。

* 李广斌，青海省委党校教育长、教授，研究方向为行政管理；颜玉梅，西宁市委组织部研究室干部。

关键词： 组织工作　西宁创新　绿色发展　西宁

近两年来，西宁市以习近平新时代中国特色社会主义思想特别是生态文明思想为遵循，紧紧围绕“四个扎扎实实”重大要求，结合西宁实际，努力打造绿色发展样板城市，取得了明显成效。市委组织部门作为党委选人用人的职能部门，始终坚持组织路线服务政治路线，围绕中心、服务大局，切实把绿色发展融入组织工作全过程全领域，紧紧围绕推进绿色发展创新组织工作，为打造绿色发展样板城市提供坚实的组织保障。

一　西宁市绿色发展组织创新的主要做法及成效

2017 年底，全市共有党员 91047 名，党的基层组织 4148 个，其中党委 224 个、党总支 140 个、党支部 3784 个。两年来，西宁市委坚持以政治建设为统领，紧紧围绕打造绿色发展样板城市的奋斗目标，扎实推进基层组织建设、领导班子建设、党员干部队伍建设和人才队伍建设。

（一）加强政治建设，筑牢绿色发展的思想根基

1. 忠实践行“两个绝对”①

实践证明，“两个绝对”是西宁最大的政治优势、最闪亮的政治品格、最独特的政治名片，是贯彻落实习近平新时代中国特色社会主义思想特别是习近平生态文明思想，奋力打造绿色发展样板城市、建设新时代幸福西宁的重要实践载体。各级党组织自觉向中央和省市委看齐，树立了“抓绿色发展就是讲政治”的鲜明导向，积极制定实施方案，确定行动清单，达到“如身使臂，如臂使指”的效果。

① 2017 年 2 月 9 日，西宁市委十四届三次全会通过了《中共西宁市委关于“始终对党绝对忠诚，坚决与以习近平同志为核心的党中央保持绝对一致”的决定》（简称“两个绝对”）。

2. 强化理论武装

思想是行动的先导。筑牢绿色发展的思想根基，必须要以习近平新时代中国特色社会主义思想特别是习近平生态文明思想为指引，时刻牢记“绿水青山就是金山银山”，深刻认识“生态似水、发展如舟”，自觉贯彻新发展理念。通过精心组织各级党员领导干部和各领域党组织书记集中轮训、扎实开展“四学三访两推进”活动、充分运用“信仰的力量”手机 APP、安排领导干部联点宣讲调研、党课讲师团送学上门等渠道方式，推动学习教育全覆盖。

3. 凝聚核心力量

紧紧围绕建设忠诚、干净、担当的高素质干部队伍的重大要求，突出干部政治标准，把严格要求贯穿选人用人全过程，树立“一讲三重”（讲政治，重实绩、重一线、重专业）鲜明导向，从基层一线提任县级干部占到提任总数的 74. 13% 。实行干部考察家访制，使干部考察“立体扫描”“精准成像”。认真开展选人用人专项整治，严格落实“凡提四必”“三审两核两报”等制度，率先出台《领导干部个人有关事项即时报告实施办法（试行）》，充分运用平时调研、巡视巡察、谈心谈话、随机考察等经常性工作方式方法，强化对领导班子运行和领导干部表现的过程管控和常态管理。

（二）坚持基层导向，创新载体设计，推进基层组织建设，建强绿色发展的战斗堡垒

1. 严格落实党建责任

在市级层面成立 10 个全域党建工作组，由市级领导负责对各地区、各领域党建工作督促指导，形成了全域包联、上下联动的工作新格局。创新推行“年初相约话党建，年中观摩看党建，年末质询评党建”工作机制，形成了贯穿全年的党建责任落实链条。按照“抓重点、破难点、出亮点”的思路，从基本责任、重要责任和个性责任三个方面，指导全市 4148 个党组织书记建立党建责任清单，督促各级党组织书记履行第一责任。

2. 加强基层党组织建设力度

着力抓好基层组织建设，实现了应建必建、能建全建，对“小马拉大车”的基层党组织按程序改设，并及时撤销“名存实亡”的空壳党组织。组织开展全市党支部规范达标活动和基层党建“十百千万”行动，分领域分类别制定党支部规范化建设标准，切实引导发挥党支部战斗堡垒作用。持续加强阵地建设投入力度，市财政每年固定列支3000万元，用于城市社区综合办公服务中心建设。实施“阵地增温”项目，筹资650万元，为所有村级综合办公服务中心安装暖气。开展“百日提升行动”，完成全市农村（社区）综合办公服务中心规范化布置工作。创新采取“双联三派”“星级评定”等措施，加大软弱涣散基层党组织整顿转化力度，基层党组织战斗力明显增强。统筹推进各领域党建工作，“两新”组织党组织建设覆盖率提高到87.98%、85.7%，在机关事业单位和国有企业，建立机关首问负责制、AB岗制等9项制度，中小学、医疗卫生单位党组织书记例会制度，推动国有企业党建工作总体要求进企业章程，进一步规范了基层党建工作。全面落实村（社区）干部特别是党组织书记各项报酬待遇，将村“两委”主要负责人报酬由本地区上年度农民人均纯收入的2倍提升至3倍标准，高于全省平均水平。在落实全省社区干部3096元报酬标准的基础上，为社区主任、副主任分别每月增加报酬200元、100元，按照全省统一安排，同步提升社区干部报酬待遇，极大地激发了基层干部的工作积极性。建立基层党组织经费保障机制，从2018年起每年为每个村落实5万元服务群众专项经费，将社区服务群众专项经费从10万元提高到20万元，解决农村、社区党组织无钱办事的问题。

3. 强化基层党组织整体功能

深入把握党建与绿色发展的互动关系，用绿色发展理念引领基层党建。深入实施各领域党建品牌联创活动，打造了涵盖各领域的六大品牌，形成了“一领域一品牌一特色”，解决了党建品牌创建中存在的覆盖面不够宽、品牌效益不够凸显等问题。深入贯彻落实全国城市基层党建会议精神，建立了“区域化党建—核心区党建—联合式党建”的梯次推进工作机制，不断凝聚城市党建整体合力。率先在全市高标准建设了30个区域化活动场所，实现了区域内阵地共用、资源共享。在全省成立了首家西宁社区干部学院，强化社区干部队伍建设，为加强城市建设提供人才保障。推行项目化党建工作，先后组织实施“四区五带”“智慧党建”等8个省级党建项目，“幸福党建联盟”“五级联动”等40个市级党建项目，形成了一级一级谋项目、层层抓项目建设的党建项目化管理工作格局。严格落实“一联双帮三治”工作机制，建立了市级领导联乡镇、县级领导联村工作制度，选派第一书记和扶贫（驻村）工作队干部进驻371个贫困村、后进村和维稳重点村，调整“城乡结对党支部手拉手”结对帮扶对子，安排全市1106家机关企事业单位党组织与912个村结对共建，2.5万余名机关企事业单位干部职工与2.3万余户农村困难家庭结对认亲，实现全市所有农村帮扶全覆盖。加大对驻村干部“厚爱”力度，为每名干部购买了人身意外伤害保险并组织体检，为每村拨付4万元的工作经费，改善工作和生活条件，引导驻村干部积极发挥作用。

（三）创新体制机制建设，营造良好政治生态，激发推动绿色发展的内生动力

1. 建立完善全面体现绿色发展要求的考评机制

认真贯彻落实党中央、国务院和省委、省政府关于《生态文明建设目标评价考核办法》，制定出台了《西宁市生态文明建设目标评价考核办法（试行）》，推行差别化考核，初步建立了绿色发展目标责任考核体系。将环境保护与生态文明建设纳入各地区、各部门领导班子和领导干部考核的重要内容，进一步加大了考核权重，强化生态环保责任追究，实行“终身追责”制和“一票否决”制。建立绿色发展投诉举报、履职年度报告、单项考核“问责制”和“约谈制”等长效机制，搭建起了综合性生态环保投诉举报平台，增强了绿色发展的制度约束和体制机制保障。将市委、市政府《关于建设绿色发展样板城市的实施意见分工方案》和2017行动清单中的具体工作任务，全部纳入到相关责任单位“绿色发展幸福西宁重点工作”绩效目标中。除“大气污染和水污染治理、生态工程建设、污染物排放”等环境

保护类共性指标之外，设置“绿色发展”差异化指标，由各县区根据自然资源禀赋和区位优势自主申报，引导各县区正确处理本地区经济发展与生态环境保护之间的关系，统筹绿色发展与转型发展协同推进，努力将生态优势和资源优势转化为产业优势和经济优势。考核结果作为党政领导班子和领导干部年度目标责任（绩效）考核的重要参考内容，引导和督促各级领导班子自觉推进绿色发展，为全面开展生态环境保护、提升生态功能提供了有力支撑。

2. 建立完善全面落实绿色发展要求的责任追究机制

严格执行《青海省党政领导干部生态环境损害责任追究实施细则（试行）》，配合纪检监察机关、相关职能部门建立健全生态环境和资源损害责任追究沟通协作机制，确保上级有关职能部门通报、督办或委托调查的生态环境污染和资源破坏问题能够及时处理和办结，对需要实行问责的有关党政领导干部进行责任追究。将市环保局纳为干部监督联席会议成员单位，每月统计一次因损害生态环境受处理干部的情况，每半年向省委组织部进行汇总上报。对在干部监督工作中发现的党政领导干部存在工作推诿、措施不力、落实政策不严不实等问题，不顾生态环境盲目决策、抓生态环境保护工作不力导致严重后果的，按照管理权限和程序进行调查，并对相关党政领导干部予以处理或提出处理建议。对在生态环境和资源方面造成严重破坏负有责任的干部不提拔使用、不转任重要职务。受到责任追究的党政领导干部，取消当年年度考核评优和评选各类先进的资格。充分运用责任追究结果，将资源消耗、环境保护、生态效益等情况作为领导班子综合研判和领导干部选拔使用、离任审计的重要内容和参考依据。不断完善举报受理平台，实现来信、来访、来电、短信、网络“五位一体”举报架构，并推进“12380”举报信息管理系统向县区延伸，有效提高“12380”举报平台运用效果。

3. 建立完善更具创新活力的人才工作体制机制

坚持党管人才原则，坚持围绕打造绿色发展样板城市、新时代建设幸福西宁，实行更加积极、更加开放、更加有效的人才政策。制定《西宁市引进和培养高层次创新创业人才的意见（试行）》，设立总规模不少于 1 亿元的人才开发基金，实施创新创业扶持和“引才聚才555计划”，明确提出“每年引进50名左右高层次创新创业人才、培养50名左右本土创新创业人才，引进和培养5个左右创新创业团队”，在薪酬待遇、人员编制、住房、医疗服务、配偶就业、子女就学等方面开辟人才“绿色通道”，努力打造人才集聚共生的新高地。出台《深化体制机制改革加快创新驱动发展实施方案》，推出支持企业研发机构建设、改进新技术新产品新商业模式准入管理等25项改革举措，加快建设引领全省科技创新的示范区。制定《关于进一步加强党委联系服务专家的若干措施》，创新实施党委联系专家与党员领导干部联系专家相结合的“双联”工作模式，通过建立常态联系服务机制，加强对专家人才的政治引领和政治吸纳，增强人才的成就感、归属感、荣誉感、获得感。启动实施“青海·西宁人才金港”运行体制机制改革，打造集“政产学研资”为一体的创新创业人才公共服务平台——中国夏都人才金港。依托“博士服务团”“京青专家服务团”“浦东专家服务团”等项目载体，多渠道柔性引智聚才，推动建立多载体多层次的人才合作和智力帮扶关系。2016年以来，全市共引进、培养245个高端人才和团队，共有62人、1个团队成功入选“青海千人计划”，人才在打造绿色发展样板城市、建设新时代幸福西宁进程中的聚集、辐射效应日益凸显。

4. 建立完善精准化的干部培养锻炼体制机制

聚焦“建设高素质专业化干部队伍”重大要求，坚持严管和厚爱结合、激励和约束并重，努力锻造新时代新担当新作为的高素质专业化干部队伍。在干部激励保障上，出台了《关于进一步激励广大干部新时代新担当新作为的实施意见》，严格落实《西宁市党政干部改革创新干事创业容错纠错实施办法（试行）》《西宁市党政干部不作为乱作为慢作为问责暂行办法》《西宁市干部健康保健工作实施方案》等制度办法，实现容错纠错、能上能下相结合，严管、厚爱相结合，旗帜鲜明地为担当作为的干部撑腰鼓劲，营造干部勇担当、善作为、乐干事的良好政治生态。在干部教育培训上，先后出台《西宁市领导干部上讲台制度（试行）》《西宁市进一步加强市管干部述学、评学、考学工作的实施方案》《西宁市加强干部教育开展党的理论法律法规知识测试实施办法》《加强干部教育培训学风建设的十条措施》等制度，坚持从严管理，加强学风建设，引导学用转化，推动实现学用结合、学以致用。实施“领导干部专业能力提升工程”，全面推行“1 + X”（党性教育 + 专题课程）教学模式，围绕绿色发展样板城市建设、深化供给侧结构性改革等主题开展专题培训。大力挖掘本土资源，以尕布龙精神、小高陵精神，引导广大党员干部以更宽的视野、更大的责任、更高的标准，书写绿色发展的崭新答卷。在干部挂职锻炼上，把实践作为成就事业的平台，识别干部的考场。面向市、县区机关新入职干部到农村、社区开展为期 3 个月的“墩苗挂职”，将市内双向挂职选派周期由一年调整为两年，同时在间隔年推行 3 ~6 个月的体验式挂职，缓解选派难的问题，强化挂职锻炼工作实效。

二　西宁市绿色发展组织创新存在的问题

当前，随着全市绿色发展样板城市建设的不断深入，组织工作在围绕中心、服务大局方面还存在不适应、不符合的一些问题亟须解决。主要表现在以下几点。

一是绿色发展的思想认识还不到位。在干部队伍建设上，虽然广大党员干部对于推动绿色发展、建设绿色发展样板城市的重要性认识到位，但个别领导干部依然存在绿色发展意识不强，抓绿色发展的主动性、创造性不够等。在干部教育培训上，教育培训还没有完全适应新形势新任务需要，培训的针对性、实效性还不强，在教育培训成果转化方面缺乏有效的跟踪管理手段。在党员队伍建设上，思想理论教育还不够深入，学习中存在“眉毛胡子一把抓”现象，学而记、学而思、学而用上仍有差距。

二是用绿色发展理念推动工作的能力素质还不够高。目前随着全市经济社会的不断发展和绿色发展样板城市建设不断深入，一些党员干部的工作能力不适应新形势、新任务的需要，特别是在城市建设、金融、大数据、绿色发展等领域专业型干部欠缺的问题依然突出，提升干部能力素质的任务艰巨。

三是基层组织建设服务绿色发展的力度还不够。基层党组织组织能力有待进一步提升，特别是各领域党建工作推进还不平衡，城市基层党建中，街道社区党组织发挥“轴心”作用、区域单位共驻共建还有待进一步强化，城市党建资源的利用率、共享率、融合率还不高；基层党组织党务工作力量薄弱，个别党务干部依然存在不懂党建业务、不会抓党建的问题；“两新”组织党组织有形覆盖向有效覆盖的任务依然艰巨，党组织单独组建率较低，组织覆盖的有效性不足。

四是支撑绿色发展的人才总量不足，尤其高端人才欠缺。以当前全市人才总量为基数，按照近年来入选“青海千人计划”人才数量来看，占比不到1%。特别是人才发展总体水平不高，党政人才和专业技术人才年龄结构偏大，农村实用人才、技能人才学历偏低。专业技术人才主要集中于教育、卫生、农林牧水系统，其他领域如绿色发展急需的创新型人才不足，实用人才引入力度不够，人才结构与产业发展的融合度不强。

三　未来西宁市绿色发展组织创新展望

坚持生态优先、绿色发展，是西宁市委确定的幸福西宁成长坐标，引领西宁各项工作实现新发展。今后，将进一步聚焦主业主责，狠抓改革创新，在建队伍、强组织、聚人才、明导向上狠下功夫。

（一）将进一步选好干部、配好班子，汇聚推动绿色发展的磅礴力量

一是培养以绿色发展理念引领担当作为的领导班子。持续开展领导班子思想政治建设，牢固树立“四个意识”，不断坚定“四个自信”，忠实践行“两个绝对”，坚决做到“两个维护”，进一步强化绿色发展的思想自觉、行动自觉，以强大的向心力凝聚共筑绿色发展的精神“磁场”。

二是建强支撑绿色发展事业的干部队伍。严格贯彻落实《关于进一步激励广大干部新时代新担当新作为的实施意见》《关于适应新时代新要求大力发现培养选拔优秀年轻干部的实施方案》，结合绿色发展需要，统筹实施

“领导干部专业能力提升工程”，建立分层级分领域、专业型结构化后备干部库，完善优秀年轻干部发现储备、培养锻炼、选拔使用和管理监督的全链条机制，研究制定挂职工作管理办法，注重在基层一线和困难艰苦的地方培养锻炼年轻干部，有计划、有针对性地加强高素质、专业化人才培养，筑好重大战略、重点领域、重要岗位上的干部梯队。

三是营造干净干事的绿色政治生态。坚持全面从严治党，压实选人用人主体责任，建立健全干部“负面清单”，全方位加强干部监督管理，为推进干部能上能下提供参考依据，形成有考核、有说法、有做法的新机制。坚持严管与厚爱相结合，以干部容错纠错、能上能下为重点，旗帜鲜明为那些敢于担当、踏实做事、不谋私利的干部撑腰鼓劲，全链条激励干部干事创业，不断营造干部安心、安身、安业的良好氛围。

（二）将进一步建强组织、聚合优势，锻造引领绿色发展的红色引擎

一是以提升组织力为重点，突出政治功能，充分发挥基层党组织的领导作用。探索构建西宁基层党建组织责任、系统推进、典型示范、监督落实、目标评价、效能问责“六大体系”，全面提升基层党建工作科学化水平。

二是把党的基层组织优势植入绿色产业、绿色园区，推进党的基层组织设置和活动方式创新，不断扩大基层党组织覆盖面，着力消除空白点和盲区。大力推行党建 + 产业链 + 产业园区 + 合作社等模式，以党建带产业、促产业，为特色产业注入红色动力；推动广大党员带头培育绿色低碳文化，倡导简约适度、绿色低碳的生活方式，搭建党员群众便于参与、乐于参与的平台，营造崇尚生态文明的良好氛围，增加“幸福西宁”的责任感、获得感。

三是把带头人队伍建设摆在突出位置，健全完善基层党组织带头人培养选拔、管理监督和绩效考核评价机制，切实发挥基层党组织在推进扶贫攻坚、绿色发展、生态保护等工作任务中的先锋作用，整合各种社会力量和资源，发挥资源优势、生态优势，因地制宜谋产业、谋发展，不断拓宽和创新绿色发展的思路、空间。

（三）将进一步创优环境、广聚贤才，筑就支撑绿色发展的人才高地

一是持续推进人才发展体制机制改革，立足生态优先、绿色发展的成长坐标，着眼构建绿色低碳循环的现代农业体系、工业体系、服务业体系，全面落实《西宁市引进和培养高层次创新创业人才的意见（试行）》，重点开展好“西宁引才聚才555计划”评选认定工作，引育更多高层次人才，努力打造全省人才集聚共生的新高地。充分把握“西部之光”访问学者计划、博士服务团项目和“京青专家服务团”等重要契机，开发拓展“周末医生”、“星期天工程师”等柔性引智项目，利用高端人才来宁度假、旅游、返乡、参会参展等契机借智借脑。

二是大力推进“人才强市”战略，注重培育本土人才，为“根系”人才创新创业提供良好环境。持续加强院士、专家工作站等基地站所建设，推进科技成果向生产力转化、向绿色发展要素转化。探索形成与西宁发展需求相适应的高校、职业学校专业体系和人才培养结构，支持企业与高校、职校建立协同育人新机制，联合培养开发人才，支持职校牵头组建面向区域主导产业、特色产业的职业教育集团，为特色产业培养人才、输送人才、发展人才。

三是不断优化人才服务保障，着力营造宽松和谐、拴心留人的人才环境。完善人才分配、激励制度。全面落实《关于进一步加强党委联系服务专家的若干措施》，建立常态机制，加强对人才的政治引领和政治吸纳。广泛宣传表彰热爱西宁报效西宁，为打造绿色发展样板城市，建设新时代幸福西宁做出突出贡献的优秀人才。

（四）将进一步突出导向、聚焦实绩，优化服务绿色发展的考核体系

一是健全绿色发展考核体系。在目标考核中突出绿色导向，围绕绿色发展成效，加大“绿色发展”专项考核分值权重，鼓励各地区各单位在绿色

发展工作取得示范性、推广性、标志性成果。严格执行《青海省领导班子和领导干部年度目标责任（绩效）考核结果运用细则（试行）》，将考核结果与领导班子和领导干部奖惩挂钩，合理设置年度绩效奖励梯次分配办法，给予基层单位更多自主权，真正发挥出考核传导压力、激发动力、释放活力的作用。

二是优化考核的方式方法。科学合理制定干部实绩目标，实行分类考核、差异化考核，建立经常化、制度化、全覆盖的干部考核评价机制，探索建立干部实绩量化考核机制，加强日常考核力度，打破原有简单评价模式，由岗位胜任等次评价向岗位工作实绩综合评价转变，切实把“干与不干、干多干少、干好干坏”的干部区分开来。健全完善干部民主评价机制，设定科学的考评指标，通过上级、下级、同级、群众多个维度，真正把干部工作绩效测“评”出来。

三是强化考核结果运用。加强考核结果综合分析研判，把考核结果作为干部选拔任用、教育培养、评先评优、治庸治懒、问责追责、能上能下的重要依据，对考核优秀的干部列为重点选任对象，对考核基本称职以下的警示教育，从严落实考核评价结果，维护考核工作权威。

参考文献

《党的十九大报告辅导读本》，人民出版社，2017。

习近平：《在全国组织工作会议上的讲话》，《人民日报》2018 年 7 月 4 日。

中共中央文献研究室：《十八大以来重要文献选编（上）》，中央文献出版社，2014 年 9 月。

中共中央组织部编《中国共产党组织工作教程》，党建读物出版社，2016 年 12 月。

B.21

西宁市全域绿道建设的现状分析与政策建议

刘尚荣　陈伟鹏　贺元财*

摘　要： 加快全域绿道建设，是西宁市打造绿色发展样板城市的重要战略举措，对推动新时代生态文明建设，满足人民群众对美好生活的向往显得尤为重要。近年来，西宁市在全域绿道建设方面取得了明显的成效，极大提升了市民的生活品质，但在建设中依然存在一些困难和问题，需要通过提高思想认识、加大宣传力度、建立社会参与机制、构建多元化管理模式等，进一步推进全域绿道建设进程。

关键词： 全域绿道　样板城市建设　城市生态　西宁市

改革开放四十年来，随着经济社会的快速发展，经济增长和生态环境保护不平衡的问题日趋突出，环境污染严重，大片自然生态用地和动植物栖息地被占用和侵蚀，人类赖以生存的生态环境也遭到严重破坏，阻碍了人与自然的和谐发展。在物质文化生活水平不断提高的同时，追求高品质的生活成为现代文明生活的标志，健康、休闲、绿色、环保的生活理念不断改变着人们的生活方式，“慢生活”、“低碳出行”和“提倡运动”成为高品质生活的主流。但以往过度追求经济“量”的增长，却忽视了经济

* 刘尚荣，青海大学财经学院金融学教授，研究方向为区域金融发展；陈伟鹏，西宁城辉建设投资有限公司职员；贺元财，西宁城辉建设投资有限公司副主任。

“质”的提升，使得城市生态环境和绿地空间无法有效满足人们追求健康生活的需求，也在一定程度上影响了人们的高品质生活。因此，通过实施全域绿道建设工程，构建科学合理的城市生态绿地网络系统，形成复合型、多元化发展的生态绿地空间，“绿道”作为绿地的一种表现形式，被认为是一种集生态建设、观光健身、旅游度假、低碳出行和绿色发展等多功能为一体的生态绿地空间。绿道建设对于构筑城市复合型生态绿地系统和城市生态安全格局，保护和修复城市生态环境，解决城市交通拥堵问题，为市民提供贴近自然、健康安全、环境优美、和谐有序的绿色休憩空间具有重要意义。

一　我国绿道建设发展历程

我国在快速工业化、城市化进程中，同时也面临着环境污染严重的严峻形势，绿色空间急剧减少、自然环境恶化，空气质量下降，酸雨、雾霾天气等威胁着人们的身心健康。而绿道以其独特的生态魅力，能为公众提供一个自然、健康、美丽的生活环境，满足人们健康生活的需要。由此，绿道理念日趋深入人心，绿道建设也成为生态文明建设的重要载体。

（一）“绿道”理念的形成

“绿道”一词最早由美国著名环境作家威廉·H. 怀特（William H. Whyte）在 1959 年城市土地学会出版的《保护美国城市的开放空间》中提出。1990 年，美国环境保护学家查尔斯·利特对绿道的内涵做出了科学的阐释，“绿道是一种线性开放空间，它通常沿着自然廊道建设，如河岸、河谷、山脉或者在陆地上沿着由铁道改造而成的游憩娱乐通道，一条运河，一条景观道路或者其他线路。它连接了公园、自然保护区、历史文化遗迹，以及人口密集地区等。”2000 年，欧洲绿道联合会 EGWA 对绿道做出新的界定：一是专门用于轻型非机动车的运输线路；二是已被开发成以游憩为目的和为了承担必要的日常往返需要（上班、上学、购物等）的交通线路，一般提倡采用公共交通工具；三是处于特殊位置的、部分或完全退役的、曾经被较好恢复的上述交通线路，被改造成适合于非机动交通的使用者，比如徒步者、骑自行车者、限制性机动者（指被限速或特指类型的机动车）、轮滑者、滑雪者、骑马者等。“十二五”以来，我国诸多学者也对“绿道”做出了相应的表述，如生态景观廊道、绿色生态廊道、自然景观连接口等。

综上所述，绿道作为以青山绿水为主导的绿色生态空间，具有植被茂密、空气清新和环境优美等特点，呈现出一种线性的生态绿地形态，是一个具有系统性和贯通性的绿色生态廊道，是实现城市绿色发展的有效载体。

（二）国内绿道建设发展历程

在2009年以前，国内对“绿道”的探索都只停留在规划理论层面，处于将“绿道”理念引入国内的时期。主要研究绿道的起源、定义、发展历程、分类、功能以及规划价值，但并未真正启动绿道建设。直到2009年珠三角绿道的实施，标志着我国绿道发展进入实质性建设阶段。在珠三角绿道的影响下，全国诸多城市提出绿道发展政策，开始编制全域绿道系统建设规划，并在局部地区或城市开展绿道规划建设。目前，国内无论是对绿道的理论研究还是规划实践，都进入了一个新的发展阶段。绿道建设的形式更加多样化，绿道功能趋向多元化、复合型发展，逐步形成网络化、系统化和互通化的绿色发展格局，通过构建和谐的生态人居环境，促进城市生态建设的可持续发展。

2009年初，借鉴发达国家和地区的经验，珠三角地区开始规划绿道建设，经过近十年的开发建设，共建设省立绿道2372公里，在原有道路基础上进行改造的绿道达5305公里，新建的绿道达18415公里，并且贯通了城市之间的绿道，不少城市还投资新建了连接省立绿道的市级绿道和社区绿道，已基本形成一个多层次、多功能、立体化、复合型、网络式的珠三角“区域绿网”，为广大市民的休闲健身提供了一个安全便捷的绿色娱乐空间。上海从2005年开始，相继打造了以健身、休憩功能为主的绿色生态步道。

深圳的综合性绿道建设从构筑绿色网络开始，将城市的公园、街道绿地、生态保护区、农田、山川河流通过绿道连接成一个绿色生态体系，构建了一个古朴自然、形式多样和动静结合的开放型绿色空间。武汉东湖绿道串联起江湖山脉、高校都市，为市民提供了一个可以随时享受“慢生活”的空间，大大提升生活品质。成都通过一系列生态建设方案的实施，拟建设一个覆盖全城、连接城乡的绿色环保廊道，将成都打造为“世界现代田园城市”。

从我国绿道建设实践来看，绿道理念、规划及建设已经扩展到社会各个层面，政府对绿道的建设力度不断加大，绿道已成为促进城市生态环境建设的重要举措，对保护生态环境和建设绿色城市都发挥了积极作用。目前我国正处于经济转型发展的关键时期，规划建设更加多元化、系统化的绿道尤为重要。近年来，在绿道的规划建设过程中，越来越多的运用景观生态学、生物地理学、3S 技术等方面的知识技术，将绿道网络与城市发展紧密联系起来，力求构建科学合理的绿道网络体系，打造美好的生活空间，满足人们亲近自然、拥抱自然的要求，并有效改善了空气质量，进一步缓解了城市交通压力，奠定了城市可持续发展的生态基础，实现城市经济发展和生态环境保护的共赢与和谐。

二　西宁市绿道建设的主要做法与成效

绿道的建设对于打造宜居西宁，增强城市活力和提高城市品位具有重要意义。全面推进绿道生态网络景观工程的建设，是西宁市加快生态文明进程的主要抓手，是推进以人为核心的城市化发展战略的重大转移。《西宁市城市绿地系统规划（2006～2020 年）》和《西宁市城市总体规划（2001～2020 年）》中指出：要切实增加城市绿道生态网络工程建设力度，加大以西宁市为中心的绿道生态网络景观工程项目，充分体现低碳、环保的绿色出行概念，充分发挥绿道的观光、运动、低碳、娱乐的功效，最大限度地满足市民追求高品质生活的需求，提升市民的获得感、幸福感、满意度，进一步改善城市面貌，提升城市形象，增强城市集聚能力。同时，进一步加快城乡绿道生态网络景观工程建设进程，不断满足国民经济与社会发展的生态需求、物质需求和文化需求，是西宁市实施生态立省战略，也是实现“把西宁建设成为宜居、宜业、宜游、宜人的生活之城和充满活力、体现实力、彰显魅力、富有亲和力的幸福之城”这一核心目标的有效途径。西宁市绿道网络系统是结合西宁地貌特色的一种线性绿色开敞空间，是连接水系、山体、公园景区和自然人文资源等，集环境保护、强身健体、旅游观光、体验民俗、生态教育等为一体，为公众、游客提供步行和骑游的绿色廊道。

（一）西宁市绿道建设的主要做法

1. 树立生态人文融合理念

在规划和建设过程中，树立山水为基、人文为魂、特色为本的理念，立足实际，因地制宜，结合西宁独有的三川两山地形地貌，构筑与城市格局、资源分布相契合的绿道网络结构、组织，体现山水与人文融合的特色绿道线路，提炼彰显地方魅力的精品路段等举措，探索体现西宁城市山水人文特色的绿道规划思路，从而突显西宁美丽的山水与深厚的人文底蕴。

2. 遵循科学合理实用原则

一是生态优先原则。在绿道规划和建设过程中，遵循“生态优先，节约环保；整合资源、协调规划；因地制宜，结构合理；以人为本，步移景异；尊重自然环境”的原则，做到因形就势、减少拆迁、结合海绵理念实施改造，整合景观资源，坚持生态保护优先，充分利用绿道建设周边原有环境的特点，将绿道所经过的公园、绿地、风景区、历史文化遗迹和社区有机串联起来，不搞大开发，以最自然的方式建设绿道。

二是因地制宜原则。绿道建设过程中充分考虑当地生态环境特点及社会因素，通过修建桥梁、植树造林，形成独立、便捷、安全的绿道网络系统。在建设郊野绿道时连接了沿线村庄，针对部分农用车借用绿道路段进行了结构层优化，满足人们低碳出行的需要，促进运动休闲、旅游文化、会展服务等绿色产业的发展，拉动消费，扩大内需。

三是贯通便捷原则。绿道系统建设的重点在于全线贯通，一旦贯通，西宁市民、游客可借助与绿道系统相适应的综合交通支撑体系快捷方便地进出，实现绿道系统与城市综合交通体系有机结合。

四是安全优先原则。通过将行人与非机动车空间分隔或绕行改道等方式来保证使用安全，基本实现绿道系统“机非分离”，并采用多种必要手段，完善某些条件暂不具备的路段、路口，保证绿道系统使用安全，加快绿道标识系统建设，完善与人身安全密切相关的配套设施，切实保障市民和游客的生命安全。

五是节能环保原则。绿道网络系统建设合理采用绿色低碳、节能环保的新材料、新技术，施工建设采用简单实用的施工工艺，着力建设一批绿色环保的新设施，并且有助于绿道后期的维护管理。

3. 实施灵活多样的建设方式

在具体建设过程中，利用湟水河、南川河、北川河原有滨河游步道，对其进行深化改造、并设立景观节点及游憩场地，以满足人们的绿色出行需求。在现状条件较好的城市，路段对道路两侧人行道及非机动车道进行改造，建设城市自行车道。郊野绿道利用南北川河两侧堤岸及沿线村道修建绿道，使绿道连接周边著名景区，同时衔接沿线村庄，带动乡村经济发展，形成绿道上风格各异的生态链。同时，在建设过程中采用一定的措施，如低矮灌木、隔离栏将行人与自行车、自行车与机动车相互分离，确保道路使用者的安全性，在保证行车连续性的同时，减少行人与机动车的相互干扰。

在过街方式上，通过导向标识与标线施划，引导自行车左转二次过街，与行人保持一致的过街形式，按与行人相同的信号灯指示，经两次过街可实现自行车安全方便左转。有效降低机动车与左转自行车之间的干扰和冲突，提高交叉口的运行速度和通行能力，有利于自行车通行安全。

在排水方式上，绿道建设结合海绵城市的要求，综合采取“渗、滞、蓄、净、用、排”等措施，使降雨就地吸收，最大程度上降低绿道建设对周边生态的影响，推进绿地建设和自然生态修复。

在配套设施建设上，投资建设租赁系统和导向标识系统，在绿道沿线主要出入口、交通换乘节点、公共建筑、商业区、大型小区附近，结合实际灵活设置公共自行车租赁站点，以满足市民便捷的低碳出行需求。同时向市民宣传推广现代慢行交通理念，倡导绿色出行、远足踏青和运动健身的健康生活方式，提升城市活力。

（二）西宁市绿道建设的成效

1. 初步形成多功能的绿色廊道

根据《西宁市绿道系统规划》，三年规划建设 400 公里绿道，2015 年以湟水河滨水线、南川河滨水线、北山郊野线为骨架构建全长约 150 公里的城区段绿道网系统，初步形成西宁绿道格局。2016 年西宁市绿道生态网络系统工程建设项目以主城区绿道系统与城市外围郊野公园、湟中县及大通县市域周边著名旅游景观衔接。2017 年利用现有及新建的城市道路，将城市公园、公共交通枢纽、居住区、商业区等串联起来，构建城市自行车通勤系统，实现绿道网与公共交通网的有机衔接，形成便捷通达的绿道网体系。

目前西宁市已建设完成 400 公里绿道，陆续建设完成湟水河、南川河两侧滨水绿道，北山美丽园绿道，大南山、西山挑战绿道以及湟中县、湟源县的联通绿道。实现中心城区绿道系统与城市外围郊野公园及三县著名旅游景点的有机连接，形成绿色廊道，达到畅通微循环，补充慢行交通系统，提升城市交通通行能力，同时整治沿线环境、治理河流水系、带动周边村镇经济发展，塑造现代城市与自然景观、历史文化与现代文明交相辉映的新型城乡形态，优化城乡生态环境，确保城乡可持续发展。

2. 强化城市生态保护功能

绿道通过连接西宁各处的公园、风景区、湿地、绿地、山水、历史古迹等，能有效发挥减少空气污染、扩大水源涵养、防止水土流失和防风固沙的作用。西宁市作为一个干旱少雨的高海拔城市，降水稀少、气候干燥、植被覆盖率较低，生态极其脆弱。绿道建设能缓解风沙对生态的破坏程度，有助于形成城市生态保护圈，有效抵抗风沙肆虐，保护高原自然生态屏障，净化城市空气，恢复“城市生态”。

3. 改善城市居民居住环境

绿道建设进一步优化高原绿地系统布局结构，丰富高原城市景观。绿道在不同居住区、商业区布设多个出入口，为市民生活提供了安全、快捷的通道；绿道所具有带状分布的特点，能够在更大区域内连接生活区、商业区或办公区，服务范围广、服务人群多，进一步改善市民居住环境。另外城乡之间设置绿化缓冲隔离空间带，引导合理布局城乡空间，优化城乡人文环境。

4. 促进公众的绿色健康生活

通过加大绿道基础设施建设，为市民和游客提供形式多样的运动休闲体验，无疑会成为青海旅游业健康发展的重要经济支柱。目前，城市居民喜欢在工作之余、节假日体验散步、慢跑、自行车骑行等休闲健康运动，既能强身健体，又能欣赏自然风景。绿道作为城市一道“亮丽的风景线”，能够促进公众养成绿色健康的生活方式，对提高人民生活质量及增强体质有着积极的作用。

三 西宁市绿道建设中存在的问题

西宁市经过几年的绿道规划建设，虽然取得了一些成绩，但仍存在不少困难和问题，亟须进一步改进和完善。

（一）绿道配套设施不完善

目前西宁市绿道沿线仅有展示宣传、标识标牌等设施，没有设置售卖点、治安保障亭等配套设施，市场化程度不高，不能实现游憩、商业服务和产业增值等功能。此外，公共交通接驳系统不完善，没有与公共和静态交通等设施形成便捷联系。

（二）绿道旅游消费不足

西宁市绿道旅游产品和服务项目开发力度不够，除了实现简单的骑行活动、观光活动外，缺乏丰富的体验项目，尤其缺少在社会文化、旅游经济、健身运动等方面进行综合开发的项目，不能有效体现西宁市绿道旅游消费功能，最终使得绿道旅游消费不足。

（三）绿道管理水平有待提升

绿道投入运营后，由于相关的管理机制不健全不完善，导致现有绿道管理水平不高。一是西宁市绿道建成后，已经存在的损坏道路需要进行不断维修和养护，但目前一直未确定运营维护单位，维护资金来源也未确定。二是按照《西宁市绿道管理办法》，西宁市绿道实行属地化管理，但由于管理人员不足，无法保证绿道系统长期有效的使用。

（四）部分绿道利用率不高

西宁主城区内的绿道由于靠近居民区，人口密集，利用率较高，而郊野绿道由于与居民日常生活联系不够紧密，利用率偏低。这主要与绿道宣传推广、旅游开发、特色化经营不足有关。

四　进一步推进西宁市绿道建设的政策建议

西宁市大力发展绿道建设，一方面要摸着石头过河，增强创新意识，努力探索适合自己的方式；另一方面，要学习借鉴沿海发达城市的先进理念和实践经验。结合上述存在问题，提出以下几点建议。

（一）进一步提高对绿道建设的认识

绿道建设作为集民生、生态、环境于一体的系统工程，是落实习近平总书记新发展理念、打造绿色发展样板城市、建设幸福西宁的重要举措。要纠正“为了建绿道而建绿道”的想法，真正把民生福祉作为建设绿道的目标。要以建设西宁市绿道系统为抓手，在为市民提供充足的游憩空间和更多的绿色空间的同时，广泛开展绿色出行宣传活动，加强人民群众对绿道建设成果的认知。

（二）采取建设到管理全程宣传方式

各级宣传部门可通过电视、报纸、微博、微信等线下线上的传播渠道，及时发布绿道建设及投入使用的相关资讯，印发城区绿道地图和使用指南，主动组织市民参加绿道观光活动等形式，扩大西宁绿道影响和辐射力。利用互联网在官方、教育机构网站中设置绿道专栏，或开设绿道网页等，对绿道的建设规划、实施方案、管理机制、保护措施和市民行为等进行宣传，为绿道消费群体提供电子绿道地图等信息，提高绿道的利用率。

（三）建立广泛的社会参与机制

绿道建设涉及各方面的利益，作为绿道的规划者和建设者，必须实际体验徒步、跑步、骑行等运动，真正感受绿道实际存在的问题，以进一步优化绿道规划建设。同时通过成立绿道顾问委员会，让公众共同参与到绿道规划，并激励社会公众参与绿道的建设和维护，争取社会各界对绿道的广泛关注和支持，营造人人关心、人人参与绿道建设的良好氛围。

（四）构建多元化管理模式

在加快推进绿道建设的同时，应做到建管并重，通过构建多元化管理模式，加大对绿道的管理力度，全面提高绿道管理水平。一方面，在政府层面建立多层次、多部门协同参与的管理机制。在市政府层面成立绿道委员会，对县（区）级政府通过激励约束机制，调动基层政府开展绿道建设的积极性和主动性，将绿道建设纳入工作安排中；另一方面，吸收市民通过认养、志愿者服务等形式参与绿道建设管理。

（五）加大绿道功能开发力度

为让绿道更加贴近群众、服务民生，应加强绿道功能开发方面的基础研究，进一步提升绿道的服务功能。根据绿道所处的区位，结合不同区域不同群体的消费需求，加大基础设施的建设力度，完善绿道沿线的信息咨询、通讯、换位、休憩等功能性配套设施，可增设绿道触屏地图、健康体育设施、咖啡茶座、棋牌室、书画展览馆（室），以及群众文艺娱乐活动场所等，丰富绿道的综合功能，实现绿道经济效益最大化。积极开发绿道生态旅游功能，广泛开展休闲旅游、影视摄影、森林探险等活动。

（六）建立健全安全巡查机制

加强绿道巡查工作，建立绿道通报制度，及时反馈绿道使用情况，定期沟通建设、使用及管理中存在问题，分享成功的经验和做法，督促相关部门认真及时整改存在的问题，市政建设、交通执法、交通管理、城市管理、水务等部门应形成联动机制，统一制定整改方案，定期开展绿道综合治理行动，对绿道上存在的各类违法违章行为进行查处，确保绿道安全利民、专用畅通。

绿道作为加快生态文明建设的主要抓手，是推进以人为核心的城市化发展战略的重大选择。西宁市作为青海省的政治、经济和文化中心，应采取更加积极有效的措施，继续完善绿道体系，以现有绿道为基础向远郊延伸，结合西宁地域特色，连通周边景观节点，并结合城市发展规划，在新建及大修改造道路过程中配建绿道，同时体现“以人为本”的原则，增加休闲趣味的户外活动场所，形成更加完整的绿道网络体系，为在西宁地区工作、生活的人们提供更为舒适、惬意的人居环境，实现城乡生态协调发展。

参考文献

周年兴、俞孔坚、黄震方：《绿道及其研究进展》，《生态学报》2006 年第 9 期。

张云彬、吴人韦：《欧洲绿道建设的理论与实践》，《中国园林》2007 年第 8 期。

Fabos J. G. Introduction and overview：the greenway movement，uses and potentials of greenways［J］. Landscape and Urban Planning，1995.

Little C. E. Greenways for American［M］. Baltimore，johns Hopkins University Press，1990.

何昉、康汉起、许新立、李颖怡：《珠三角绿道景观与物种多样性规划初探——以广州和深圳绿道为例》，《风景园林》2010 年第 2 期。

啸宇：《西宁市民乐享 400 公里绿道》，《西宁晚报》2018 年 7 月 29 日，第 1 版。

韩西丽：《实用景观——卢布尔雅那市环城绿道》，《城市规划》2008 年第 8 期。

李开然：《绿道网络的生态廊道功能及其规划原则》，《中国园林》2010 年第 3 期。

B.22

西宁市环城国家生态公园建设成效与形势分析

文继德　张明霞*

摘　要： 近年来，西宁市把加快推进环城国家生态公园建设作为打造绿色发展样板城市和落实青海省委"一优两高"战略部署的具体举措，取得了明显成效。本文在介绍西宁市环城国家生态公园概况的基础上，总结了生态公园发展现状，阐释了西宁市环城国家公园建设顺应中央和青海发展战略，符合广大市民对美好生活的需求，分析了公园建设和森林抚育管护方面资金投入不足、公园内水利设施管网老旧等问题，针对性地提出要加强组织领导、积极筹措资金和提高管理水平，并通过建设园区水利、凸显园区定位和创新管养手段来支撑西宁市环城国家生态公园建设。

关键词： 休闲游憩　生态公园　绿色样板城市　西宁市

2016年，西宁环城国家生态公园获得批复建设以来，西宁市把加快推进环城国家生态公园建设作为贯彻"四个扎扎实实"重大要求、落实"一优两高"战略部署、践行"两个绝对"的具体举措，紧紧围绕"高原绿"建设行动，努力为幸福西宁增绿量，为绿色发展样板城市提品质。

* 文继德，西宁市林业局林业工程师，研究方向为林业；张明霞，青海省社会科学院生态环境研究所，副研究员，研究方向为生态经济。

一　西宁市环城生态公园概况

2015 年，国家林业局同意西宁环城国家生态公园试点，2016 年，市林业局编制《青海西宁环城国家生态公园总体规划》，并获得西宁市政府批复。自 2016 年开始建设以来，西宁市在原来南北山绿化工程和原有景区景点的基础上加快了园区建设工作，主要从植被保护和森林抚育、造林绿化、景观提升、森林经营、公园四个片区景区景点和基础设施建设方面进行了环城公园近期建设。西宁环城国家生态公园规划期限为 10 年，即 2016 ~ 2025 年，分 2 个阶段进行，近期为 2016 ~ 2020 年，远期为 2021 ~ 2025 年。

西宁环城国家生态公园以湟水河为界，分为南山和北山两部分，总面积 15504. 75 公顷。公园四个片区分别为：小有山林业科技展示片区、北山生态文化体验片区、西山生态景观观赏片区以及南山生态运动休闲片区。公园海拔 2170 ~ 2805 米，相对高差 635 米，多年平均降水量 366. 7 毫米，属黄土低山丘陵沟壑地貌，大陆性高原半干旱气候，年平均气温 5. 8 ℃，极端最低气温 - 26. 6 ℃，极端最高气温 33. 9 ℃；年无霜期 120 天。公园地处青藏高原和黄土高原过渡带，地带性土壤为黄土母质发育成的栗钙土，其中以淡栗钙土居多，山麓还有少量灰钙土。南山部分区域还分布有绵土以及干旱红土；北山低海拔地段分布着北方红土，土层厚度较大。土壤具有石灰淀积层，黏化微弱，通体呈碱性反应，盐基高度饱和，pH 值在 8. 0 ~ 9。土壤贫瘠干旱，有机质含量在 1% ~ 2% ，含水率 6% ~ 8% 。土壤结构不良，保水肥能力差。森林植被主要为人工林，包括落叶阔叶林、常绿针叶林、针阔混交林和灌木林，森林存在天然更新，森林覆盖率达 79% ①。

① 资料来源：《青海西宁环城国家生态公园总体规划》。

二 西宁市环城生态公园建设现状

西宁环城国家生态公园这个总面积达1.6万公顷、巨大的环城国家生态公园用南北两山绿色臂膀拥抱西宁市区，将为市民提供具有高原森林景观特色的旅游休憩空间，环城国家生态公园也将成为展示西宁市乃至青海省生态文明建设成果的窗口。

（一）植被保护森林抚育实现新作为

环城国家生态公园内的南北两山环绕着西宁市区，是西宁市极为重要的生态屏障，植被保护与森林抚育备受青海省与西宁市的重视，采取有力举措，保护工作实现了新作为。一是森林资源管理水平进一步提升，按照《森林法》、《森林法实施条例》、《西宁市南北山绿化管理条例》等法律法规的有关规定，对公园范围内森林资源进行严格保护，禁止在公园范围内从事非法占用林地、毁林开荒、盗伐林木、捕杀野生动物、放牧、乱采乱挖、乱修乱建、倾倒垃圾等违法犯罪活动。通过有力的法律法规的宣传与巡查执法行动，森林资源成果得到有效巩固。二是林业三防体系建设力度不断加强，通过多年建设，以森林防火、防盗、防病虫害为主的林业“三防”体系初步形成。防火方面管护人员长期进行防火宣传、增强群众的防火意识，在防火警戒期，严格按照护林防火规范值班、巡护，发现火情、火警、火灾除及时报告外，及时组织人员进行有效扑救，制止森林火灾发生。在防盗方面管护人员进行日常巡护，各管辖区定期检查、上级主管部门不定期督查，形成了日常巡护、定期检查、重点督导的三级检查机制，有效遏制了盗伐林木、乱采植物、偷捕野生动物、非法放牧等犯罪活动。在有害生物防控方面，建立了森林病虫害监测预报体系，通过日常监测有效防止了发生大面积森林病虫害。三是森林抚育措施水平显著提高，依托林业项目有计划地实施森林抚育、低效林和退化林分改造提升等工程。通过森林抚育工程的实施，逐渐由原先的造林绿化向美化、彩化、园林化的转变，公园内树种组成与林分密度日趋合理，林木生长发育的生态条件得到有效改善，森林培育周期进一步缩短，在净化空气、自然防疫、天然制氧、噪声消除、气候调节、涵养水源、保持水土、防风抗洪、为野生动物提供栖息地等方面，功能日趋完善，且成效显著。

（二）生态公园绿化造林实现新突破

在造林的同时因地制宜创新造林模式，在造林树种方面增加开花类、观赏类、彩叶类等新品种，使公园内成林效果明显，树种越来越丰富，景色越来越优美。截至2018年8月实施造林绿化工程，累计完成造林面积6.96万亩，其中，2017年完成绿化造林2.3万亩，2018年完成绿化造林4.66万亩（见图1）。原规划园区造林任务为2.1124万亩，提前超额完成原规划的造林任务，超出4.85万亩，完成率329.48%，采用大规格苗木进行高标准造林。在公园范围开展的其他绿化提升项目：一是南绕城高速山体两侧景观提升，实施南绕城高速山体两侧景观提升工程，共完成景观提升面积0.34万亩，实施区域杨沟湾—通海隧道高速两侧。二是北线高速两侧山体绿化，实施北线高速公路两侧山体绿化工程，共完成23.6公里线路绿化，其中西过境8.6公里；北山美丽园沿线15公里。三是低效林和退化林分改造工程，实施低效林和退化林分改造提升工程，截至2018年6月累计完成6万亩，主要实施区域在南北山体两侧前坡面及塔尔山、小有山、火烧沟等区域[①]。

（三）景观基础设施建设实现新提升

南北山拥有众多的景区景点，西宁市先后对南山片区南山公园、浦宁友好园、红叶谷休闲生态园、文峰碑景点，南绕城高速山体两侧，西山片区动物园等重要景点实施了景观提升工程，景观提升时在原有绿化树种的基础上广泛采用观花、观果、观叶类的乔木和花灌木，各种树种合理搭配与布局，使景区建筑物与绿化相得益彰，相辅相成，形成了高低搭配、层次分明、色

① 资料来源：“十三五”规划国家级环城生态公园中期评估报告。

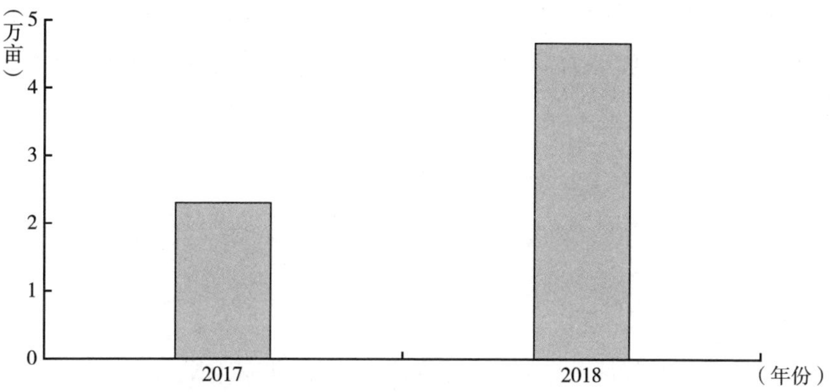

图1　西宁环城生态公园 2017~2018 年度绿化造林面积

彩丰富的景观效果。现西山片区和北山片区已基本建设完成，南山片区和小有山片区将根据具体片区定位继续加强建设工作。

1. 林业科技展示片区

林业科技展示片区位于西宁市小有山，由西向东为海子沟至体育公园，规划总面积 2.6 万亩，现已完成部分景区建设工作。林业科技展示片区根据规划主要定位方向是在已建成的青藏高原现代林业科技产业示范区为基础，以林业科技展示为主题，通过展示林业改造技术，向西宁市民弘扬生态科技知识，号召大家保护生态，爱护环境。根据环城规划现林业科技展示片区中运动天地项目已经实施体育公园一期，并完成建设工作，总面积 247.95 亩，通过体育公园一期项目的实施初步形成了以休闲体育与健身为主要功能，结合生态良好的自然环境为一体的生态休闲运动平台①。

2. 生态文化体验片区

生态文化体验片区根据规划主要的定位方向是西宁市民及游客体验生态文化及民族文化的特色片区。在原有土楼观、北禅寺、宁寿塔、大墩岭公园等景区的基础上，着力打造了北山美丽园景区，按照“一带、四片、六区”的空间布局，形成了一条绿色城市景观廊道。一带：机场高速

① 资料来源：“十三五”规划国家级环城生态公园中期评估报告。

（西宁段）沿线贯穿东西的防护林带；四片：机场高速（西宁段）沿线四大森林主题片区，即“森林之彩”、“森林之韵”、“森林之源”、“森林之水”；六区：机场高速（西宁段）沿线“丹凤朝阳景区”、“北山烟雨景区”、“京韵青风景区”、“城市生态林地”、“宁湖滨水湿地景区”、“昆仑神韵景区”。现初步形成了具有文化内涵和地方特色的绿色休闲城市生态绿地空间。

3. 生态景观观赏片区

生态景观观赏片区位于西宁市西山区，由西向东为湟水森林公园至高原明珠观光塔，规划总面积 7.46 万亩，生态景观观赏片区根据规划主要的定位方向是利用西山丰富的生态资源，打造生态景观观赏片区。主要完成高原植物文化主题园、植物引种示范园、科普馆；动物园草食区、小广场、东山坡等地的绿化景观提升；生态小道、观景台建设；目前已实施西宁市海绵化城市改造工程，总面积 0.53 万亩；累计完成片区 91.457 公里硬化道路的修建；西宁市绿道生态网络景观工程绿道改造工程，修复景区内混凝土路面破损、塌陷等路段约 6.4 公里；修建道路导向牌、标示牌等服务设施；城西区农林牧水局修建火烧沟片区绿化道路（外环路）37.049 公里；现生态景观观赏片区初步形成了湟水林场、湟水森林公园、青藏高原野生动物园、西山林场、植物园、高原明珠观光塔等景区组成的生态观光、学习体验、科普宣传、休闲娱乐于一体的城市景观区①。

4. 生态运动休闲片区

生态运动休闲片区位于西宁市南山区，由西向东为南禅寺至杨沟湾，规划总面积 6.93 万亩，生态运动休闲片区根据规划主要的定位方向是互动性和参与性较强的生态旅游活动与户外运动休闲体验为主的片区。该片区拥有众多公园与景区，通过对已有的公园和景区进行提升与完善，已建成南山滑雪场、山地自行车赛道、露天森林剧场等景点和设施；完善了南山公园、浦

① 资料来源：“十三五”规划项目——国有林场基础设施建设（大南山林区道路、水、电）中期评估报告。

宁友好园、红叶谷休闲生态园、文峰碑景区景点绿化景观提升工程；累计完成景区 110.65 公里硬化道路的修建；实施西宁市绿道生态网络景观工程绿道改造工程，修复景区内混凝土路面破损、塌陷等路段约 8 公里，完成道路导向牌、标示牌等服务设施建设工作。初步形成了以运动休闲、森林康养、亲近自然为一体的生态运动休闲胜地。

（四）环城公园绿色廊道实现新跃升

西宁环城国家生态公园地处城区外围，与市民零距离，有多条道路连接生态公园与中心城区，交通十分便捷。结合《青海西宁环城国家生态公园总体规划》，在西宁南北山一、二期绿化的基础上利用原有道路，在地形地貌具有鲜明特色，山体森林景观较为丰富、林相林貌层次分明、疏密有致、季相多变的区域内利用 4 年时间，打造 9 条生态观赏风景廊道，这 9 条生态景观廊道分别是：北山美丽园沿线生态绿色廊道（北禅路 – 韵家口）、小有山生态绿色廊道（体育公园 – 海子沟出口）、火东生态绿色廊道（沈家沟 – 羚羊路）、火西生态绿色廊道（火烧沟 – 汉庄绿化区）、西山生态景观观赏廊道（羚羊路 – 高原明珠观光塔）、西堡生态森林公园生态绿色廊道（阴山堂 – 张家湾）、南西山生态绿色廊道（南西山村 – 纳家山林场）、杨沟湾生态绿色廊道（市直机关绿化区 – 青大附院绿化区）塔尔山生态绿色廊道（塔尔山林场 – 东大沟沟口）。

其中北山美丽园、小有山、火东、火西、西山 5 条生态景观观赏廊道已经建成，建成后受到市民积极的欢迎。火东和小有山生态绿色廊道在 2018 年 8 月全国造林绿化现场观摩中成为重点观摩路线，观摩时，受到全国观摩团成员一致好评。剩余 4 条生态景观观赏廊道计划于 2019、2020 年全面建设完成。通过这 9 条生态绿色廊道的建设，为广大西宁市民提供了集观赏、休闲、康养、运动、亲近大自然为一体的生态景观线路，使之成为展示西宁市南北两山 29 年绿化成果以及西宁市民体验绿色生态产品最佳景观线路。

（五）生态公园三大效益成效凸显

西宁环城国家生态公园的建设，提高了城市生物多样性，改善城市生态环境，加快区域经济发展，对于西宁和周边地区的生态环境保护和经济发展产生了积极影响，有利于促进西宁市的可持续发展。

1. 生态效益

一是增加生物多样性。随着生态公园的建设，森林面积将逐渐增加，林分结构趋于合理，森林生态系统功能更加完善，植被多样性更加丰富，动物栖息环境更加多样，动植物种类和数量将明显增加。

二是保护和改善生态环境。西宁市环城生态公园建成后不仅能够制造大量氧气，同时还能够固定更多的二氧化碳，经评估年固碳量由 1989 年的 787 吨/年增加到 14463 吨/年。

三是加强生物与环境之间的联系。生态公园注重森林生态恢复和森林质量提升，将有效改善森林生态环境，加强生物与环境之间的联系，使生物有机体与其环境之间的项目作用更加活跃，有利于生物链（网）的形成。

四是繁衍和保存生物种源。生态公园本身是一个大的生物基因库，保存着丰富的种质资源。其中核心景观区和生态保育区，是受保护的区域，人为活动极少，对动植物几乎没有干扰，保证了植物的自然演替和动物的繁衍生息。

五是涵养水源和保持水土。西宁环城国家生态公园建成后，通过保护森林和人工造林来扩大森林面积，提高林分质量，可以有效增强水土保持能力，减少土壤流失，至 2014 年南北山涵养水源量由 114 万立方米增加到 1011 万立方米；南北两山绿化启动以来，减少水土流失量达到 14.8 万吨。

六是调节气候。西宁环城国家生态公园建成后可有效调节区域内气候条件，主要表现在更新空气、杀菌消毒、产生离子化空气、防风滞尘等作用。经评估西宁市年降雨量由以前的 370 毫米增加到 400 毫米以上，最高年份达到 450 毫米。1991 ~1995 年西宁扬尘天气估计 17 天，沙尘暴 2 天，2006 年至今扬尘天气仅 1 天，沙尘暴为 0 天。

2. 社会效益

一是宣传教育，普及知识，提高全民环保意识。生态公园独特的高原森林生态系统，珍稀的自然资源，宜人的生存环境，都是生态旅游规划项目中对人们进行科普展示和环保教育的素材，以此为基础组织各类活动，向西宁市民普及森林知识，宣传保护森林的重要性，有利于增强人们对大自然的认知和热爱，提高环保意识和全民素质。

二是改善生活环境，提高保健质量。生态公园是人们进行森林游憩、生态观光、科普旅游的好去处。境内群峰起伏，风景优美，兼有丰富的森林景观、人文景观及浓郁的地方风情，在该区域开展森林游憩，让人们体验到大自然的美景，呼吸到清新空气，从而陶冶人们的情操，有益于人们的身心健康和康体保健。

三是开展科学研究的天然实验室。生态公园人工造林历史较长，具有近自然森林生态系统特征，保存着丰富的自然资源和生物资源，为开展科学实验提供了基础条件。可以与西宁市高等院校和科研院所合作，开展高原区植树造林、森林演替等方面的研究，为周边类似区域的植树造林工作提供示范。

四是促进文化发展与保护。生态公园生态旅游与当地文化资源结合，通过设置文化活动项目，将有利于社区传统文化（民族文化、宗教文化等）的保护与传承，还可以增强文化交流，促进西宁市文化旅游产业发展。

五是促进就业和可持续发展。随着生态公园各游览项目的建设实施，将带动区域及周边地区经济、交通、通讯、商业、服务业、林（农）副土特产品加工等行业的发展，增强生态公园自身的经济实力，并为当地剩余劳动力提供就业机会，有利于维护社会安定，促进经济的可持续发展。

3. 经济效益

一是推进产业结构合理化，促进地方经济稳步增长。作为传统的资源性城市，能源助推西宁市经济增长的成分很高，而服务业、高新产业等所占比重较低。而城市生态公园的建设，将有效地促进西宁市产业结构的合理性，提高第三产业比重，促进经济健康、稳步增长。

二是将吸引更多的商业投资和带动旅游。西宁环城生态公园的建设，将大大增加生态环境效益，减少生态环境损失成本，促进城市绿色 GDP 的增长。随着生态公园生态质量提升、景观环境改善、服务设施健全和知名度的提高，将吸引更多的商业投资和游人游览，经济效益将逐步显现。

三是提升周边土地价值。西宁环城生态公园的建设，将显著改善项目周边地区的环境条件，从而提升周边地区的土地价值。生态公园作为南北两山四大片区发展，它的建设将提升周边生态城市房屋土地价值、吸引大量投资、带来巨大的经济价值。

三 西宁市环城生态公园建设面临的形势分析

目前，西宁市正在积极推进以南北山为基础的“一园多区”环城国家生态公园建设，既面临着发展机遇，也面临着挑战。

（一）发展机遇

1. 中央高度重视为环城生态公园建设带来光明前景

2016 年习近平总书记在青海省考察期间，围绕青海工作提出了“四个扎扎实实”，其中重要的一条是“青海省要扎扎实实推进生态环境保护”。指引着西宁生态保护和建设工作，有助于西宁环城绿色生态屏障建设，为西宁提供持续的生态服务和安全庇护。以习近平同志为核心的党中央牢固树立保护生态环境就是保护生产力、改善生态环境就是发展生产力的理念，着力补齐一块块生态短板。我国生态文明建设体制机制日趋完善、扎实有序推进、成效显著。环城生态公园项目顺应国家发展的战略，前景光明。

2. “一优两高”战略部署为环城生态公园建设带来契机

青海省委“坚持生态保护优先、推动高质量发展、创造高品质生活”战略部署为环城生态公园建设带来契机。一直以来，青海省委、省政府和西宁市委、市政府高度重视南北山生态建设，早在 20 世纪 50 年代就进行了南北山造林绿化工程；1989 年，青海省委提出“绿化西宁南北两山，改善西宁生态环境”的战略决策；2003 年，青海省和西宁市加快了南北山绿化进程；2013 年，青海省提出了“三区战略”；2014 年，西宁市出台了《西宁市南北山绿化管理条例》，改善了南北山生态环境，为环城国家生态公园建设奠定了基础；同年 10 月 29 日，《青海省生态文明先行示范区》获国家发改委等六部门联合批复，成为国家首批国家生态文明先行示范区。环城国家生态公园建设是青海“一优两高”战略的具体体现，是青海生态保护体系的重要组成部分。

3. 与日俱增的休闲需求形成巨大现实需要

随着社会经济的发展，西宁市民的生活品味不断提升，休闲需求愈发高涨，更多的市民渴望投入到森林环境中享受回归大自然的感受，领略优美的生态风光，利用森林的特殊功能来调节身心、养生康体，全民休闲时代已经到来，正在建设的环城国家生态公园承担着为西宁市民提供身边的休闲空间的使命。

4. 蓬勃发展的青藏旅游为环城生态公园建设带来机遇

西宁被称为“天路起点”，是内陆游客进入青藏高原和青海大旅游圈的必经之地。随着青藏高原旅游爱好者的增加，途径西宁的顺道游客明显增多。环城国家生态公园为过路游客提供一个休闲场所，成为青藏高原和“大美青海”旅游圈的重要游憩节点。

（二）面临挑战

1. 公园建设资金投入不足

西宁环城国家生态公园建设原规划投资 50752.80 万元，但在建设实施期间，林业生态建设项目主要以国家为主，园区基础设施建设、森林抚育和森林管护方面没有专项资金的投入，致使园区项目建设进展缓慢，严重制约了园区日常抚育和森林管护工作。

2. 公园内水利设施管网老旧

公园范围内由于东部片区、西部片区、水利设施建设时间早，原有水利设施和管网老旧，且经常发生管漏等现象，严重影响园区日常浇水灌溉和安全生产工作，现有水利设施已不能满足日常浇水灌溉的需求。

3. 森林抚育管护方面投入资金不足

公园范围内造林绿化已基本完成，现全面由造林绿化转向森林抚育和管护，但在森林抚育、森林管护方面投入的资金不足，严重制约了园区日常抚育和森林管护工作。

四　进一步推进西宁市环城生态公园建设的对策建议

进入发展全新时期，面对新机遇和新挑战，西宁市需要推进环城生态公园建设提速提质，实现由增加绿量向量质并举转变。

（一）加强组织领导

高度重视西宁环城国家生态公园建设工作。为保障生态公园的顺利实施，建议进一步完善西宁市国家级环城生态公园项目的领导小组，通过健全领导小组，对公园建设进行统一领导和统筹规划协调。

（二）积极筹措资金

1. 公园基础设施建设方面

在四个园区水利设施、道路、电力、人饮等基础设施建设中积极争取省级和市级项目建设资金以及亚洲开发银行贷项目资金。

2. 公园森林抚育和管护方面

在森林抚育和森林管护资金投入方面，积极争取国家和省、市级项目资金，每年稳步加大投入，确保园区建成后日常抚育管理和森林管护工作的正常推进。

（三）提高管理水平

要对园区森林资源保护工作进行全方位监督检查，狠抓各项工作的落实。现在园区根据西宁市国家级环城生态公园四个片区的划分，建议成立四个园区管理机构，明确管理区域、管理范围、管理内容，确保园区建成后日常管理的正常运行。

（四）推进后续项目

建议对未完全建成的小有山片区、南山片区后续项目建设，进行统一的规划设计，拿出具体设计方案，争取早日立项。小有山片区后续建设项目为体育公园二期项目、森林生态系统定位观测研究站、林业科技展示、管护房等基础设施建设；南山片区后续建设项目为塔尔山自然体验公园、环教中心、景区景观提升、景区景点间相互串联等。

（五）建设园区水利

西宁国家环城生态公园建设园区绿化主要制约因素是干旱缺水，按照“绿化造林，水利先行”的原则，建议统一规划，重点解决灌溉水源及水利配套，建成由泵站、蓄水池、输水管道等设施组成的覆盖整个造林区域的林灌网络系统。全面完善园区的各项水利设施，确保水利设施能满足两个片区日常养护管理需求。

（六）凸显园区定位

环城公园规划所涉四个片区所承担的功能不同，在园区建设时合理布局，形成完整生态公园体系。建议尽快完善四个园区主次入口以及配套的停车场等服务设施，建成一个园区，挂牌开放一个园区，使建成的园区尽早开放给市民，把公园建设的最新成果惠及市民。

（七）创新管养手段

充分发挥高校、科研院所的科技支撑作用，积极推进“数字绿化”工程，创新管养手段，尝试应用“绿化养护在线信息系统”，建立“绿地养护巡查”数据库，完善生态公益林地籍管理信息系统和森林灾害远程视频预警监控系统，形成技术处理、信息交流、领导决策及可视指挥于一体的基础平台，切实提高灾害处置应急反应能力。

参考文献

西宁市人民政府、中共西宁市委：《西宁市关于建设绿色发展样板城市的实施意见》，2017 年 4 月 6 日。

县永平、钟经道：《打造绿色发展样板城市推进“十三五”规划实施——以青海省西宁市为例》，《中国经贸导刊（理论版）》2017 年第 20 期。

国家林业局调查规划设计院、北京市诺兰特生态设计研究院、西宁市林业局：《青海西宁环城国家生态公园总体规划（2016～2025）》，2016 年 12 月。

西宁市林业局：《德国促进贷款西宁市绿化和生态保护项目可行性研究报告》，2015 年 6 月。

B.23

西宁市光伏能源类生活设施建设调研报告

李婧梅　李建平　赵元玺*

摘　要： 近年来，西宁市围绕绿色能源示范省建设，以打造绿色发展样板城市为目标，在光伏能源类生活设施方面实施试点项目，获得了较好的经济、社会和生态效益，但在项目投资、设备维护、技术创新等方面需进一步加强。本文在系统分析西宁光伏能源类生活设施建设优势和现状的基础上，提出通过吸引社会力量参与、提升品质、科技创新等对策建议以期西宁发展光伏能源类生活设施有更好发展。

关键词： 光伏产业　生活设施　西宁市

在全球能源需求不断升高，传统能源价格居高不下，以及环境问题关注度不断提升的背景下，可再生能源在全球范围内得到快速发展。光伏发电以资源丰富、清洁无污染等优势将在未来的能源结构中占据重要地位。近年来，西宁市深入贯彻落实习近平新时代中国特色社会主义思想、党的十九大和省委十三届四次、市委十四届七次全会精神，牢固树立“四个意识”，按照“四个扎扎实实”重大要求，贯彻新发展理念，围绕省委、省政府关于《创建全国清洁能源示范省》的精神，大力推进清洁能源示范工作，加快建

* 李婧梅，青海省社会科学院生态环境研究所助理研究员，研究方向为生态环境、生态经济；李建平，西宁市城中区人民政府办公室科员；赵元玺，城西区绿色发展委员会办公室干部。

设资源节约型、环境友好型社会，实现经济发展和环境改善双赢，为建设新时代幸福西宁提供了有力支撑。

一　西宁市发展光伏能源类生活设施的重要意义

太阳能具有清洁、无污染和用之不竭的特点，在当前高度重视资源综合利用和节约、大力整治环境污染的大背景下，光伏产业成为未来产业发展的选择，受到西宁市委、市政府的高度重视。近年来，西宁市通过光伏项目的实施突破了在公共设施规模化使用光伏能源的空白，起到节能降耗、保护环境的作用。

（一）有利于西宁市推进节能降耗

西宁作为青海的省会城市，以青海 10% 左右的土地承载全省近一半的人口，尤其近年来随着西宁市城镇化的发展，使得各类资源及能源需求紧张，只有充分利用太阳能等新能源，发挥资源优势，发展清洁能源，才可以在一定程度上提高西宁市的环境承载力，提升人民生活质量。同时，西宁市正在建设国家循环经济试验区，西宁工业化处于爬坡过坎、快速发展的关键阶段，不仅能源需求大且持久，而且面临着经济新常态和生态文明建设的新要求，发展与环境的矛盾日益突出，这就决定了西宁市发展光伏生活设施的必要性和紧迫性，也成为西宁市打造绿色样板城市不可或缺的一项重要内容。

（二）有利于西宁市的环境保护和治理

光伏能源是以光伏效应为原理将太阳辐射能转换为电能，具有无污染、无噪声、维护成本低、使用寿命长等优点。使用光伏设施，可以减少化石资源的消耗，减少因燃煤等排放有害气体对环境的污染。对优化能源结构、保护环境，减少温室气体排放、推广太阳能利用和推进光热产业在西宁市的发展具有极大的示范意义，达到节能减排、节省运行费用的目的，促进了循环经济的发展。

（三）有利于促进西宁市光伏产业的发展

光伏产业链包括硅料、铸锭（拉棒）、切片、电池片、电池组件、应用系统等 6 个环节。上游为硅料、硅片环节；中游为电池片、电池组件环节；下游为应用系统环节。目前，西宁市光伏产业的产业链多聚集于光伏产业的中上游，以电池及电池组件的生产和开发为主，大大推动了光伏制造业的发展。通过在西宁实施光伏生活设施建设，有助于促进光伏产业端下游产业的发展，倒逼企业对光伏应用系统的开发和创新，进而促进光伏产业的进一步发展和创新。

二　西宁发展光伏能源类生活设施的优势

西宁市建设绿色发展样板城市，就是要以人为本，以现代科技为手段，注重绿色发展和可持续发展，努力推动光伏能源类生活设施建设与能源绿色化协调发展，不断提升城区的经济承载力、社会承载力和环境承载力，这与绿色发展的初衷是一脉相承的。而西宁大力发展光伏能源类生活设施建设在政策支持、资源禀赋、产业发展等方面具有其特有的优势。

（一）资源优势

首先，从资源上看，西宁市首先具有光照资源优势。青海省是全国太阳能资源最为丰富的省区之一，为全国第二高值区，年日光总辐射量为5000～8000 兆焦耳/平方米，太阳辐射强度高，日照时间长，日照频率在 50% 以上，西宁作为青海省省会城市，市区海拔 2261 米，是青藏高原的东方门户，也是世界高海拔城市之一，年平均日照为 1939. 7 小时，全年太阳能辐射值在 6000 兆焦左右，光照时间超过 3000 小时，属于我国太阳能资源一类地区，年接受的太阳能折合标准煤 1413 亿吨，合电量 313 万亿千瓦时，丰富的太阳能资源为西宁市发展光伏产业提供了得天独厚的优势条件。其次，具有矿产资源优势。青海省硅石资源比较丰富、品质较好，储量 30501. 1 万吨，主要分布在西宁和海东地区，居全国第一位，完全可以满足多晶硅生产的需求。而且西宁市电量充足，电价较便宜，有利于与硅矿资源配套，降低生产成本，可为多晶硅、单晶硅生产提供重要的基础。最后，具有技术和人才优势。西宁作为青海的省会，聚集了青海省主要的科研院所、重点高校等，具有科研、教育、金融、商贸、文化的区位优势，可以带动全省光伏生活设施的大力发展。

（二）政策优势

青海省委、省政府和西宁市委、市政府高度重视和大力支持光伏产业的发展，对西宁市发展光伏能源生活设施起到极大的推动作用。2009 年，省委、省政府制定下发了《青海省太阳能综合利用总体规划》《青海省太阳能产业发展及推广应用规划（2009～2015 年）》《青海省人民政府办公厅关于促进青海光伏产业健康发展的实施意见》，明确了青海省太阳能光伏系统开发应用的近远期目标，要建设国家级光伏产业科研中心。同年，西宁市被评为国家级光伏产业基地。2018 年 2 月，青海建设国家清洁能源示范省正式获得批复，至 2020 年，青海新能源装机规模将达 3500 万千瓦。《西宁市国民经济和社会发展第十三个五年规划》中，提出要大力推进太阳能利用，努力把西宁打造成国家太阳能示范基地。

（三）光伏产业发展初具规模

西宁市的太阳能光伏产业曾是我国光伏产业的发祥地之一。近年来，西宁市围绕绿色能源示范省建设，以打造绿色发展样板城市为目标，大力发展光伏产业，在东川工业园区引进了亚洲硅业、阳光能源等一大批国内外知名光伏制造企业，初步形成了多晶硅—单晶硅—切片—太阳能电池—电池组件完整的光伏制造产业链，聚集了逆变器、光伏玻璃、石英坩埚、铝边框、支架等一批配套光伏产业。可以说，目前西宁市光伏产业发展已初具规模，成为全市特色支柱产业。2017 年，西宁市光伏并网总容量达 12173. 92 千瓦，创历史新高。国家电网西宁供电公司助力分布式光伏并网客户共 63 户，其中，全额上网光伏电站 5 个，自发自用余量上网居民用户 54 户。[①] 这使得在西宁市发展光伏能源类生活设施有较为便利的条件，从设施的建设、运营，到设备维护都较为迅捷，并可降低成本。

三 西宁市光伏能源类生活设施建设现状

近年来，西宁市秉承“宜气则气、宜电则电、多能源互补”的原则，充分考虑本地能源结构、资源分布等条件，采用相应的技术路线，探索实施了积极推行无污染、低排放的太阳能光伏产业，为提高西宁市民对绿色样板城市的参与感与幸福感，建设了一系列光伏能源生活设施。在近年来光伏能源生活设施建设进程中，实施了光伏节能厕所、学校供暖工程、光伏绿色建筑等一批项目，取得了一定的成效。

（一）新型光伏节能环保公厕建设

2018 年以来，西宁市城西区认真贯彻落实绿色发展理念，根据《西宁市“厕所革命”三年行动方案》，自我加压制定了《城西区“厕所革命”2018～2019 年行动方案》，坚持把“厕所革命”作为基础工程、文明工程、民生工程抓实抓细，在西关大街西段新建新型光伏节能环保公厕 1 所，这是青海省首座新型光伏绿色节能环保公厕，成为西宁市“厕所革命”的新标杆。

公厕从设计到建设，在生态设计、空间设计、循环利用等方面进行了创新，充分利用西宁气候条件，最大限度地利用绿色太阳能源，引入光伏供电系统，日均发电量约为 45 千瓦时，不仅能满足日常用电，同时通过可储能 65 千瓦时的蓄电池，解决阴雨天用电问题。同时，公厕 MBR 污水处理设备储备量 40 吨，日处理量 20 吨，处理后的水可再次利用，污水处理率达 80%，水资源损耗率降低到 20%。12 组雷达式感应 LED 灯具通过智能检测

① 《青海日报》2018 年 1 月 17 日。

周围环境，自动调整工作状态，比传统节能灯节能 1 倍以上，日节电 25 千瓦时左右，年节电 9000 多千瓦时。组气水式高压蹲便器每次冲水用水 2 升，而普通蹲便器需要用水 6 ~ 8 升，如日使用流量达到 1000 人次，每日至少节水 4 吨。新型光伏绿色节能环保公厕将光伏发电应用于基础公共设施建设方面，起到带头示范作用，为其他地区提供了可遵循的经验。

（二）光伏绿色建筑

位于西宁市海湖新区的青海国投广场在建设之初便引入了“绿色建筑”的概念，共采用 2100 块光伏组件，除了设置在屋面的单晶硅光伏组件和单晶硅加厚光伏组件外，首次在楼宇立面的玻璃外墙安装了新材料——“薄膜组件”。这些大大小小 2100 块光伏组件经过逆变器逆变汇流后，接入楼宇配电网侧，为楼宇内的用电提供清洁可靠的电能，实现了“自发自用、余电上网”。青海国投广场的两栋建筑光伏一体化项目正式并网，这是青海省首个利用光伏自主发电实现楼宇清洁用电的绿色建筑。

（三）学校供暖工程

城中区华罗庚实验学校西宁分校供暖工程是为实现国家、省市“十三五”规划、《“中国制造 2025”青海行动方案》等战略规划，投资建设的青海本土化太阳能光热产业项目，具有标志性意义。该项目建设年限为2017 ~ 2019 年，一期新建教学楼 5678 平方米、中学部教学楼 8000 平方米、食堂 550 平方米的冬季太阳能供暖，集热器面积 920 平方米；二期新建小学部教学楼 6500 平方米，活动设施楼 5272 平方米的冬季太阳能供暖，集热器面积 990 平方米。从目前一期工程使用情况来看，冬季白天日照阳光充足的情况下，供暖及夜间管道防冻无质量问题，在冬季白天日照阳光不充足的情况下，不能满足供暖及夜间管道防冻的需求。待该项目二期工程施工完成后，该项目即可达到可行性研究报告论证的供暖效果，一期工程的太阳能供暖设备也能正常发挥其有效运用价值。

西宁市华罗庚实验学校西宁分校太阳能供暖工程全部建成后平均每年收

集热量9378584.66兆焦、年节标煤量320.4吨、年节电量260.5万度、年节气量31.2万立方米；每年减少二氧化碳排放量798.76吨、减少二氧化硫排放量24.03吨、减少氮氧化物排放量12.02吨、减少粉尘排放量217.87吨，环境保护和生态效益明显。

（四）居民住宅小区光伏能源生活设施

西宁市民对光伏能源的使用起步较早，但多为使用一些分散、小型的电器，如民用太阳能热水器、太阳能手机充电板等，大规模使用尚未普及，较为成功的是城东区八一路的“九合院”小区，将光伏电板置于楼顶，利用太阳能给居民提供热水，节省了大量的电和天然气。

四　西宁市光伏能源类生活设施建设中存在的问题

西宁市光伏能源生活设施建设在规模、使用领域、投资、效益等方面取得了一定的成绩，但同时，西宁市光伏能源生活设施建设还有很多不足，也存在一些问题，具体表现在以下几个方面。

（一）光伏生活设施建设尚未全面开展

目前，西宁市光伏生活设施建设只是试点推行阶段，由于各方面原因，尚未形成规模。就光伏环保节能厕所建设来说，西宁刚刚起步，发展的速度、规模和配置远赶不上西部及内地有些城市的发展。比如，安徽省巢湖市在推进厕所革命过程中，仅2017年投资1800万元对城区91座公厕进行改造提升，这些厕所全部采用新型光伏能源，在公厕屋顶增设光伏发电装置，为厕所提供照明等所需电源[①]。呼和浩特市自2015年开展“厕所革命”以来，打造公共厕所达3067座之多，大量采用光伏板、不燃板、碳化木等新材料科技设施，实施智能化管理控制系统，成为该市的城市名片，被业内专

① 《江淮晨报》2017年2月21日。

家称为中国厕所革命的示范[①]。至于其他方面的光伏生活设施建设也较为滞后。

（二）应用范围较窄，还需进一步探索

西宁市虽然是全省光伏产业的聚集地，也形成了较为完善的光伏产业链，但是，光伏能源类生活设施建设并不理想，应用范围较窄，尚未普及。就整个西宁市而言，光伏能源类生活设施建设主要集中在公共服务设施的亮化领域，包括太阳能草坪灯、庭院灯、路灯、景观灯、高抛广告灯等，建筑物楼道及庭院照明等城市亮化照明设施。在其他方面，大规模推广和使用光伏能源类生活设施建设在西宁市较为鲜见，西宁市还有很大的发展空间和潜能。

（三）光伏能源生活设施资金有限

目前国家各个层面对光伏发电补贴等方面的政策已较为全面，但针对光伏能源生活设施建设方面各项政策尚不明朗，无法保证光伏能源生活设施资金的有效投入和较为先进的公用光伏生活设施的落地，致使西宁市光伏能源生活设施建设难以大规模开展，大范围推广运用光伏能源方面受到限制。

（四）光伏生活设施组件的回收工作尚未引起重视

与传统火力发电相比，光伏发电在运行过程中不产生任何 CO_2、SO_2、NO_x以及颗粒污染物，是环境友好型的可再生能源。尽管光伏生活设施生命周期长达 25 年，但对这类设施服役期满后回收处理的研究工作还未开始。未雨绸缪起见，政府与企业也应该关注光伏发电系统的回收工作，保证回收过程中的经济效益最大化，并做好环境保护工作。

（五）光伏电板清洁技术尚未成熟

光伏设施的发电效率很大程度上依赖于光伏电板的清洁度，有研究表

---

① 中新网呼和浩特 2018 年 3 月 19 日。

明，城市空气中的粉尘、污染物、颗粒物等附着在光伏电板上后均会降低光伏设施的发电率，而由于电板清洁不仅要应对复杂的路况、严重缺水的情况、屋面载荷不够、用电麻烦且不安全等问题，而且操作强度高，并要求防撞，这些都成为电站清洁面临的难题。尤其是复杂的路况，对于清洗来说成为最大的挑战。同时由于没有智能控制系统，很多清洗设备很容易偏离或撞击电池板。

五　加快建设西宁市光伏能源类生活设施的对策建议

（一）主动作为，鼓励社会力量参与建设

光伏能源类生活设施的建设涉及多个部门、多个领域，既要发挥党政部门的主体责任，又要调动社会各种力量的参与，需要各相关部门和单位联合行动、通力合作、协同发力。建议适时成立领导工作小组，做好光伏能源生活设施建设改造的全程监督、验收及考核工作，重点克服资源不多、职能有限等畏难情绪，加大投入，主动作为，细化任务分工，责任落实到人，固化项目台账，确保提出的各项工作高质量、高标准推进。总结梳理现有建设成果的经验，积极推广光伏技术在公共基础设施建设方面的成果，鼓励和引导社会力量参与光伏生活设施建设管理，强化与光伏类技术单位合作，为推广能源类生活设施建设提供必要的技术支撑。借鉴和学习外省市先进做法，按照实际，制定分年度、分类别的实施方案。

（二）把握机遇，推动品质提升

牢固树立“绿水青山就是金山银山”理念，把生态文明建设融入发展各领域、全过程，以建设绿色发展样板城市为契机，深入挖掘绿色发展样板城市的深刻内涵，把推进光伏能源的使用作为打造绿色发展样板城市的重要内容，持续推进。加强新扩建的光伏厕所配套设施建设，增加汽车和手机充电、WIFI、无人商超以及公共信息发布等人性化综合服务。可在城区各停

车场试点建设光伏汽车充电桩、设立手机光伏充电器、光伏公交站、光伏车棚、光伏公交等。

（三）加强科技创新，发展更多新产品

在已有光伏能源生活设施发展基础上，进一步加强与有关科研机构的技术合作研究，确定适合青海省发展的光伏材料装备技术、产品种类，扶持一批符合未来发展趋势的光伏装备制造龙头企业，整合配套组件企业，提高生产关键零部件企业比例，优化产业链，形成一定的产业集聚，走出一条适合青海特点的光伏产业发展之路。同时对太阳能板的清洁、后续回收等问题也要开展研究，以便于光伏能源生活设施效益最大化、污染最小化。

参考文献

鲁玺：《我国光伏产业发展在低碳转型过程中面临的挑战与机遇》，《中国环境管理发展报告》2017 年 12 月。

余圣秀：《让光伏驱动中国》，中国水利水电出版社，2016 年 6 月。

刘志明、王彦庆：《厕所革命》中国社会科学出版社，2018 年 7 月。

西宁市统计局：《绿色经济视角下的西宁市光伏产业发展对策建议》，2011 年 4 月 18 日。

B.24
西宁市涉铬污染治理状况、机遇与对策

李婧梅　袁富鑫　康文卉*

摘　要： 西宁市历史上铬盐企业生产过程中产生的工业废渣铬渣因含有大量的六价铬，是危害严重的重金属类污染物，属于国家明确定性的危险废物。本文主要从西宁市涉铬污染治理状况、存在的问题、面临的机遇及对策措施方面进行了分析研究，以期为下一步做好涉铬重金属历史遗留场地修复和风险管控治理，实施好土壤污染防治"净土"攻坚战打下坚实的基础。

关键词： 铬污染　治理　西宁市

2011年，原国家环境保护部组织编制的《重金属污染综合防治"十二五"规划（2011～2015）》获得国务院正式批复，规划中明确规定了汞、铅、镉、铬、（类金属）砷五类重金属是重点防控的重金属污染物。重金属铬具有+3价和+6价两种价态，毒性更大的6价铬以阴离子存在，水溶性强，环境风险大，且具有鲜黄颜色，国家高度重视，列入危险重金属污染物。2006年，国家发改委和原环保总局启动了《铬渣污染综合整

* 李婧梅，青海省社会科学院生态环境研究所助理研究员，研究方向为生态环境和生态经济；袁富鑫，西宁市环境保护局污防处助理工程师，研究方向为辐射环境管理和环境污染防治；康文卉，西宁市环境科学研究所助理工程师，研究方向为环境科学和污染防治技术。

治方案》，截至2012年底，全国历史遗留约600万吨铬渣得到安全处理处置，其中包括西宁市47.24万吨的历史遗留铬渣。近年来，西宁市委、市政府以打造西宁绿色发展样板城市、建设新时代幸福西宁和改善辖区环境质量为总体目标，西宁市各级环保部门严格按照新修订版的《中华人民共和国环境保护法》和《中华人民共和国固体废物污染环境防治法》，严格实行固体废物“减量化、资源化和无害化”管理原则和理念，将固废管理和污染防治工作纳入国民经济和社会发展计划，同时严格环境执法，严厉打击固废领域环境违法行为，通过不断努力，促进了全市经济社会可持续发展。

一　西宁市铬渣无害化处置及场地污染治理状况

西宁市历史遗留的涉铬重金属污染是固废领域的首要污染隐患，其重点集中在20世纪60～90年代破产企业生产时产生的红帆钠5处历史遗留铬渣。从90年代开始，西宁市对这5处历史遗留铬渣持续开展无害化治理及污染物场地的修复工作，并取得了一定的成绩和效果。

（一）历史遗留铬渣无害化处置基本情况

1. 西宁市历史遗留铬渣总体情况

西宁市历史遗留铬渣来源于20世纪工业产品重铬酸钠、红帆钠、铬酐生产中窑炉有钙焙烧或少钙焙烧产生的工业废渣，因含有大量的6价铬等污染物，是重点重金属类污染物，属于国家明确定性的危险废物。据了解，西宁市历史遗留铬渣堆放最长的达50年，最短的也在15年以上，过去由于受企业环保意识和管理水平的局限，所产生的铬渣无规范的堆存场所，同时部分工业建筑垃圾与铬渣一并填埋，经交叉污染，形成了以含铬废渣为主体的有毒有害混合污染物。

2. 西宁历史遗留铬渣治理工作回顾

西宁历史遗留铬渣治理工作开始于2009年，大规模无害化治理处置工作集中在2012年。根据2010年8月30日国家发改委下达的《关于青海省西宁市历史遗留铬渣综合治理项目可行性研究报告的批复》文件，西宁市历史遗留铬渣综合治理项目主要建设规模为：采用湿法（酸溶法）工艺对西宁市历史遗留的47.24万吨铬渣进行无害化处理。项目主要建设内容为：建设日处理能力850吨、年处理能力25万吨的铬渣解毒处置厂，配套建设库容为40.47万立方米的解毒处置后铬渣填埋场。按照原国家环保部关于全国历史遗留铬渣无害化治理必须在2012年底前完成的工作要求，经西宁市环保局、项目实施单位西宁市城投公司及全市各相关部门的共同努力，2012年底全面完成了西宁市47.24万吨历史遗留铬渣无害化处置项目工作任务。

3. 目前遗留铬渣污染场地状况

西宁市历史遗留铬渣治理项目完成及污染企业关停后，目前全市范围内尚有5处历史遗留重金属铬污染场地，分别为：西宁市市区七一路西延长段铬污染场地、城东区付家寨山铬渣堆放场污染场地、杨沟湾铬渣堆放场污染场地、原青海省中星化工有限公司关停后的生产区污染场地、原湟中县鑫飞化工铬盐厂破产后铬污染场地等。

（二）铬渣填埋场及生产场地治理修复状况

西宁市历史遗留铬渣堆放场分散且堆放时间较长，因历史原因各堆放场未建设防渗措施或采取的防渗措施有限，原破产企业虽然规模小，但是生产粗放，导致全市范围内5处历史遗留重金属铬污染场地土壤和地下水受到严重污染，大部分堆放场如市区七一路延长段、城东付家寨、杨沟湾及中星化工污染场地地处湟水沿岸敏感区域，存在极大的污染隐患。

2015～2016年，省环境保护厅委托中国环境科学研究院、环境保护部环境规划院联合项目组对西宁市5处历史遗留污染场地及时进行了地勘、水文调查、可研、风险评估、环评和治理项目方案等的研究工作。研究表明，西宁市历史遗留铬渣场及原关停的青海中星化工污染场地土壤、地下水污染严重，均需要进行修复和治理工作。原国家环保部、省环保厅对西宁市历史遗留铬渣污染场地修复和治理工作高度重视，根据修复治理工作需求，省环保厅、省财政厅陆续安排、下达了部分中央重金属污染防治专项补助资金，对西宁市历史遗留铬渣污染物场地进行治理修复。

1. 原中星化工有限公司关停企业污染场地治理修复项目

经中国环境科学研究院、环境保护部环境规划院联合项目组编制的原治理修复实施方案，即采用“异位和原位处置”的工艺进行无害化处置重污染废渣和建筑物6万立方米、修复铬污染土土壤28.1万立方米，对受污染的地下水采用“抽出－处理”技术。目前，根据治理过程中出现的问题和第六污水处理厂建设用地调整等原因，对治理修复方案进行了完善和调整，下一步按治理修复加风险管控的思路进行治理工作。

2. 2015年确定的西宁市杨沟湾和付家寨原铬渣堆放场治理修复项目

该项目两处铬渣堆放场污染场地采用原位还原稳定化处理技术，对渣场浅层0.5米土壤进行药剂拌和翻耕混合压实，治理面积2.5万平方米，敷设HDPE膜进行封闭阻隔。项目于2016年7月底完成，现已完成阶段性修复治理工作，2018年下半年完成环保总体验收工作。

3. 西宁市七一路延长段原铬渣堆放场地治理修复项目

该项目采用原位修复方式，共计修复治理污染土壤5.1万立方米，对地下水采取“原位阻隔＋药剂注射”修复技术。项目已于2016年底前完成，污染场地封场后已绿化，建成城市景观，转为稳定化管控状态。

4. 原湟中鑫飞化工有限公司铬污染场地治理修复项目

该项目对厂区及渣场约26.3万立方米污染土壤进行修复治理，其中采用“酸溶洗涤＋药剂还原稳定化＋微生物强化”组合技术，对厂区表层区约0.8万立方米重污染土壤及少量含铬建筑废物实施异位修复治理；采用“加压注射药剂固化/稳定化”修复技术对厂区深层约5.3万立方米污染土壤实施原位修复；采用“表层原位翻耕还原稳定化＋封场阻隔控制技术”对渣场约20.2万立方米污染土壤进行修复治理。污染地下水的修复治理：采用“原位加压注射还原药剂”技术对场地及下游20万平方米范围内约100万立方米受污染的地下水进行修复治理。

二　西宁市涉铬污染治理方面存在的主要问题

西宁市虽然在涉铬污染治理方面做了大量的工作，但目前5处铬污染场地由于地质结构复杂性和治理技术、标准方面、专项整治资金筹措等问题，场地治理修复工作遇到一定的困难，存在诸多问题。

（一）缺乏相关的修复治理标准、技术规范等

目前，我国污染地块风险管控管理还处于起步阶段，缺乏相关的污染地块风险管控技术标准规范，只能通过污染风险评估，从环境保护敏感目标出发，按照人群健康及污染地块的利用性质，确定治理修复的目标标准，从而影响铬污染场地治理修复的积极性。

（二）对铬污染治理、污染场地修复的复杂性、持久性认识不足

6价铬污染物极易溶于水，并随土壤、岩层毛细向上迁移，稳定性差，扩散性极强，污染管控非常困难。同时，铬污染场地地质结构复杂，多种岩层相互叠加，风化严重，裂隙发育，地下水污染和土壤污染相互伴生，需对污染场地基岩以上的地下水迁移做到准确的分析和判断，地质结构和地下水勘探详细调查的时间较长。目前治理修复的办法是将铬渣或污染土壤中的6价铬还原为3价铬，但3价铬在一定的氧化条件下可能还原为6价铬，最好的办法是直接提取6价铬，达到无害化处理的目的，目前，在一定的环境条件下采用生物固定法、化学提取法等多种方法对六价铬进行无害化处理，虽然已取得较好的效果，但是仍存在无害化处理技术不成熟等问题。西宁市历史遗留湿法酸溶技术无害化处置虽已取得一定的成功，但不是最终的解决方案，无害化处置后又产生大量的工业废渣，同样带来污染压力。铬污染土壤治理修复和铬渣的无害化处置方式和技术方法不同，其历史遗留铬污染场地轻度的污染土壤和地下水等修复治理仍然是全国面临的重大课题。在这种情形下，必须认识到铬污染治理、污染场地修

复工作不是一蹴而就的事情，对治理技术、从业人员的综合素质要求较高，需要开展长期细致的工作。

（三）治理资金筹措困难

西宁市重金属铬污染场地修复治理和风险管控工作方面虽然走在全国前列，但由于属于欠发达地区，自身财政收入有限，各项工作均常依靠中央重金属污染防治专项资金的支持下进行，其中西宁市总投资1.2亿元的城东区小峡区域付家寨铬污染场地风险管控项目、总投资5.67亿元的原青海中星化工关停企业污染场地治理修复项目等入库的A类项目，除原青海中星化工关停企业污染场地治理修复项目采用自筹、借款2.2亿元的方式启动治理修复工作外，其他治理修复项目政府均无治理资金，急需得到国家层面的重点支持。

三　西宁市涉铬污染治理面临的有利机遇

随着国家对土地污染的重视和土壤修复产业的兴起，西宁铬污染综合防治也面临着一系列的机遇。

（一）"土十条"的发布

2016年，国务院发布《土壤污染防治行动计划》（简称"土十条"）。这是推进生态文明建设的重大举措，是系统开展土壤污染治理工作的重要战略部署，对确保生态环境质量改善、自然生态系统安全稳定具有积极作用。"土十条"的出台实施，系统的规划了我国中长期土壤保护的目标、重点、任务、机制保障、能力等，将夯实土壤污染防治工作基础，全面提升相关工作能力，西宁市将迎来全面提升土壤环境安全的历史机遇。

（二）国家确定的土壤污染防治目标

"土十条"提出了具体的土壤污染防治工作目标，即到2020年全国土壤污染加重趋势得到初步遏制，土壤环境质量总体稳定，农用地和建设用地土壤环境安全得到基本保障，土壤环境风险得到基本管控；到 2030 年，全国土壤环境质量稳中向好，农用和建设用地土壤环境安全得到有效保障，土壤环境风险得到全面管控；到 21 世纪中叶，土壤环境质量全面改善，生态系统实现良性循环。同时，“土十条”通过开展土壤污染状况详查工作，制修订土壤污染防治相关法律法规、部门规章、标准体系等，开展土壤污染治理与修复试点示范，规范土壤污染治理与修复，加强从业单位和人员管理，明确各方责任，加强信息公开，宣传教育等措施提出了土壤污染防治的具体措施，这将推进西宁铬污染场地的修复治理工作更加系统化的开展。

（三）土壤治理修复产业迎良机

受国家政策导向影响，土壤治理修复行业发展势头良好，该行业企业从 2010 年的十余家增至近千家，从业人员从约 2000 人增至近万人，项目累计逾 300 项，具备产业发展基础。2016 年 5 月 28 日国务院“土十条”的发布实施，将推动其逐步覆盖土壤环境调查、分析测试、风险评估、工程设计施工等环节，形成专业化土壤修复产业链。农用地治理与修复成本每亩从几千到几万元，污染地块土壤治理与修复成本每立方米从几百到几千元，这意味着相关产业将随着土壤污染防治工作的快速推进而产生巨大投资空间。同时，土壤修复开发转让获取增值收益的模式逐渐成熟，打破了行业发展资金瓶颈，完善了从土地修复到收益实现的机制。随着“土十条”落地，全国土壤治理修复行业的拐点将到来。

（四）西宁市2处污染场地成功纳入国家设立土壤污染防治专项资金项目库

纳入国家土壤污染防治专项资金项目库的项目将得到国家土壤污染项目的支持。目前，西宁市城东区付家寨铬污染场地和原青海省中星化工关停破产企业铬污染场地治理和风险管控项目已纳入 2018 年度国家土壤污染防治专项资金项目库成熟度 A 类项目，可以争取中央土壤污染防治专项资金进行实施。

（五）“无废城市”建设试点

为贯彻落实党的十九大提出的加强固体废物污染防治的重要决策部署，西宁市经省环保厅推荐正在积极争取列入国家“无废城市”建设试点。通过开展试点，将有利于西宁市打好铬污染治理和固体废物污染防治攻坚战、改善城市环境质量，改变城市民众的生活消费模式，深化生产流通领域的供给侧结构性改革，推动形成绿色生产和生活方式。

四　西宁市涉铬重金属污染治理的对策措施

按照西宁市土壤污染防治攻坚目标，下一步，西宁市将进一步加快推进铬污染场地修复治理工作，并积极与国家相关部委衔接，争取中央专项资金支持，确保按时限要求完成4处铬污染场地修复治理工作。

（一）强化铬污染场地治理风险管控

从铬污染地块风险管控入手，制定《铬污染地块风险管控技术指南（试行）》，由此逐渐推广到其他类型的污染地块。风险管控技术属于被动控制方法，通过将污染物封存在原地截断污染迁移途径、限制地块开发利用和禁止无关人员活动、切断风险暴露途径等方式，达到风险控制的目的，即采取移除或清理重污染源、污染隔离阻断、环境介质长期监测、污染扩散及时补救等工程和张贴告示牌等非工程措施防止污染扩散和暴露的过程，从而达到保护公众健康和环境安全目标。

（二）严格按照铬污染地块风险管控原则进行修复治理

铬污染地块风险管控遵循的原则是：尽可能减少有毒有害物质的使用，以防止产生新的二次污染。未修复治理前，不宜对地块进行厂房拆除等较大扰动，避免污染扩散。铬污染地块风险管控的实施必须与地块将来修复治理工艺相结合，避免重复投资和影响地块将来的修复治理。

一是识别风险源并明确保护对象和目标。铬污染地块重点风险源包括：铬渣堆场、铬盐厂浸出车间、酸化结晶车间、铬酸酐车间、成品车间、硫化碱车间等重污染源车间。识别周边敏感对象，包括敏感人群、敏感建构筑物、地表水和地下水等。

二是开展地块环境地质调查。开展土壤与地下水污染状况调查和岩土地质、水文地质勘查。

三是制定和实施风险管控方案。根据实际情况，采取重污染渣土挖掘封存或处置、地块封盖控制、雨水导排控制、地下水阻隔管控等方案管控。

四是含铬废水处理处置。含铬废水主要来源于污染地块封盖表层收集的初期雨水；为防止地下水阻隔防控范围内的受污染地下水聚集对阻隔墙强度产生影响，同时防控地下水污染泄漏，将防控范围内的受污染地下水抽出地表收集。将上述废水汇集后，进行达标处理排放。

五是风险管控工程验收。针对风险管控目标，制定有针对性的风险管控工程验收措施。如果以地下水污染控制为目标，可验收地下水阻隔墙内部和外部的地下水水位与水质变化效果。在上述基础上，明确风险管控目标，并作为风险管控工程的验收之一。如防止污染进一步扩散，切断污染源对敏感对象的暴露风险，管控目标可设置为敏感对象暴露浓度持续降低，或敏感对象暴露浓度需达到相应的环境质量标准等。

六是制定和实施长期监测计划。风险管控是一种被动控制措施，需要明确管控的时间期限。并制定长期监测和应急方案。方案中明确长期监测的时间、频率、监测布点方案、检测指标、采样和检测计划、效果评估等内容。针对可能出现的污染泄漏情况，需制定应急措施方案。

（三）进一步加强各铬污染场地的治理

按照上述铬污染风险管控背景和技术要点，根据西宁市目前各涉重金属铬污染场地风险管控治理工作进展情况、付家寨和中星化工污染场地存在的环境风险污染隐患、项目实施的必要性、治理项目入库情况及目前存在的治理资金匮乏、项目推进困难等问题，将涉重金属铬污染场地修复治理工作的思路逐步向长期风险管控方向转变，最大努力减轻环境风险压力，最终走治理修复和长期风险管控相结合的环境污染防治之路，并努力推进项目走在全国前列，打造全国涉铬污染场地综合治理和风险管控工作典范和示范教育基地。

参考文献

王兴润、颜湘华、王文杰等：《铬污染地块风险管控技术指南（试行）》（征求意见稿），中国环境科学院、国家环境保护部固体废物与化学品管理技术中心，2018 年 9 月。

宋立杰、诸毅、安森、戴世金、赵由才、林姝灿：《土壤重金属污染修复技术综述》，《山东化工》2018 第 10 期。

程曦、白瑞：《铬污染土壤治理技术概述》，《山东化工》2018 年第 12 期。

案 例 篇

Case Reports

B.25
湟中县乡趣卡阳乡村旅游发展的经验、机遇与对策

熊陶然　丁生喜*

摘　要： 近年来，随着经济社会的快速发展和游客多元化消费需求的日益增加，乡村旅游呈现井喷式发展，已逐步成为整合农村资源、推动乡村振兴、绿色转型发展的重要支撑产业。乡趣卡阳景区是当前西宁市湟中县乡村旅游产业发展的典型代表。近年来，乡趣卡阳景区抢抓西宁市绿色发展机遇，立足卡阳村生态、文化等资源优势，通过以党建促发展、突出规划引领、引导村民共建等做法，推动卡阳村由边远落后贫困村走上了绿色发展、脱贫致富的快车道。本文在总结乡趣卡阳发展经验的基

* 熊陶然，湟中县人民政府办公室，副主任；丁生喜，青海大学，教授，研究方向为区域经济发展评价。

础上，立足乡村旅游绿色循环可持续发展，系统分析乡趣卡阳面临的困难挑战和发展机遇，从精准定位市场、拓宽融资渠道、延伸产业链条、区域协同发展、培育特色产业、创新宣传营销、壮大人才队伍、强化服务保障方面提出了对策建议。

关键词： 乡村旅游　乡趣卡阳　消费“黏性”　自媒体　口碑

湟中县西、南、北三面环围西宁市，县城鲁沙尔镇距西宁市仅25公里，在发展乡村旅游方面有着得天独厚的区位优势。同时，县域内旅游资源丰富，是古代“丝绸之路”、“唐蕃古道”的重要通道，自然风光秀美，文化资源丰富，山水林田湖、乡土民俗等乡村旅游发展要素一应俱全。近年来，湟中县按照“以点带线、以线串面、条块结合、整体推进”的发展思路，着力构建“两川四区三线”乡村旅游新格局。

卡阳村位于湟中县拦隆口镇西南部，以脑山地形为主，海拔2520米～2780米。由于山大沟深，交通不便，农业结构单一等诸多原因导致经济发展落后，是省定贫困村之一。但是卡阳村区位优势显著，距拦隆口镇政府驻地5公里，距湟中县城35公里，距西宁市区31公里；村内有上五庄国营林场卡阳林区，森林覆盖率达81.1%，是距离西宁市最近的原始林区和高山牧场，风景优美，空气清新，被誉为“天然氧吧”。2015年，湟中县通过招商引资，引进西宁乡趣农业科技有限公司对卡阳进行整体开发建设。目前已建成游客接待服务中心、乡村民俗体验居住区、户外健身休闲基地、房车营地、恐龙谷、国防爱国主义教育基地等项目，配套了徒步木栈道、水滑道等娱乐设施，完成投资9000余万元，乡村旅游初具规模。

一　卡阳村乡村旅游发展成效

（一）乡村景区同步建设

按照“村庄即景区，景区即村庄”的发展理念，统筹谋划卡阳村和乡趣卡阳景区建设。高标准完成卡阳高原美丽乡村建设，按照景区风貌标准修建了村级综合办公服务中心、文化广场、舞台，配备健身器材，安装太阳能路灯，农户院落实现了风貌统一，边渠河道完成安全治理，村道路肩实现铺装整治；健全完善了村规民约、卫生保洁等长效机制，村庄“软硬件”短板同步补齐，彻底整治了以往的脏、乱、差现象，村庄面貌焕然一新。丰富景观元素，完善旅游要素，先后完成了景区商务中心、大型停车场、旅游公路等建设项目，建成了西北首个700米高山水滑道，依山建设18公里木栈道，长度为全国同类景区之最，将核心原始森林景观、房车营地、自然科普基地、国防教育博览中心等功能区无缝串联，既为游客徒步游玩提供了便捷通道，也为景区生态保护搭建了平台。“卡阳花海”已成为景区标志性景观，被誉为“西宁新八景之一”。目前，乡趣卡阳景区年接待游客已突破30余万人次，于2018年3月成功创建为国家4A级旅游景区。

（二）产业扶贫效益显著

依托乡趣卡阳景区的发展，带动村民发展农家乐，参与旅游业。共吸纳本村100余名劳动力务工，仅支付人员工资就达到600多万元；注重金融扶贫，2016年开通了530金融贷款，已为40户贫困户发放200余万元贷款资金；带动贫困户发展养殖合作社，以农户为主体发展餐饮经济，为20余户农户配备了餐饮设施设备，鼓励帮扶贫困户开办“农家乐”，年人均增收近万元。2015年，卡阳村人均年收入仅为3000元左右；通过乡趣卡阳景区带动，于2016年12月以满分通过全省扶贫验收，率先实现“脱贫摘帽”；2017年，卡阳村人均年收入提高至万元以上，成了远近闻名的富裕村，原来娶妻难的贫困村在两年间先后迎来了20余位新媳妇儿。乡趣卡阳旅游扶贫模式先后被《人民日报》《凤凰卫视》等媒体广泛报道，经验做法在全省范围推广，并被新疆、甘肃等20余个省外单位观摩学习，2017年荣获“全国乡村基层治理十大案例奖”。

（三）融合发展激活动能

充分发挥旅游业综合带动作用，实施“旅游＋”发展战略，将乡村旅

游与卡阳各类资源有机结合，稳步提升产业附加值。推动“旅游+农业”，投资1000余万元沿景观带种植3400余亩山杏林和各类苗木，既解决了荒山地带绿化美化难题，又延长了旅游旺季时间，实现“春赏花、秋摘果”的双重收益，带动村级集体经济持续增长。推动“旅游+文化”，立足当地多民族、多形态民俗文化资源，深度挖掘河湟农耕、传统工艺、美食、民俗等文化资源，主打“乡趣河湟农耕文化”牌，每年组织举办“卡阳森林音乐节”“乡村艺术节”等民俗活动10余场，吸引大批游客到卡阳休闲娱乐，参与文化体验，有力地拉动了旅游消费。推动“旅游+体育”，瞄准都市人群户外健身需求，依托18公里木栈道等资源，大力发展康体休闲旅游，与省市县体育部门和民间体育建设协会对接，培育形成了“卡阳徒步赛”“卡阳抓羊大赛”等品牌赛事，每年吸引背包客、登山客等3万余人次到卡阳旅游，有效拓展了景区游客来源。

二　乡趣卡阳乡村旅游发展的有益经验

（一）以党建促发展

卡阳乡村旅游的发展，离不开党支部的战斗堡垒作用。卡阳村党支部以“两学一做”学习教育为契机，认真落实“三会一课”制度，定期组织党员学习，全面提升党员的能力素质，探索出了“企业+驻村干部+村党支部+农户”的以党建促发展的新路子，使党员成为卡阳村发展的主力军。2017年初，为进一步发挥基层党组织战斗堡垒作用，在市、县组织部的支持下，成立了由卡阳景区和白崖一村等6个村党支部组成的卡阳乡村旅游中心党委，创办了“卡阳党员培训学校”。通过夯实基层党建，基层党组织战斗力显著提升，成为卡阳乡村旅游发展的主力军。2017年，卡阳村党支部被评为“全省先进基层党组织”。

（二）突出规划引领

将规划作为乡趣卡阳景区发展的前提，通过科学规划解决主题、市场、目标、功能、形象等定位问题，明确乡趣卡阳高端、生态、特色的乡村旅游发展方向。近年来，通过政府引导，企业参与等方式，先后编制完成《卡阳高山休闲牧场规划》《青海乡趣卡阳户外旅游度假景区开发建设架构图》《卡阳五村美丽乡村建设概念性规划》《湟中县西纳川乡村旅游示范带总体规划》《卡阳村乡村振兴发展规划（2018～2022年）》等发展规划，建立完善了卡阳村及乡趣卡阳景区全套规划体系，为乡村旅游发展提供了科学依据，奠定了坚实基础。

（三）引导村民共建

发展乡村旅游，村庄是载体，村民是主体。乡趣卡阳在开发建设中，坚持让利于民，普惠于民，着力激发村民参与景区建设的积极性、主动性和创造性，使村民成为乡村旅游的参与者、建设者和最靓丽、最淳朴的风景线。将旅游餐饮、零售等市场面向村民无条件开放，卡阳景区主动放弃收益最好、带动就业最多的餐饮、零售等业务，依托景区，帮助村民发展个体户、农家乐、藏家乐等经济，让村民从景区发展中分享经济收益；帮助村民转变传统经营理念，在景区专门划定四块区域作为村内牛羊鸡养殖户天然牧场，既减少了农户养殖成本，又为景区增加了原汁原味的乡村牧养景观。同时，带动了游客及周边农家乐的需求，拓宽了养殖户销路，实现了“双赢”；在省市县交通部门的支持下，开通了卡阳村历史上首条公交线路，让村民出行更加便捷；通过多方筹资购置车辆，用于游客摆渡运行，壮大了村集体经济；注重帮扶济困，逢年过节对困难群众进行救济慰问，景区、公司为贫困村民垫付资金40余万元购买了5辆农用轮式拖拉机。通过示范带动，村民参与卡阳景区建设的积极性日益高涨，自主发展的积极性有了显著提升。

（四）整合项目资源

自乡趣卡阳景区启动建设以来，湟中县持续加大建设投入力度，整合资源，大力改善卡阳村水电路气等基础设施条件，已累计投入各类资金达4760余万元，实施高原美丽乡村等各类项目18项。其中，2016年，投资

1510 万元建成全省首条卡阳旅游公路，总长 8.6 公里，不仅打通了乡趣卡阳景区交通，也为卡阳及周边村庄打开了致富大门；2018 年再次争取项目，投资 1476 万元启动建设全长 5.7 公里的峡口村至卡阳村旅游公路；2017 年，湟中县依托乡趣卡阳景区在西纳川地区打造形成全市首条乡村旅游示范带，辐射带动周边 6 个村经济发展。2018 年，以打造全省“乡村振兴”示范村为目标，湟中县争取项目资金 400 万元启动建设卡阳村民俗体验中心等项目。

（五）强化服务保障

坚持建管并举，把“口碑”作为乡趣卡阳景区发展的第一标准和核心竞争力，持续开展好景区环境、旅游市场综合治理行动，不断提升游客满意度。制定出台《青海乡趣卡阳户外旅游度假景区管理办法》，先后投资 100 余万元为乡趣卡阳景区配套 LED 旅游信息发布大屏、电子导览系统、旅游标识标牌等设施设备，设置了临时救护站开展旺季游客救护工作，抽调旅游、城管、交警、食品药品和市场监管等执法力量全力保障景区旺季运行，营造了健康有序的旅游市场环境，推动卡阳乡村旅游标准化建设走在了全省同类景区前列。

三　乡趣卡阳乡村旅游发展面临的机遇和优势

我国正进入“大众旅游”时代，旅游已成为人民群众的日常消费。根据国家旅游局统计，2017 年国内旅游 50.01 亿人次，同比增长 12.8%；全年实现旅游总收入 5.4 万亿元，增长 15.1%；旅游业对 GDP 的贡献率达 9.13 万亿元，占 GDP 总量的 11.04%，旅游业已成为国民经济战略性支柱产业。

（一）机遇

从国家层面来看：党中央、国务院高度重视全域旅游发展，为推动旅游产业发展提供了坚实基础。在乡村旅游发展方面，乡村振兴战略的实施，明确提出将乡村旅游作为产业发展的重点，国家发改委等 14 个部门联合印发了《促进乡村旅游发展提质升级行动方案》，2017 年全国乡村旅游实际完成投资约 5500 亿元，年接待人数超过 25 亿人次，乡村旅游消费规模增至 1.4 万亿，且呈现高速增长态势；乡村旅游市场的持续升温，为乡趣卡阳景区的发展带来了良好的发展机遇，国家层面的政策支持也为景区建设提供了充分保障。

从省市层面来看：2018 年 6、7 月间，省市相继召开了旅游产业发展大会和旅游工作会议，立足青海在全国旅游格局中的位次，审时度势提出把旅游业打造成青海现代服务业的龙头产业，明确了“一个方向、两个定位、‘五三布局’、十一大关系”的青海旅游发展新思路新理念；立足全市打造绿色发展样板城市，建设新时代幸福西宁的战略背景，提出大力发展全域、全季、全时旅游，打造配套设施完善、行业要素齐全、服务优质全面、环境优美舒适的青藏高原特色旅游服务基地的发展目标，明确了把发展乡村旅游与乡村振兴、精准脱贫结合起来，完善乡村基础设施和公共服务设施，大力开发乡村旅游产品等工作任务，为乡趣卡阳景区发展指明了方向，释放了一系列政策红利。

从县域层面来看：2018 年 8 月，县委、县政府召开了全县文化旅游产业发展大会，明确了打造全省全域旅游示范区等发展目标，制定出台了《湟中县文化旅游体育产业发展专项资金管理办法》，县财政每年投入不少于 1000 万元资金设立发展专项基金，鼓励扶持对全县文化旅游产业发展有突出贡献的单位、企业等；乡趣卡阳景区作为全县乡村旅游发展排头兵，得到直接和间接的优惠政策支持。卡阳村作为全省乡村振兴示范村，必须依托乡趣卡阳景区的发展，在乡村振兴中主动进位、破题攻坚，为全县、全市乃至全省乡村振兴战略的实施探索可复制的产业发展经验。因此，乡趣卡阳景区的总体发展形势良好，充满机遇。

（二）优势

乡趣卡阳景区主要发展优势，一是拥有邻近省会西宁旅游市场得天独厚的区位和景观资源优势，通过前期发展积累，形成了一定的品牌优势，影响力较大，在产品市场认可度、管理完善度、游客满意度等方面领先于周边地区同类景区；二是乡村旅游市场持续快速升温，市场需求稳定增加，国家和省市县相继加大了对乡村旅游发展的政策支持和资源投入，乡趣卡阳景区立足乡土、低碳循环发展的定位，与国家实施乡村振兴战略、全省推进“一优两高”战略部署以及全市打造“绿色发展样板城市”等高度吻合，发展优势突出。

四 乡趣卡阳乡村旅游发展中存在的问题

近年来，乡趣卡阳乡村旅游虽然取得了长足发展，但与国内乡村旅游发展先进地区相比，还存在一些突出问题。

（一）要素短板突出，接待能力较弱

支撑景区发展的“吃住行游购娱”六要素中，餐饮服务受卡阳村农户自主发展制约，档次普遍不高，缺乏特色，对游客吸引力有限；在保障游客出行上，据途牛网数据分析，36%的用户倾向于自驾游，卡阳虽然已建成1条、在建1条旅游公路，并配套了停车场，但与日益增长的自驾游需求相比远远不够；在景观配置上，虽然卡阳花海、原始森林等现有景观对游客吸引力较大，但随着西宁周边同类景区的同质化竞争，优势逐渐消退，缺乏满足游客“常游常新”的有效产品供给；在旅游购物方面，景区目前主要由周边商户自主经营馍馍、酸奶等传统旅游商品，缺乏成熟的旅游商品体系，缺少特色，难以激发游客购买欲望；在娱乐服务方面，目前，景区投入运营的主要是房车营地、住宿等服务，不定期开展一些文化体育活动，互动性娱乐项目较少，游客参与程度较低，带来的实际收益十分有限。

（二）短期盈利较弱，融资发展困难

受乡村旅游建设发展特点制约，前期投入较大、回报有限。受旅游要素发展不完善等因素制约，乡趣卡阳景区在2016年、2017年的建设期均未实现

营收；2018 年 7 月 1 日起，景区尝试通过门票和商铺租金增加收入，门票定价 30 元（团体票 25 元），但从实际经营情况来看，由于景区尚未全面建成，仅实现营业收入 150 余万元，与景区先期建设近亿元的投入相比是杯水车薪。同时，为进一步补齐旅游要素短板，全面延伸旅游链条，乡趣卡阳景区根据发展形势，在 2018 年编制了《2018～2022 年中长期建设发展规划》，计划 5 年内投资 4.9 亿元打造乡村旅游综合体，发展养老度假、户外健身、文化休闲等新业态；由于投入较大，企业尚有 2 亿元资金缺口需要通过贷款等途径予以解决，但由于信贷政策收紧、景区有效抵押物不足等因素，导致贷款困难。

（三）融合发展不足，业态不够丰富

当前，乡趣卡阳景区“旅游＋”战略尚处于起步阶段，与农业、文化、体育等产业的融合深度还不够，综合效益还不够明显。特别是文化旅游融合发展方面，文化是旅游的灵魂，旅游是文化的载体，在挖掘利用河湟民俗文化、藏传佛教文化等方面还不充分，缺乏有效的表现形式，导致游客体验度不佳；缺乏新理念和专业人才，对旅游新业态的开发应用不足，文化创意、高端服务、智慧旅游等发展较滞后，仍有较大的提升空间。

（四）行业竞争激烈，同质化现象突出

随着乡村旅游市场普遍被看好，西宁旅游市场周边崛起了一大批同类景区，其中不乏以花海为主题进行同质化竞争的景区，与乡趣卡阳的核心景观形成高度重叠，也不乏一批特色精品景区，通过新颖、奇特的旅游产品与卡阳乡村旅游市场展开竞争。

五　进一步加快乡趣卡阳乡村旅游发展的对策

（一）精准定位市场需求

从当前国内主要乡村旅游市场大数据分析来看，乡村游“80 后”、“90

后”出游用户居多，占比分别高达39%、32%，“00后”等出游人数呈上升趋势，采风、写生、体验生活等通常是主要需求。游客年轻化是乡村旅游发展的主要趋势。乡趣卡阳景区在下一步发展中，应当重点调研主要用户群消费需求，围绕自驾探险、农事体验、房车度假等潜在需求开发旅游产品，重点培育精品活动、品牌赛事等，统筹做好商务游、康养游、休闲游、乡趣游、猎奇游等精细化服务，进一步丰富旅游业态，提升市场认可度、游客参与度和好感度。

（二）拓宽景区融资渠道

持续加大景区的开发建设力度，推动“吃住行游购娱，商养学闲情奇”要素集聚发展，形成规模集聚效应，是当前景区发展的必然方向。开发主体要将融资发展作为景区开发建设的基本功课，创新融资方式，拓宽融资渠道，重点利用好国家和省市县各类政策担保资金等金融平台，与金融机构深入对接，争取更多贷款支持；探索景区开放式建设运营，继续开放餐饮、购物等市场，撬动各渠道社会资本共同参与景区开发建设；打包整合景区优质资产、资源，推动经营管理现代化转型，加快谋求企业上市融资。

（三）全面延伸产业链条

将旅游周边产业链培育作为乡趣卡阳景区长远发展的土壤，充分调动周边农工商企等主体参与的积极性，围绕景区各类市场需求，引导开发特色标准化旅游商品，编排富有民俗文化特色的文艺节目，建设乡村特色的精品民俗，将景区打造成为卡阳村以及周边地区的众创平台，让农民从平台中获利，充分发挥其主观能动性，共同积极参与景区建设，丰富旅游全产业链供给，着力让游客有更多惊喜感、获得感。

（四）培育发展特色产业

配套产业是推动乡村旅游景区良性循环发展的动力支撑，乡趣卡阳景区在发展前期，投入多、营收少，企业负担加重、经营困难。当前，随着乡趣卡阳景区知名度和市场认可度显著提升，应尽快将发展的重心由设施建设转向产业培育，依托自身定位、资源优势等，发展形式多样的特色、高附加值产业，提升综合收益。重点瞄准西宁周边“周末游”“假期游”旅游市场，由企业牵头，发展高品质旅游餐饮、住宿，满足游客高端需求，推动由单一门票消费向多元餐饮、住宿消费转型，同时带动周边农家乐、民宿转型发展；丰富旅游商品，设计制作一批彰显乡趣卡阳特色、融合当地特色民族、民俗文化元素的旅游纪念品，开发特色旅游食品、生态饮品等，使旅游购物成为景区新的利润增长点；丰富景区美食节、音乐节、乡俗体验等文化娱乐活动，提升游客参与度，增加消费“黏性”；大力发展旅游电子商务，组建景区线上服务平台，为宣传、购物、导游、订票、订餐、订房等提供全方位服务，为游客提供便捷、高效的消费体验。

（五）注重区域协同发展

坚决避免孤岛式封闭发展，着力推动乡趣卡阳景区建设融入周边地区发展。重点在西纳川乡村旅游示范带创建中承担好核心功能区定位，将周边6个村及沿线村发展纳入景区发展规划，统筹考虑各类资源整合，在农村环境综合整治、人居环境改善、脱贫增收、农业转型等方面及提供“旅游＋”融合方案，以景区标准推动区域协同发展，带动乡村旅游示范带沿线风貌统一化、服务标准化、供给多元化发展，以做大市场为目标，为景区长远发展夯实基础。

（六）创新宣传营销方式

当前，自媒体发展迅猛，在乡村旅游中，79%的用户会通过微信朋友圈分享出游经历，专业旅游网站、专业社交旅行网站、微博的分享占比分别为23%、40%、42%。通过自媒体传播，旅游目的地热度可以呈现几何级增长，以茶卡盐湖“天空之境”宣传营销为例，通过抖音、微博等自媒体传播，2017年、2018年连续两年迅速升温，旅游热度居高不下。乡趣卡阳景区要认真学习借鉴相关宣传推介经验，用好微信平台、游客口碑等自媒体工具，扩大景区知名度，吸引更多游客。

（七）培育壮大人才队伍

乡村旅游“土里土气”是吸引力，人才队伍“洋里洋气”是竞争力。围绕乡趣卡阳景区建设、策划、营销、服务等各个环节，都离不开一支专业人才队伍的支撑。要针对当前专业人才不足这个发展“软肋”，通过“筑巢引凤”，有序引进和培育各类旅游专业人才，组织景区及卡阳村干部职工走出去学习借鉴国内先进地区经验，着力培养一批景区管理、规划研究、创意设计等实用人才，建设高素质景区人才队伍，让专业的人做专业的事。

（八）强化旅游服务保障

把“口碑”作为乡趣卡阳景区发展的核心生命力，大力开展景区住宿、购物、餐饮、娱乐等标准化建设，塑造景区宜游新形象。扎实开展景区及周边环境综合整治、旅游市场综合治理等工作，规范各类从业主体经营行为，加强对导游、服务人员等能力培训，配合旅游综合执法，坚决打击尾随兜售、强买强卖、乱停乱放等不法行为，营造放心、安心的旅游市场秩序。发挥好景区游客接待服务中心作用，坚持“快速响应”原则，实时监测处理游客各类矛盾纠纷，使游客投诉能够及时受理、突发事件能够瞬时响应，通过强化旅游服务保障，提升旅游竞争力。

参考文献

湟中县林业局：《湟中县森林资源规划设计调查报告》2015 年 5 月。

吴志红：《卡阳有个民营企业家“第一书记”》，《人民政协报》2017 年 9 月 15 日。

国家旅游局：《2017 年旅游市场及综合贡献数据报告》2018 年。

途牛旅游网：《2017 乡村旅游分析报告》2017 年。

中共湟中县委办公室、湟中县人民政府办公室：《湟中县加快文化旅游体育产业发展的行动方案》2018 年。

B.26

西宁汇丰景园现代农业产业园建设现状及对策建议

孙发平　张 明*

摘　要： 近年来，西宁汇丰景园现代农业产业园坚持生态保护优先理念，通过一二三产业融合、城乡和谐发展等多种途径，加快园区建设步伐，取得了明显成效。本文在总结绿色发展、设施建设、三产融合、扶贫脱困、党建引领等园区建设成效和经验的基础上，针对目前农业供给侧改革、乡村振兴战略和青海“一优两高”战略带来的有利机遇以及面临的融资、成本和规模化扶贫等方面的挑战问题，展望未来发展前景，从转型发展、生态治理、村企融合、资金投入、人才培养等方面提出了进一步加快发展的对策建议。

关键词： 汇丰景园产业园　现代农业　西宁市

西宁汇丰景园现代农业产业园，位于大通县景阳镇大寨村，距离省会西宁市约 27 公里。近年来，按照习近平总书记视察青海时提出的“四个扎扎实实”重大要求，贯彻落实省委“一优两高”战略部署和西宁市委、市政府关于建设绿色发展样板城市的实施意见。汇丰景园农业产业园牢固树立生态保护优先和“绿水青山就是金山银山”的理念，围绕打造现代农业产业

* 孙发平，青海省社会科学院副院长，研究员，研究方向为区域经济学；张明，西宁汇丰农业投资建设开发有限公司党支部书记、董事长。

园，实施了一二三产业融合、城乡和谐发展等多种模式，推动生态生产生活良性循环，一个初具规模的现代农业产业园在大通县基本成型。

一　汇丰景园现代农业产业园建设的主要做法与成效

西宁市大通汇丰景园现代农业产业园由大通汇丰景园农业产业开发有限公司投资建设，占地2100亩。2016年6月开工建设，2017年7月投入试运行，2018年在试运行的基础上，实施二期工程建设。目前，已建成日光温室100自然栋，露地生产面积300亩，玻璃连栋温室58000平方米，绿化面积300亩，其他设施和农业建筑面积3200平方米。2017年生产各类蔬菜2000吨，产值360万元，产业园就业人数500余人，常年务工贫困人口90余人。

（一）做好绿色文章，彰显生态主题

绿色发展是持续发展的具体体现，为了充分利用、挖掘、保护产业园所在的生态资源，对园区原有河沟、洼地、湿地、建设后的污水处理等按规划实施了绿色建设工程。

一是实施“净水工程”。园区内多处生态水景和绿化景观，都需要大量的灌溉用水和生态补水。为此，园区投资建设了生态污水处理系统，对园区所有生活污水进行深度净化处理，出水可达到一级A标准水体，不仅对污水进行了综合治理，满足农业灌溉和生态景观补水的水质要求，而且减少了污水对地表水及地下水造成污染的风险，改善了环境，奠定了园区的绿色循环发展的基础。

二是实施“增绿工程”。本着因地制宜、生态保护、环境优美的原则，整个景园总绿化面积为300余亩。植物配置以乡土树种为主，疏密适当，高低错落，形成一定的层次感；以常绿树种作为“背景”，不同花色的花灌木进行色彩搭配，尽量避免裸露地面，广泛进行垂直绿化以及各种灌木和草本类花卉加以覆盖。绿地硬景和软景相互交融，层次分明，形成了统一中求变化，变化中求统一的景观效果。

三是实施“水系工程”。对原有河道、河沟、河汊进行清淤梳理，植被护坡，水体净化，形成叠水景观。对原有洼地进行改造处理，打造生态湿地。利用地表水及雨污分流蓄水造湖，湖景从水源、湖面形状、立面层次、湖底、湖岸和防渗处理及水处理等进行深化设计。人工湖水源除依靠天然降雨外，以泉水补解水源不足问题，保证园区内水体的整体流向平顺，保障水体能充分交换，减少水土流失，涵养水源，增加湿地面积。

四是实施“循环工程”。作为生态型现代农业产业园区，在发展现代农业、休闲旅游、农家院休闲度假和文化体验旅游的同时，也必须做好生态环境的保护和污染防治，实现废气、废水、废物有效净化处理和资源化循环利用。为此，产业园秉持“零废弃、零填埋、零污染”理念，以节水、节能、节材、资源综合利用为目标，建立了低能耗、低排放的物质和能量的内部和外部循环链条，建立了垃圾循环经济链条，实现整个园区资源共享、设施共建、物质循环和能量循环；完成了餐厨垃圾处理、雨水收集利用等体现“循环经济”的硬件设施建设任务，节能减排效果显著。

（二）规划先行，推进高质量发展

制定科学的规划并落实实施是产业园建设和运行的重要措施。现代农业不仅具有生产性功能，还具有改善生态环境质量，为人们提供观光、休闲、度假的生活性功能。为了景园现代农业产业园健康发展，园区在传统农业的基础上，集合现代农业建设的实践经验，迎合社会经济发展和人们情趣变化的需要，以市场为导向，以区域优势为基础，以高新示范区为桥梁，以产业化经营为主线，融合直接效益与长远效益于一体建立的现代农业新体系，做足“农业 +”文章。针对农业生产耕地少、种植技术落后、经济效益低下、产量品质不高、农产品供求结构失衡、有效供给不充分不平衡、资源环境压力大、农民收入持续增长乏力、小生产与大市场等突出矛盾，以现代农业最新理念和最新科技为支撑，依托前瞻性的农业发展研究与政策分析，聚集政策、资源、资本、人才、技术、装备、渠道、信息等现代农业全要素，以高品质果蔬生产、都市休闲、青少年科教为产业重点，以新模式、新业态、新

技术为突破口，以一二三产业融合发展模式探索为重点，以四大生产基地为依托，多次考察学习，规划策划，进行顶层设计，明确了建设方向，建设重点、实施步骤，保证了产业园建设和运行的顺利进行。

（三）开展技术创新，增加有效供给

产业园积极对接市场，建成的100栋日光温室，从单一的追求产量品种向质量规模转变，推广应用新品种、新技术、新模式，增加有效供给。积极构建现代农业产业、生产、经营体系，实施产业升级、提质增效，增加综合生产能力，确保设施发挥生产功能。加强校企合作。为解决果菜生产技术难题，提升设施农业管理水平，园区大力开展科技合作，积极同省、市级科研教学单位合作，引进技术和人才，申报科技项目，解决生产技术难题，先后完成3项科研项目，使产业园的生产技术问题得到了有效解决，支撑了园区的生产。培养职业农民。产业园每年聘用种植技术专家20名，年均培养112名种植技术能手，通过种植技术传帮带，向他们提供专业的技术培训和管理技能指导，让一批批农民技术土专家在优化地方产品产业结构、促进地方经济发展方面做贡献，发挥龙头企业示范引领作用。

（四）推动脱贫攻坚，增加农民收入

大通县作为国家级贫困县，贫困人数多，脱贫难度大，园区主动担当作为，将农民增收，扶贫脱困作为产业园建设和发展的主要工作内容，将扶贫脱贫融入产业园建设运营之中，通过客观分析园区自身实际，探索有效的扶贫路径，采取扎实有效的扶贫措施，取得了实效。2016年，公司与大通县塔尔镇东庄村建立了结对帮扶关系，每年帮扶10户贫困户，每户提供1栋温室大棚，免除租金、水电、维修、住宿费，免费提供肥料、设备和技术指导，户均增收3万元以上，实现脱贫目标。通过“授之以渔”，达到精准扶贫由大水漫灌到精准滴灌的效果，品牌创建使贫困群众掌握了一定的蔬菜种植技术，拓宽了创业空间，增加了经济收入。同时公司以“产业带动地方，项目推进帮扶”为出发点和落脚点，以建档立卡贫困户为核心，进行重点帮扶。建立了景阳园区周边大寨、山城、大寺等村 90 余户贫困家庭档案，项目实施以来，每月向每个贫困家庭提供 1 个就业岗位，每户每日增收 100 元，月增收 3000 元，90 户贫困户每月增收共 18 万元。以项目建设为依托，助推地方扶贫攻坚，主动与大通县扶贫办、景阳镇政府农民工劳务管理部门协调，在花木移栽、工程建设、安保环卫等岗位优先选用本地农民工，解决当地农民工就业问题（见表 1）。

表 1　贫困就业人数与收入统计

序号	主要指标	单位	2016 年	2017 年	2018 年（截至 8 月）	平均值
一	产业园生产					
1	种植管理人数	人	35	38	45	39
	收入	万元	36.7	39.9	47.2	41
2	承包温室	人	12	14	14	13
	收入	万元	36.5	44.6	30.8	37.3
二	产业园经营					
1	安保、环卫	人	13	18	31	21
	收入	万元	26	36	43.4	35.1
三	就业贫困人数	人	60	70	90	73
	收入	万元	99.2	120.5	121.4	113.7

（五）三产融合发展，实现经济、社会和生态效益共赢

产业园建设盘活了景阳基地，实现规模化种植，年种植设施蔬菜 300 亩，种植露地蔬菜 300 亩，每年向市场供应蔬菜达 8000 吨以上，温棚实际种植率 96%，油茄、彩椒、番茄、黄瓜等品种已形成“汇丰”产品品牌、供不应求，丰富了城镇居民的菜篮子，发挥了保供稳价的作用。依托农业产业化龙头企业带动，发挥技术集成、产业融合、创业平台、核心辐射等功能作用，发展设施农业、精准农业、精深加工、现代营销，带动新型农业经营主体和农户专业化、标准化、集约化生产，推动地方农业全环节升级，全链条增值。积极构建现代农业产业、经营体系，提质增效，有效培育新型经营

主体和新型职业农民队伍，利用基地资源优势，进行蔬果菜、农产品深加工，提高产品附加值，推动产业转型升级。利用地方特色餐饮、民居民宿、娱乐休闲、采摘体验、民俗节日等优势，大力发展休闲农业、乡村旅游、中小学生科普教学等活动，满足人们的互动参与体验感，推动高品质生活。园区建造154亩花海绿地，种植20余万株各类乔灌木，治理45亩河道、100亩湿地，形成了良性循环的生态体系，园区生态面貌焕然一新。累计接待游客总量52万余人次，门票总收入780余万元。通过上述举措，促进了一二三产业融合发展，推动了现代农业供给侧结构性改革，切实增加了有效供给，带动了地方产业结构调整，取得了较好的经济效益。同时，有效解决了周边村镇农民工、大学生就业，促进地方经济发展和民族团结进步（见表2）。

表2　2016～2018年8月园区主要指标一览

序号	主要指标	单位	2016年	2017年	2018年1～8月	增长率(%)
一	土地经营					
1	日光温室	栋	100	100	100	0.00
2	玻璃连栋温室	平方米	5000	20000	58000	1060.00
3	露地种植面积	亩	65	85	95	46.15
4	花海绿地面积	亩	12	35	154	1183.33
5	树木种植	万株	3	15	20	566.67
6	河道、湿地面积	亩	35	55	65	85.71
二	劳动就业					
1	就业人数	个	35	150	500	1328.57
	收入	万元	12	25	50	316.67
2	贫困户	个	35	68	90	157.14
	收入	万元	6	12.5	19.7	228.33
三	产品产量					
1	蔬菜销售品种	个	10	15	32	220.00
2	蔬菜产量	吨	1200	1300	1350	12.50
3	果品产量	吨	15	24	38	153.33
四	产值利润					
1	一产收入	万元	220	300	350	18.75
2	三产收入	万元	0	167	610	
3	其他收入	万元	800	1300	2270	183.75
五	投资	万元	4500	9000	5750	27.78

（六）创新党建载体，党委引领作用增强

发挥党的核心领导作用，引领企业和周边农村共同发展，是扎实推进和落实十九大精神。为了坚持问题导向，深刻认识面临的精神懈怠、能力不足、脱离群众、消极腐败等各种危险，园区以党的政治建设为统领，以坚定理想信念为根基，全面推进党的政治建设、思想建设、组织建设、作风建设、纪律建设，把制度建设贯穿其中，深入推进反腐败斗争，不断提高党建质量。园区和景阳基地周边大寨村、山城村等自然村党支部、大通县相关政府部门党组织、景阳镇派出所及汇丰党支部等十五家单位为成员，集合党建资源、职能资源、人力资源、生态资源，采取不改变原有党组织隶属关系，不干涉成员党组织的内部事务，不改变所属党员党组织的关系的“双轨并行”模式，成立汇丰景园服务中心党委。充分发挥中心党委的龙头功能和引领作用，以县镇村企优势互补、资源共享、解决问题、服务发展为重点，搭建村企交流合作平台，构建城乡“党建＋企业＋农村＋农户”的运行模式，推进形成利益共赢、成果共享、精准扶贫、促进就业、促进地方和谐发展的良好局面，促进了村企各项事业稳步协调发展。

二　汇丰景园现代农业产业园建设面临的机遇和挑战

（一）面临的发展机遇

1. 农业供给侧结构性改革有利于园区提升一二三产融合发展的水平，实现绿色发展

为适应农村牧区居民向往美好生活和城镇居民对农村牧区需求日益多元化、高级化、个性化的现实需求，党和国家进一步深化农业供给侧结构性改革，大力发展绿色高效农业，促进农业从产量导向转向质量效益导向，推动农业转型升级，加快新产业新业态发展，为园区进一步提升一二三产业融合发展提供了有利机遇。园区可以吸引周边企业和科研机构共同建设农业产业

化联合体，以规模化种养基地为基础，聚集现代生产要素，采取“生产＋加工＋科技”模式，发挥技术集成、产业融合、创业平台、核心辐射等功能作用，支持农户通过订单农业、股份合作、入园创业就业等多种形式参与建设、分享收益。通过发展设施农业、精准农业、有机农业、精深加工、现代营销，发展推动农业全环节升级、全链条增值，走一二三产融合发展的现代绿色农业产业之路。

2. 乡村振兴战略有利于园区进一步改善基础条件，实现可持续发展

乡村振兴战略是党中央对未来我国“三农”工作做出的重大战略部署，是中国特色社会主义进入新时代做好“三农”工作的总抓手。随着乡村振兴战略的不断推进，国家将进一步促进农业产业发展，引导和推动更多资本、技术、人才等要素向农业农村流动，提高公共服务均等化水平，吸引更多高消费城市人口进入农村，这为园区着力补齐基础设施短板、切实改善生产条件提供了千载难逢的历史性机遇。园区应顺势而为，切实增强责任感、使命感、紧迫感，把高原美丽乡村建设、乡村人居环境整治、脱贫攻坚与乡村振兴有机结合起来，开创农牧民创业第三空间，拓宽就业增收渠道，让农牧民过上有品质、有保障、有尊严的美好生活，实现园区可持续发展。

3. 青海省“一优两高”战略有利于园区构建人与自然和谐共生的乡村发展新格局，实现高质量发展

青海省情特殊，是国家重要的生态安全屏障，在维护国家生态安全中发挥着不可替代的作用。习近平总书记指出，“让城市融入大自然，让居民望得见山、看得见水、记得住乡愁”。2018 年 7 月，青海省委十三届四次全会审议通过的《坚持生态保护优先推动高质量发展创造高品质生活的实施意见》，必将持续增强生态保护力度，加大对农业资源环境保护和生态建设的支持，深入推进农村牧区环境综合整治，不断满足人民日益增长的生产生活生态环境需要，这为园区统筹山水林田湖草系统治理，发展观光农业、休闲农业提供了难得的发展机遇。汇丰景园应紧紧抓住机遇，创新实干，不负各方重托，把园区建设放在高质量发展的全局中来谋划，不断提升服务市民、服务大局的水平和能力，努力让高质量、高品质成为汇丰景园新发展的鲜明

标识，加快构建具有高原特色的现代绿色农业产业体系、生产体系、经营体系，努力培育农业发展新动能，推动农业增效、农民增收，走绿色高端品牌的兴农富民之路，不断谱写发展新篇章。

（二）面临的挑战

1. 传统农业向现代农业发展的融资瓶颈

首先，农业生产的盲目性和自发性较强，缺乏对市场走势的合理预期和科学判断，面临自然灾害、市场价格波动、产品质量缺陷等诸多风险，导致金融资本缺乏支持农业发展的意愿与动力。其次，传统农业生产的稳定性和产品质量不高，导致农产品市场价格和收益难以确定，不利于金融资本进入农业经济领域。再次，面向农业的金融服务体系不够完善，金融创新力度不足。这都成为汇丰景园进一步发展壮大的瓶颈制约。

2. 成本逐年攀高，提高经济效益难度大

产业园同其他农业基地建设相比，同样面临着前期建设投入大、后期运行效益低、农业收益期长的困难。一是土地流转费增幅过高，大量流转土地中包含用以绿化的土地，导致产业园成本负担加剧。二是园区前期建设投入大，建成运营后，利息负担导致财务压力大。消减产业园融资成本，摊薄产品费用，提高经济效益成为产业园现阶段发展的巨大挑战。三是农民工工资涨幅逐年攀升，维护维修成本逐年增加，产业园人工费用达到成本的一半，成为制约企业经济效益提高的重要因素。

3. 难于实施规模化、整装化的产业扶贫

吸收贫困人员就业、转让农业设施生产、外包园区服务功能是产业园推进脱贫扶贫的有效方式，以解决贫困农户缺生产资料、生产设施、生产技术和生产项目的难题。目前园区只是开展了少量的典型示范，因此，产生了良好的效果。将现有日光温室进行升级改造，进行转让生产，为贫困农户提供致富生产的条件，才能实现园区经营管理和农户增收扶贫的双赢。但由于园区缺乏强有力的资金支持，实施规模化、整装化的产业扶贫，还有诸多挑战和困难需要加以解决。

三 进一步推进汇丰景园现代农业产业园发展的对策建议

（一）坚定信念，打好转型发展攻坚战

按照十九大要求，积极适应人民对美好生活的需求，改变以往片面追求产量向追求质量效益转变，以农业供给侧结构性改革为主线，不断适应市场变化，创新发展思路。一是做优一产，充分对接市场变化，增加有效供给，构建现代农业产业体系、生产体系、经营体系，提升经营管理能力。二是培育二产，利用旧棚改造，打造创业创客平台，培养职业农民，吸收大学生回乡创业，培育新型农业经营主体，大力挖掘民间民俗文化传承、制作展示、培育农村新动能。三是做活三产，充分发挥乡村各类物质与新物质资源富集的独特优势，做足“农业＋”文章，推进农业与旅游、文化、教育、康养等高度融合，丰富乡村旅游业态和产品，建设“看得见山，望得见水，记得住乡愁”的美丽乡村。

（二）综合生态治理，完善基础设施

将生态保护和绿色发展工作始终摆在重要位置，积极争取政府有关部门对景园绿色基础设施的扶持力度，包括改善能源结构、加强污水治理、提高闲置土地利用率等，形成良性循环，可持续发展。大力发展资源集约型、环境友好型绿色产业，吸引到更多的绿色投资，为大通县增加经济收入与就业机会，为西宁市绿色转型发展做出贡献。

（三）促进村企融合，共享发展成果

以创新、协调、绿色、开放、共享的发展理念，充分利用园区丰富的生态资源，贯彻习近平总书记“绿水青山就是金山银山”的理念，吸收更多农民参与项目建设和园区运行，对他们提供技术指导、技术培训、物业服

务，加快与农业合作社和企业发展的有机衔接，实现就近就业，进一步拓宽增收渠道。

（四）加快资源整合，助力产城融合

坚持“质量第一，效益优先”的原则，推动质量变革、效率变革、动力变革。借助西宁市城投公司资源，打通农副产品集散中心、稳当生活网、平价店、平价车等渠道，积极发展“农产品＋”产业链条，打造农产品配送，农产品供给基地及城乡居民休闲、度假、消费目的地，满足人民对美好生活的需求，为提高人民群众的幸福指数贡献力量。

（五）加大资金投入，完善投融资平台

园区投融资平台建立运营以来，在减少流通渠道费用、降低交易成本、保控稳价方面起到积极的作用，有效解决了周边农民、蔬菜种植合作社销售问题。为了高效发挥财政资金引领作用，把支持和服务第一产业发展作为园区的核心任务，建议有关政府部门进一步加大投融资平台资本金的支持力度，重点支持农业产业发展。

（六）引进高精尖人才及技术，努力提升软实力

园区急需形成“产、学、研、用”紧密结合的协同创新机制，实现科技创新、机制创新和商业模式创新的有机结合。在人才资源上，迫切需要众多国内外农业高端人才，建议政府给予更多的政策及资金支持。园区将配合政府部门不断完善科技人才引进和培养、人才流动与配置、人才评价和激励等一系列措施，提升园区科技人才的软实力。

参考文献

中共西宁市委西宁市人民政府：《西宁市关于建设绿色发展样板城市的实施意见》，

《西宁晚报》2017年4月10日，第2版。

马洪波：《走向生态文明新时代，开创“一优两高”新局面》，《青海党的生活》2018年第9期。

丁长发：《发挥农业多功能作用推动乡村振兴》，《厦门日报》2018年7月2日，第7版。

周镕基、龙彩霞：《多功能农业理念下乡村振兴的路径选择》，《经济师》2018年第6期。

皮书起源

“皮书”起源于十七、十八世纪的英国，主要指官方或社会组织正式发表的重要文件或报告，多以“白皮书”命名。在中国，“皮书”这一概念被社会广泛接受，并被成功运作、发展成为一种全新的出版形态，则源于中国社会科学院社会科学文献出版社。

皮书定义

皮书是对中国与世界发展状况和热点问题进行年度监测，以专业的角度、专家的视野和实证研究方法，针对某一领域或区域现状与发展态势展开分析和预测，具备原创性、实证性、专业性、连续性、前沿性、时效性等特点的公开出版物，由一系列权威研究报告组成。

皮书作者

皮书系列的作者以中国社会科学院、著名高校、地方社会科学院的研究人员为主，多为国内一流研究机构的权威专家学者，他们的看法和观点代表了学界对中国与世界的现实和未来最高水平的解读与分析。

皮书荣誉

皮书系列已成为社会科学文献出版社的著名图书品牌和中国社会科学院的知名学术品牌。2016 年，皮书系列正式列入“十三五”国家重点出版规划项目；2013~2019 年，重点皮书列入中国社会科学院承担的国家哲学社会科学创新工程项目；2019 年，64 种院外皮书使用“中国社会科学院创新工程学术出版项目”标识。

中国社会发展数据库（下设 12 个子库）

全面整合国内外中国社会发展研究成果，汇聚独家统计数据、深度分析报告，涉及社会、人口、政治、教育、法律等 12 个领域，为了解中国社会发展动态、跟踪社会核心热点、分析社会发展趋势提供一站式资源搜索和数据分析与挖掘服务。

中国经济发展数据库（下设 12 个子库）

基于"皮书系列"中涉及中国经济发展的研究资料构建，内容涵盖宏观经济、农业经济、工业经济、产业经济等 12 个重点经济领域，为实时掌控经济运行态势、把握经济发展规律、洞察经济形势、进行经济决策提供参考和依据。

中国行业发展数据库（下设 17 个子库）

以中国国民经济行业分类为依据，覆盖金融业、旅游、医疗卫生、交通运输、能源矿产等 100 多个行业，跟踪分析国民经济相关行业市场运行状况和政策导向，汇集行业发展前沿资讯，为投资、从业及各种经济决策提供理论基础和实践指导。

中国区域发展数据库（下设 6 个子库）

对中国特定区域内的经济、社会、文化等领域现状与发展情况进行深度分析和预测，研究层级至县及县以下行政区，涉及地区、区域经济体、城市、农村等不同维度。为地方经济社会宏观态势研究、发展经验研究、案例分析提供数据服务。

中国文化传媒数据库（下设 18 个子库）

汇聚文化传媒领域专家观点、热点资讯，梳理国内外中国文化发展相关学术研究成果、一手统计数据，涵盖文化产业、新闻传播、电影娱乐、文学艺术、群众文化等 18 个重点研究领域。为文化传媒研究提供相关数据、研究报告和综合分析服务。

世界经济与国际关系数据库（下设 6 个子库）

立足"皮书系列"世界经济、国际关系相关学术资源，整合世界经济、国际政治、世界文化与科技、全球性问题、国际组织与国际法、区域研究 6 大领域研究成果，为世界经济与国际关系研究提供全方位数据分析，为决策和形势研判提供参考。

法律声明